PANZERHAUBITZE 2000

ENTWICKLUNG - TECHNIK - EINSATZ

Wolfgang Schneider

Motor buch Verlag

Umschlagsgestaltung: Sven Rauert

Bildnachweis: Die zur Illustration dieses Buches verwendeten Aufnahmen stammen – wenn nicht anderes vermerkt ist – vom Verfasser.

ISBN: 978-3-613-04558-3

1. Auflage 2023

Sie finden uns im Internet unter www.motorbuch-verlag.de

Lektorat: Martin Benz
Innengestaltung: Jürgen Knopf, Medien und Printprodukte,
74321 Bietigheim-Bissingen
Druck und Bindung:
Printed by GPS in Bosnia-Herzegovina

Einleitung

Vor Ihnen liegt das bislang umfassendste Buch über die Panzerhaubitze 2000, des weltweit unverändert leistungsfähigsten Artillerie-Rohrwaffensystems.

Anhand detaillierter Erläuterungen werden Sie nachvollziehen können, warum es bislang nur oberflächliche Artikel in Fachzeitschriften sowie eine Reihe (durchaus gelungener) Bildbände darüber gab.

Ihre besondere Leistungsfähigkeit erreicht die Haubitze in vollautomatischen Betriebsabläufen. Aber auch bei Teilausfall von Untersystemen gibt es eine Vielzahl alternativer Betriebsabläufe bis hin zur traditionell mechanischen Bedienung. Die anspruchsvolle Beschreibung der Abläufe liegt nun in dieser Veröffentlichung vor.

Ähnlich wie ein unerlässlicher Einsatzverbund entscheidend für dieses System ist, so ließ sich das Buchprojekt auch nur in enger Zusammenarbeit zwischen Entwicklern, Technikern und bedienkundigen Nutzern verwirklichen.

Zunächst wird die Ausgangslage mit den innovativen militärischen Forderungen beschrieben, die zur Entwicklung der PzH 2000 führte.

Im Anschluss wird auf die Besonderheiten bei der Beauftragung an zwei konkurrierende Firmen-Konsortien eingegangen und deren unterschiedliche Konzeptansätze erläutert.

Die Folgekapitel beschreiben, wie die anspruchsvollen militärischen Forderungen an das Geschütz technisch und auf der Zeitschiene umgesetzt wurden, unterteilt nach Hauptbaugruppen.

Breiten Raum nehmen des Weiteren die Gesichtspunkte »Bedienung« und »Einsatz« ein. Selbstredend werden auch die Munition, die Nutzerländer, die Varianten und der sehr wichtige Aspekt »Weiterentwicklung« dargestellt. Letzterer stellt sicher, dass die Panzerhaubitze 2000 auch 25 Jahre nach ihrer Einführung unverändert weltweit Maßstäbe setzt für vielseitige und wirkungsvolle Feuerunterstützung kämpfender Kräfte sowie beim Abbilden einer eklatanten Bedrohung für mögliche Gegner.

Inhalt

Vorwort und Danksagungen

Sie halten jetzt das umfassende Buch über ein sehr leistungsfähiges und innovatives Waffensystem in Händen, der Panzerhaubitze 2000. Schon nach kurzer Zeit werden Sie feststellen, wie hochkomplex die technologische Auslegung ist und wie vielschichtig die miteinander verwobenen Abläufe und konstruktionsseitigen Anteile sind.
Ähnlich wie beeindruckend komplex die Entwicklung der Panzerhaubitze war, und sich somit eine Vielzahl von Konzeptionären und Technikfachleuten darin verdient gemacht haben, war es auch nur dank der Mithilfe mehrerer engagierter Autoren möglich, diese Dokumentation zu erstellen! Im Inhaltsverzeichnis sind diese einzeln aufgelistet. Aus diesem Grund kommt es zu der einen oder anderen inhaltlichen Überschneidung.
Den sehr komplexen Anteil über die Entstehung und die technologische Auslegung hat Michael Kohlstedt mit beeindruckendem Detailwissen zusammengestellt.
Herr Kohlstedt war von 1987 bis 2002 technischer Projektleiter für die PzH 2000 , ab 1991 in Personalunion auch technischer Leiter der Hauptabteilung Artillerie bei Wegmann (ab 1999 Krauss-Maffei Wegmann) in Kassel. 2006 wurde ihm die Leitung des Bereichs Kampfsysteme für die bei KMW in Kassel laufenden Produktgruppen Artillerie, Schützenpanzer und später auch für die fernbedienbaren Waffenstationen FLW übertragen.
Die fahrgestellseitigen Entwicklungsanteile hat Manfred Kühl zusammengestellt, auch eine Beschreibung der Fahrschulvariante. Herr Kühl war Abteilungsleiter der Weiterentwicklung bei der MaKSystem GmbH und bei Rheinmetall Landsysteme in Kiel, darüber hinaus technischer Gesamtverantwortlicher für die Lieferung der Serienfahrgestelle und der Fahrschulpanzer der PzH 2000.
Von der Firma Rheinmetall Defence hat Herr Dr. Jan-Phillip Weisswange die waffenseitigen Anteile zur Verfügung gestellt. Herr Dr. Weisswange ist Referent Öffentlichkeitsarbeit.
Die Artillerieschule hat uns ebenfalls maßgeblich unterstützt mit dem essenziellen Kapitel »Einsatzkonzept«, erstellt von OTL Joachim Schwarz (Leiter multinationale Ausbildung), sowie der wichtigen Möglichkeit, Außen- und Innenfotos der Haubitze beim ArtLehrBtl 315 in Munster machen zu dürfen.

Ich selbst habe die Abschnitte »Aufgaben der Besatzung und Bedienung«, »Panzerhaubitze bei Übungen und im Einsatz« sowie »Modernisierungen und Ländervarianten« erstellt und viele Fotos (ohne Kennzeichnung) beigesteuert.

Herrn Frank Abels konnte ich gewinnen, eine kurzweilige Episode aus seiner Sicht beizusteuern über die Aufgabe seiner damals in Unterauftrag von Wegmann agierenden Firma, die anspruchsvolle und extrem wichtige Lösung eines weiterentwickelten Freiflugansetzers zu entwickeln und auch mit den anderen Teams der Kasseler Firma eng zusammenzuarbeiten. Herr Abels war zunächst Panzeroffizier, eingebunden in einer Reihe von Zukunftsprojekten (u.a. Char 90), und gründete 1983 seine Firma FAC in Munster.

Besonders tragisch ist, und es stimmt mich sehr traurig, dass Herr Abels vor Fertigstellung des Buches verstorben ist!
Fassungslos traf uns auch nur wenige Wochen später der Tod von Herrn Manfred Kühl, weil es auch ihm nicht vergönnt ist, das gedruckte Buchexemplar in Händen zu halten. Beide Familien werden dies trotz ihrer Trauer jetzt mit Stolz nachvollziehen können.

Wir alle bedanken uns sehr für die Genehmigung o.g. und anderer Firmen, Dokumente, Fotos und Abbildungen zu verwenden. Auch sagen wir Dank einer Reihe von bekannten Autoren von militärischen Dokumentationen Walter Böhm (WB), Günter Oestreicher (GO), Carl Schulze (CS) sowie Ralph Zwilling (RZ) für die Nutzung ihrer Fotos.

Wolfgang Schneider
(Oberst a.D.)
in der Aufgabe des Gesamtkoordinators

60
Y-416 839

Abkürzungen

aaS amtlich anerkannter Sachverständiger
ABG Anzeige- und Bediengerät
ABRA Artillerie-Beobachtungsradar
ACCS *Artillery Command and Control System* Artillerie-Führungssystem
ADLER Artillerie Daten-Lage-Einsatz-Rechnerverbund
AE Anzeigeeinheit
AGM Artillerie-Geschütz-Modul
AOC *Agreed Operational Characteristics* Einheitliche Einsatzgrundsätze
ARGE Arbeitsgemeinschaft (z. B. Rheinmetall)
ASCA *Artillery Systems Cooperation Activities* Kooperationsmaßnahme für Artilleriesysteme (Schnittstelle mehrerer Führungs- und Einsatzsysteme der Artillerie)
ASM *Airspace Management* Luftraum-Ordnung

BAA Beobachtungs- und Aufklärungs-Ausstattung
BARÜ Bodengebundenes Aufklärungs- und Raum-Überwachungsradar
BB *Base Bleed* Bodensog-reduzierender Glimmsatz zur Reichweitensteigerung, der das Vakuum hinter dem Geschoss mit Gas füllt
BE Bedieneinheit
BG Bediengerät
BGGF Bediengerät Geschützführer
BGT Bodensee-Gerätetechnik
BiV Bildverstärker(-gerät)
BMS *Battle Management System* Einsatz-Führungssystem
BMVg Bundesministerium der Verteidigung
BR Bordrechner
BT *Boat Tail* Bodensog-reduzierendes konisches od. bootsförmiges Geschossheck zur Reichweitensteigerung
BV Bordverständigung
BWB Bundesamt für Wehrtechnik und Beschaffung (jetzt BAINBw)

CMC *Cluster Munition Coalition* Anti-Streumunitions-Bündnis (internationales Bündnis von Menschenrechtsorganisationen, Vereinigungen und Initiativen gegen Streumunition)
COBRA *Counter Battery Radar* (Feind-)Artillerie-Ortungsradar
CPU *Central Processing Unit* Hauptprozessor
CSG Computer-Symbol-Generator
DiNa Diehl-Nammo (deutsche und norwegische Munitionshersteller)
DMO *Defensie Materieel Organisatie* Beschaffungsorganisation für Wehrmaterial (Niederlande)

EAD Endanschlagdämpfer
EBMat Entwicklung und Beschaffung von Wehrmaterial
ECCS *Energy and Crew Climate System* Energieversorgungs- und Klimaanlage für die Besatzung
EHV Energie-Hauptverteiler
EMP Elektromagnetischer Puls
EMV Elektromagnetische Verträglichkeit
ERC *Extended Range Charge* Reichweitengesteigerte Treibladung
ESG Elektroniksystem- und Logistik-GmbH

FAC Frank Abels Consulting & Technology Gesellschaft mbH
FH Feldhaubitze
Fm/BV Fernmelde-/Bordverständigung(sanlage)
FOB *Forward Operating Base* Vorgeschobener Einsatzstützpunkt
FSP Fahrschulpanzer
FT Front(an)trieb
FÜ Funktionsüberwachung
Fü H Führungsstab Heer
FuBeSi Funktions- und Betriebssicherheit
FüInfoSys H Führungs- und Informationssystem Heer
FÜWES Führungs-, Waffen- und Einsatzsystem

GA Gedeckte Aufstellung
GDELS *General Dynamics European Land Systems*
GF Geschützführer
GFK Glasfaser-verstärkter Kunststoff
GIWS Gesellschaft für intelligente Wirksysteme
GKA Generator-Kühlanlage
GLR *Guided Long Range* Reichweitengesteigertes Lenkgeschoss
GT Geschosstransporter
GTK Gepanzertes Transport-Kraftfahrzeug
GÜBA Geschoss-Übergabearm

HBG Hauptbediengerät
HDW Howaldtswerke Deutsche Werft AG
HE *High Explosive* Spreng(geschoss)

IED *Improvised Explosive Device* Unkonventionelle Spreng- oder Brandvorrichtung (USBV), Sprengfalle
IHE *Insensitive High Explosive* Unempfindliches Sprenggeschoss (gefüllt mit feuer- und stoßsicherem Sprengstoff)
ICM *Improved Conventional Munitions* Streumunition (auch *Cluster* genannt)
IM Insensitive Munition (gefüllt mit feuer- und stoßsicherem Sprengstoff)
IPS Internes Prüfsystem
ITS Integriertes Testsystem

JB-MOU *Joint Ballistics Memorandum of Understanding* Ballistikabkommen der NATO-Staaten
JFSCG *Joint Fire Support Coordination Group* Gemeinsame Gruppe zur Abstimmung der Feuerunterstützung
JFSCT *Joint Fire Support Coordination Team* Gemeinsamer Trupp zur Abstimmung der Feuerleitdaten
JFST *Joint Fire Support Team* Gemeinsamer Feuerunterstützungstrupp zur Verarbeitung von Aufklärungsdaten und Feueranforderungen

KI Künstliche Intelligenz
KLG Kurs-Lage-Gerät
KPz Kampfpanzer
KuKa Keller und Knappich Augsburg
KMW Krauss-Maffei Wegmann
KZO Kleinfluggerät für Zielortung (Drohne)

L Rohrlänge in Kalibern
LC *Liquid Crystal* Flüssigkristall(anzeige od. -bildschirm)
LMB Löschmittelbehälter

MaK Maschinenbau Kiel
MARS Mittleres Artillerieraketensystem
MB Megabyte
MFT Militärfachlicher Teil
MICMOS Feuerleitrechner der PzH 2000
MK Munitionskanonier
MKF Militärkraftfahrer
MLRS *Multiple Launch Rocket System* Mehrfachraketenwerfer
MMT Multispektraler Mobiler Tarnsatz
MONARC *Modular Naval Artillery Concept* Modulares Schiffsartillerie-Konzept (Verwendung von Geschütztürmen der PzH 2000 auf Schiffen)
MRSI *Multi Round Simultaneous Impact* Abgabe mehrerer Geschosse, gleichzeitiger Einschlag im selben Zielgebiet
MSA Munitions-, Sicherungs- und Austauschgruppe
MTLS Modulares Treibladungssystem
MTU Motoren- und Turbinen-Union Friedrichshafen
MTW Mannschaftstransportwagen

NABK *NATO Armaments Ballistic Kernel* Ballistische Software-Bibliotheken der NATO (Kernel = zentrales Modul eines Betriebssystems)
NSPA *NATO Support and Procurement Agency* Logistik- und Beschaffungsbehörde der NATO

OBE *Onboard Electronic* Bordelektronik
OP North *Observation Post North* Beobachtungsposten Nord (Außenposten der Bundeswehr in Afghanistan)
OPZ Operationszentrale

PERI-RTNL Rundblick-Periskop
PGK *Precision Guidance Kit* Präzisionslenksatz
PT Prototyp
PzF Panzerzielfernrohr
PzH Panzerhaubitze

RCH *Remote Controlled Howitzer* Ferngesteuerte Haubitze
RK Richtkanonier
RLS Rheinmetall Landsysteme
RWG *Rheinmetall Wheeled Gun* Rad-Haubitze von Rheinmetall

SAGEM *Société d'Applications Générales Électriques et Mécaniques*
SEA Stromerzeugeranlage (od. -aggregat)

Abkürzungen

SMArt Suchzündermunition Artillerie
SP *Self Propelled* Selbstfahrend, auf Selbstfahrlafette
SPz Schützenpanzer
STANAG *Standardization Agreement*
Standardisierungs-Übereinkommen (der NATO-Staaten)
STEM Steuerelektronik Munitionsfluss
STF Streitkräftegemeinsame taktische Feuerunterstützung

TCS *Transmission Control System*
Elektrische Überwachungseinrichtung Getriebe
TDL Taktische Datenlinks
TL Treibladung
TLKA Treibladungs-Kühlanlage
TPz Transportpanzer
TS Transportschiene
TSH/FSHT Technische Schule des Heeres/Fachschule des Heeres für Technik
TTF Technisch-taktische Forderungen

ÜSE Übersteuerungseinrichtung

VHF *Very High Frequency* Ultrakurzwelle
VJTF *Very High Readiness Joint Task Force*
Einsatzgruppe mit sehr hoher Einsatzbereitschaft
V-LAP *Velocity-Enhanced Artillery Projectile*
Geschwindigkeitsgesteigertes Artilleriegeschoss
VT Versuchsträger

WBG Wärmebild(ziel-/beobachtungs)gerät
WTD Wehrtechnische Dienststelle
WWD Wehrwissenschaftliche Dienststelle

ZET Zentral-Elektronik Turm
ZukSysIndF Zukünftiges System Indirektes Feuer
ZZE Zeigerzieleinrichtung

Entstehungsgeschichte

Von Michael Kohlstedt

AUSGANGSLAGE

Die Geschichte der Panzerhaubitze 2000 (PzH 2000) begann im Jahr 1986. Die Rohr-Artillerie der Bundeswehr nutzte zu diesem Zeitpunkt im Wesentlichen die Panzerhaubitze M109 auf Brigadeebene und die trilateral in Deutschland, Großbritannien und Italien entwickelte Feldhaubitze FH 155-1 auf Divisionsebene.

Die deutschen PzH M109G basierten auf der US-amerikanischen PzH M109, die in den 1960er-Jahren in großer Stückzahl für die Bundeswehr beschafft und in der Zwischenzeit mehrfach kampfwertgesteigert worden war.

Die modernste Ausführung M109 A3G verfügte unter anderem über ein Waffenrohr mit 39 Kaliberlängen, mit dem Schuss-Reichweiten von 24,7 km mit Standard-Geschossen und 30 km mit Reichweiten-gesteigerten Geschossen erzielt werden konnten. Diese Waffe wurde in leicht abgewandelter Form auch in der Feldhaubitze 155-1 genutzt.

Die PzH M109 A3G verfügte über ein frontgetriebenes Fahrgestell und einen um 360° drehbaren Turm ohne Turmbühne. Die Turmbesatzung konnte in das Geschütz durch eine große Hecktür einsteigen und alle Tätigkeiten, insbesondere Laden und Schießen, in einem relativ geräumigen freien Kampfraum ausführen.

Bereits Anfang der 1970er-Jahre wurde über ein Nachfolge-Modell der M109 nachgedacht, da die Geschütze den seinerzeit aktuellen Bedrohungen immer weniger entsprachen. So wurde die Schuss-Reichweite und das Schutzniveau für die Besatzung als zu niedrig, die Besatzungsstärke als zu hoch und die Beweglichkeit als nicht ausreichend angesehen, um Kampf- und Schützenpanzer-Verbänden taktisch folgen zu können. Zudem wurden die Kampfbeladung als zu gering und die körperliche Belastung der Soldaten beim Feuerkampf als zu hoch bewertet. Aus diesem Grund und wegen der guten Erfahrungen bei der Entwicklung der Feldhaubitze FH 155-1 wurde 1973 das Programm »Panzerhaubitze 155-1« oder englisch »*Self-propelled (SP) 70*« trilateral von der Bundesrepublik Deutschland, Großbritannien und Italien ins Leben gerufen.

Panzerhaubitze M109 in der Ausführung A3 mit Rohr L39. (GO)

Die PzH 155-1/SP70 in der ersten Prototyp-Ausführung A mit der Kanone der Feldhaubitze 155-1. (Rhm)

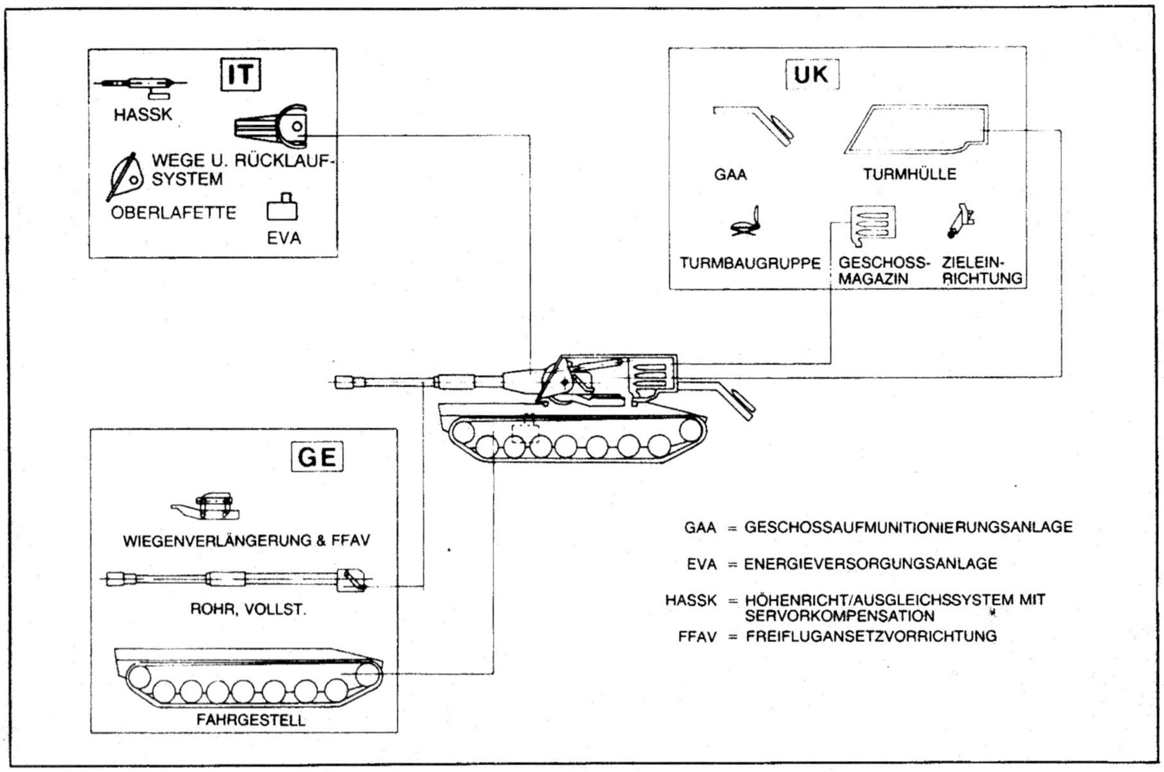

Die Aufteilung der Entwicklungsverantwortung für Baugruppen und Teilsysteme zwischen den Partnerländern

Deutsche, italienische und britische Entwicklungsanteile am trilateralen Programm PzH 155-1/SP70. (WT 10/81)

Beteiligt am Entwicklungsprogramm waren in Deutschland die Firmen Rheinmetall, Porsche und MaK, in Italien die Firma Oto Melara und in England die Firma Royal Ordnance.

Seinerzeit wurde entschieden, für die PzH 155-1/SP70 ein heckgetriebenes Fahrgestell – ähnlich dem eingeführter Kampfpanzer Leopard – zu verwenden und möglichst viele Komponenten aus dem Kampfpanzerbereich zu übernehmen. Der Turm mit einer 39 Kaliber langen 155-mm-Waffe wurde mittig angeordnet; die Turmbesatzung bestand aus drei Soldaten rechts und einem Soldaten links der Waffe und des Geschossladers. Der Geschosslader wurde hydraulisch angetrieben und über Mikroschalter, verbunden mit einer übergeordneten Rechnerbaugruppe, gesteuert. Beim Aufmunitionieren wurden die Geschosse in einen am Turmheck befestigten, bis zum Erdboden ausfahrbaren Aufzug eingelegt und entweder direkt der Waffe oder dem Geschossmagazin im Turmheck zugeführt. Das Geschossmagazin war als dreireihiges, quer zur Schussrichtung angeordnetes Schachtmagazin mit drei Entnahme-Stationen ausgeführt. Der hydraulisch betriebene Ansetzer war fest mit der höhenrichtbaren Masse verbunden; die Geschosse wurden über einen um die Waffendrehachse (Schildzapfenachse) schwenkbaren Geschoss-Übergabearm zugeführt, der seitlich vom Ansetzer angeordnet war. Der Geschosslader der PzH 155-1/SP70 hatte insgesamt 19 hydraulische Antriebe und in der Regel zu jedem Antrieb zwei Mikroschalter für die Erfassung der Endpositionen der Antriebe.

Nach der Entwicklung und dem Bau von fünf Prototypen wurde 1976 mit deren Erprobung begonnen, die 1980 abschloss. Die Erprobung hatte Änderungsbedarf hauptsächlich im Bereich des automatischen Geschoss-Laders und des Waffen-Rücklaufsystems gezeigt, der in neuen Prototypen in der jetzt als Phase B bezeichneten Projektphase umgesetzt wurde. Die Prototypen der Phase B wurden unter anderem mit einem »Freiflug-Ansetzer«, englische Bezeichnung »*Flick Rammer*«, ausgerüstet.

Die Erprobung der Prototypen der Stufe B begann 1982. Bereits zu diesem Zeitpunkt stand fest, dass eine deutsche Firma als Management-Generalunternehmer die spätere Serienfertigung für alle drei Länder koordinieren sollte.

Das Serien-Management wurde Anfang der 1980er-Jahre ausgeschrieben. Aus dem Wettbewerb ging die damals nicht am Programm beteiligte Firma Wegmann als Sieger hervor. Ein möglicher Serienauftrag wurde später allerdings mit der Auflage verbunden, eine Restentwicklung der PzH 155-1/SP70 anzubieten,

Prototyp PzH 155-1/SP70 der Stufe B. (KMW)

um die auch bei den Prototypen der Stufe B noch vorhandenen Leistungsdefizite zu beseitigen, im Wesentlichen die unzureichende Zuverlässigkeit der Geschütze während eines definierten 24-Stunden-Versuchstags.
Hauptprobleme der PzH 155-1/SP70 waren - aus Sicht der seinerzeit an der Restentwicklung beteiligten Wegmann-Ingenieure - im Wesentlichen:

a) Konzeptionell:
Der Heckantrieb und die damit verbundenen Nachteile

- Förderung der Geschosse vom Boden in das hoch liegende Geschossmagazin im Turmheck
- Notwendiger Wechsel des Zugriffs zum Munitionsstapel bei veränderter Turmstellung im Durchladebetrieb von außen
- Relativ beengter Platz für die Turmbesatzung und damit stark eingeschränkte Ersatzbetriebs-Möglichkeiten
- Keine Ein- und Ausstiegsmöglichkeit für die Turm-Besatzung durch eine Hecktür und das Fahrgestell
- Das mehrreihige, im Turmheck quer eingebaute Geschossmagazin mit aufwändiger Querbewegung der Geschosse und begrenztem Geschosszugriff über nur drei Entnahme-Positionen
-

b) Technisch:

- Die mangelnde Funktionssicherheit, manche Literaturstellen sprechen auch von mangelnder Zuverlässigkeit, im Bereich Turm und automatischer Geschosslader
- Der hydraulisch betriebene Geschosslader mit der Steuerung über eine größere Anzahl anfälliger und sich im Betriebsablauf häufig dejustierender Mikroschalter
- Die Abhängigkeit zwischen Rohrvorlauf und Ansetzer
-

c) Bedrohungsbezogen (am Ende der Entwicklungsphase 1985/1986):

- Die mangelnde Reichweite der Waffe
- Der geringe Munitionsvorrat an Bord
- Die nicht ausreichend hohe Feuergeschwindigkeit
- Der starke Leistungsabfall im manuellen Ersatzbetrieb

d) Organisatorisch;

- Die Aufteilung funktionskritischer Abläufe im Turmbereich auf verschiedene Entwicklungsfirmen und damit Schaffung unklarer Verantwortungsverteilung

Die Mehrzahl der vorgenannten kritischen Beurteilungspunkte wurde auch in der damaligen internationalen Literatur zur PzH 155-1/SP70 bestätigt.
Wegmann übertrug nach der Angebotsaufforderung im Frühjahr 1985 mit Genehmigung des öffentlichen Auftraggebers die Angebotserstellung samt Erarbeitung von Restentwicklungs-Maßnahmen an die seinerzeit bestehende Rheinmetall-Wegmann GmbH (RWG). Unter Führung der RWG wurde zusammen mit den übrigen am Programm PzH 155-5/SP70 beteiligten Firmen 1985 ein trilaterales Angebot erarbeitet, bei dem das grundsätzliche Konzept des Geschützes beibehalten und konstruktive Änderungen auf Baugruppen- und Komponentenebene vorgeschlagen wurden. Allerdings wurde auch die Aussage getroffen, einer Berechnung zufolge ließe sich selbst mit den vorgeschlagenen Änderungen die geforderte Zuverlässigkeit der PzH 155-1/SP70 nicht erreichen.
Das Angebot wurde im August 1985 eingereicht und bereits wenige Wochen danach von den Programmdirektoren der drei beteiligten Länder zurückgewiesen. Die Erprobung der Phase-B-Prototypen wurde 1986 abgebrochen, weil die Versuchsmuster aus den oben genannten Gründen die trilateralen Forderungen nicht komplett erfüllen konnten, auch eine Restentwicklung nicht zielführend war und sich die Bedrohungslage in der Zwischenzeit deutlich geändert hatte. In Folge wurde das trilaterale Programm PzH 155-1/SP70 1986 formell beendet.

AUSSCHREIBUNG FÜR EINE NEUE PANZERHAUBITZE

»...höher, schneller, weiter, genauer...«

Da nach dem Abbruch des PzH 155-1/SP70-Programms in Deutschland unverändert Bedarf an einer neuen Panzerhaubitze bestand, wurde nach der offiziellen Beendigung des trilateralen PzH 155-1/SP70-Programms im Herbst 1986 die Entwicklung einer neuen Panzerhaubitze national ausgeschrieben.
Die Anfrage vom 16.10.1986 zum jetzt mit dem Arbeitsbegriff PzH 155-FT (FT = Fronttrieb) bezeichneten Geschütz teilte sich in zwei Phasen. Phase 1 umfasste die Entwicklung und den Bau zweier Versuchsträger (VT) sowie die Unterstützung der amtlichen Vergleichserprobung; Stufe 2 war als Option anzubieten und umfasste die Fertigentwicklung des Geschützes einschließlich des Baus von fünf Prototypen (PT) sowie die Serienreifmachung. Die Auslösung der Option für die Phase 2 war nach

erfolgreichem Abschluss der Vergleichserprobung dem Wettbewerbssieger zugesagt, der damit auch gleichzeitig als Generalunternehmer für eine Serienfertigung feststand.
Die technisch-taktischen Forderungen (TTF) der Anfrage vom 16.10.1986 für die neue PzH155-FT beruhten noch auf den für die Entwicklung der PzH 155-1/SP70 maßgebenden »*Agreed Operational Characteristics*« (AOCs). Die AOCs enthielten drei aufeinander aufbauende Spalten A, B und C. Die neu zu entwickelnde Panzerhaubitze sollte die Forderungen der Spalten A und B und die im Februar 1986 aktualisierten Forderungen der Spalte C erfüllen.
Während es die PzH 155-1/SP70 nicht voll umfänglich geschafft hatte, die Forderungen der Spalten A und B zu erfüllen, war man in Deutschland der Ansicht, dass die Forderungen mit einem neuen Konzept-Ansatz grundsätzlich erfüllbar sind und aufgrund einer sich inzwischen veränderten Bedrohungslage sogar die aktualisierten Forderungen der AOC-Spalte C als Basis-Forderungen an ein modernes, bedrohungsgerechtes Artilleriegeschütz herangezogen werden müssen.
Die aktualisierten Forderungen der Spalte C umfassten u. a. folgende Punkte:

- Reichweitensteigerung auf 30 km mit Geschoss L15
- Autonomes Geschütz
- Bordvorrat 48 Geschosse, besser noch 60 Geschosse
- Turmgewicht maximal 16 t
- Die Dimensionierung der Baugruppen und die Ergonomie sind auf den Kampftag nach Spalte C auszurichten

Neben den technischen Herausforderungen und dem phasenweisen Vorgehen bei der Entwicklung der neuen Panzerhaubitze enthielt die Anfrage vom 16.10.1987 weitere bemerkenswerte Besonderheiten:

- **Die Absicht der Vergabe von zwei Aufträgen für die Entwicklungsphase 1 einschl. Option für die Phase 2 »...falls die Auswertung der Angebote eine eindeutige Entscheidung zugunsten eines Konzepts nicht zulässt....«.**
- **»Die Konstruktion der PzH-FT...die Herstellung und Lieferung von zwei werkserprobten, vollfunktionierenden Prototypen, vollausgerüstet und mit den für eine Auswahlentscheidung notwendigen Technischen Unterlagen« innerhalb von zwei Jahren nach Auftragserteilung**
- **Die »Abgabe eines nach oben limitierten Stückpreises für die Serie...zum Zeitpunkt der Ablieferung der beiden ersten Prototypen..«**
- **Die Absicherung der Termine für die Ablieferung der zwei Prototypen der Phase 1, der fünf Prototypen der Phase 2 und der Seriengeräte durch eine Vertragsstrafe »von max. 8 % der ausstehenden Leistung bei einer Karenzzeit von 12 Wochen.«**

In Deutschland gab es 1986 insgesamt sechs Firmen, die als »Panzerbauende Industrie« bezeichnet werden konnten: Krauss-Maffei in München, MaK in Kiel, Wegmann sowie Thyssen-Henschel in Kassel, KuKa in Augsburg und Rheinmetall in Düsseldorf.
Aus diesen Firmen hatten sich im Verlauf des Jahres 1986 zwei Angebots-Konsortien gebildet: Krauss-Maffei, KuKa und Rheinmetall als so genanntes Süd-Konsortium sowie MaK und Wegmann als so genanntes Nord-Konsortium.
Aufgabe der beiden Konsortien war nun, die jeweils vorhandenen Konzeptansätze in kurzer Zeit konstruktiv so weit zu vertiefen und Lösungen und Technologien auf Baugruppenebene zu finden, dass zusammen mit dem Konzeptansatz die hohen Leistungsforderungen erfüllt und die Kosten für die Entwicklung eines solchen Geschützes ermittelt werden konnten.
Beide Konsortien lieferten ihre Angebote wie gefordert am 15.12.1986 an das BWB.
Im Verlauf des Jahres 1987 wurden die vertraglich zu erbringenden Leistungen mit den beiden Firmen-Konsortien weiter konkretisiert. Unter anderem wurde dabei auch die Anzahl von zwei Prototypen auf nur noch einen in der Phase 1 und von fünf auf nur noch vier Prototypen in der Phase 2 geändert. Auch die Bezeichnungen Entwicklungsphase 1 und 2 aus der Anfrage vom 16.10.1986 änderten sich im Sprachgebrauch in Entwicklungsstufe 1 und 2.
Die Beauftragung erfolgte am 16.11.1987. Das Nord-Konsortium erhielt den Auftrag für die Phase 1 in Höhe von 90 Mio D-Mark; der Auftrag an das Süd-Konsortium hatte einen Umfang von 93 Mio D-Mark.

KONZEPTANSATZ NORD-KONSORTIUM

Mit den Vorgaben »Front-Antrieb« und »L52-Waffe« stand das Geschütz-Konzept des Nord-Konsortiums auch aufgrund vorangegangener Konzeptuntersuchungen relativ schnell fest.

Die geforderte Rundum-Schießmöglichkeit und schnelle Zielwechsel erzwingen ein Fahrzeug mit drehbarem Turm und einer Turmbühne. Mit der Turmbühne und der damit verbundenen Anordnung des schießtechnischen Teils der Besatzung im Turm bleibt die örtliche Zuordnung der Besatzungsmitglieder zu den Bedienelementen unabhängig von der veränderlichen Turmstellung relativ zum Fahrgestell erhalten. Ein nicht ungefährliches »Mitlaufen« bei einer Turmbewegung wird vermieden.

Das knapp 2 m längere Waffenrohr der neuen L52-Waffe gegenüber dem bei der PzH 155-1/SP70 und auch der M109 A3G verwendeten L39-Waffe bedingt die Anordnung des Geschützturmes möglichst weit hinten auf dem Fahrgestell, um den Rohrüberstand am Fahrgestell-Bug so minimal wie möglich zu halten und dadurch die Beweglichkeit des Geschützes im Gelände und bei Straßenfahrt nicht einzuschränken.

Versuchstyp des Nord-Konsortiums. (KMW)

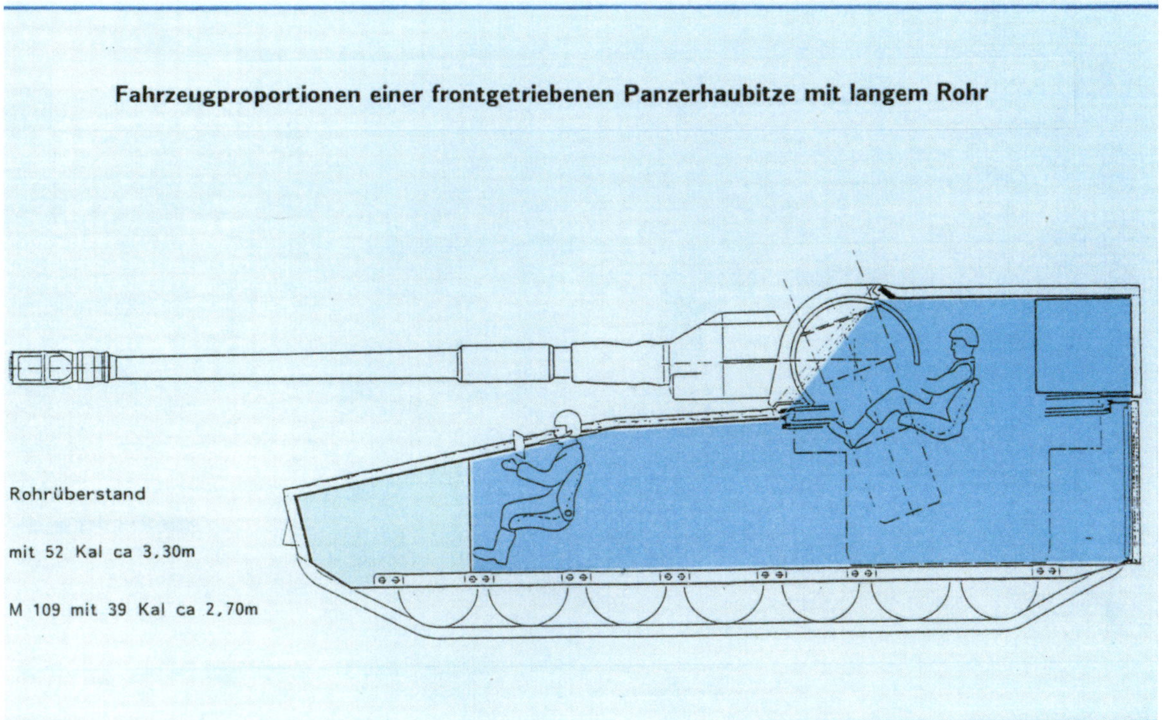

Grundkonzept Frontantrieb in Verbindung mit Waffenrohr L52. (KMW)

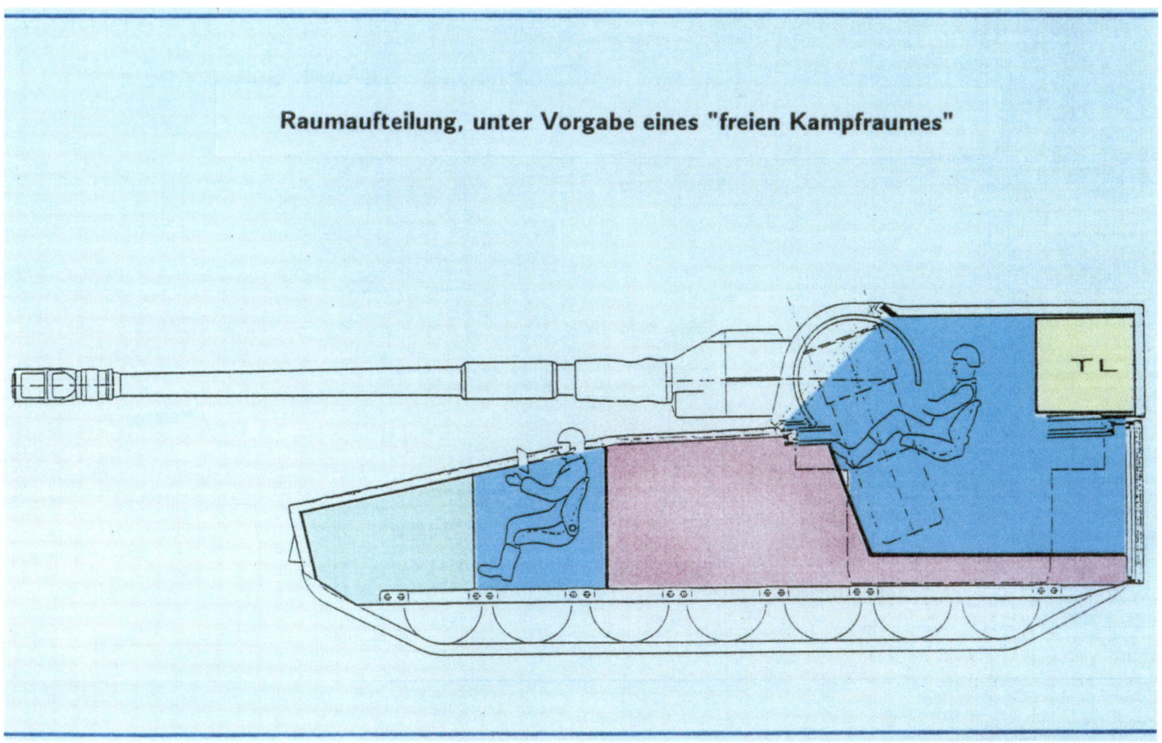

Verstauräume für Geschosse bei einer frontgetriebenen Haubitze mit langem Waffenrohr. (KMW)

Setzt man den Turm auf das Heck eines frontgetriebenen Fahrgestells, ergibt sich zwangsläufig ein »freier« Bereich in der Mitte des Fahrgestells als Lagerort für die 60 Geschosse des Bordvorrats.
Für die Lagerung der Treibladungen (TL) bietet sich das Turmheck an. Mit dieser Anordnung ergibt sich in Kombination mit der Turmbühnen-Lösung eine einfache und sichere Möglichkeit, die Treibladungen während des Schießens durch einen Munitionskanonier manuell zu laden und dies unabhängig von der Turmposition relativ zum Fahrgestell. Das Laden der Geschosse muss wegen des hohen Gewichts der Geschosse und der Vermeidung unzulässiger Belastung der Besatzung automatisch erfolgen. Gelingt es, einen automatischen Geschosslader so zu entwickeln, dass seine Komponenten weitgehend außerhalb des Turmes angeordnet werden, entsteht ein relativ großvolumiger freier Raum für die Turmbesatzung in hinteren Teil des Fahrgestells, der zudem direkt durch eine Hecktür betreten werden kann. Außerdem lassen sich mit einem automatischen Geschosslader unterschiedliche Turmstellungen relativ zum Fahrgestell auf einfache Art ausgleichen.
Die Anordnung des Turms auf dem hinteren Teil des Fahrgestells, die weitgehende Vermeidung von Geschosslader-Komponenten im Turmbereich und der damit entstehende Platz für die Besatzung ergeben zusammen mit der direkten Zugangsmöglichkeit für die Turmbesatzung optimale Voraussetzungen für die Durchführung von Ersatz-Betriebsarten zur Erhöhung der Durchhaltefähigkeit des Geschützes. Durch den geforderten Richtbereich der Waffe in Elevation ergibt sich zwangsläufig eine Mindesthöhe vom Turmboden bis zum Turmdach von fast 2 Metern, so dass manuelle Tätigkeiten der Besatzung auch im Stehen problemlos und ergonomisch günstig durchgeführt werden können.
Der Platz des Fahrers wurde auf der rechten Fahrzeugseite neben dem in der Draufsicht L-förmigen, aus Motor und Getriebe bestehenden Triebwerk angeordnet, die übrigen Besatzungsmitglieder Geschützführer, Richtkanonier, Munitionskanonier 1 und Munitionskanonier 2 haben ihre Besatzungsstände im Turm. Alle

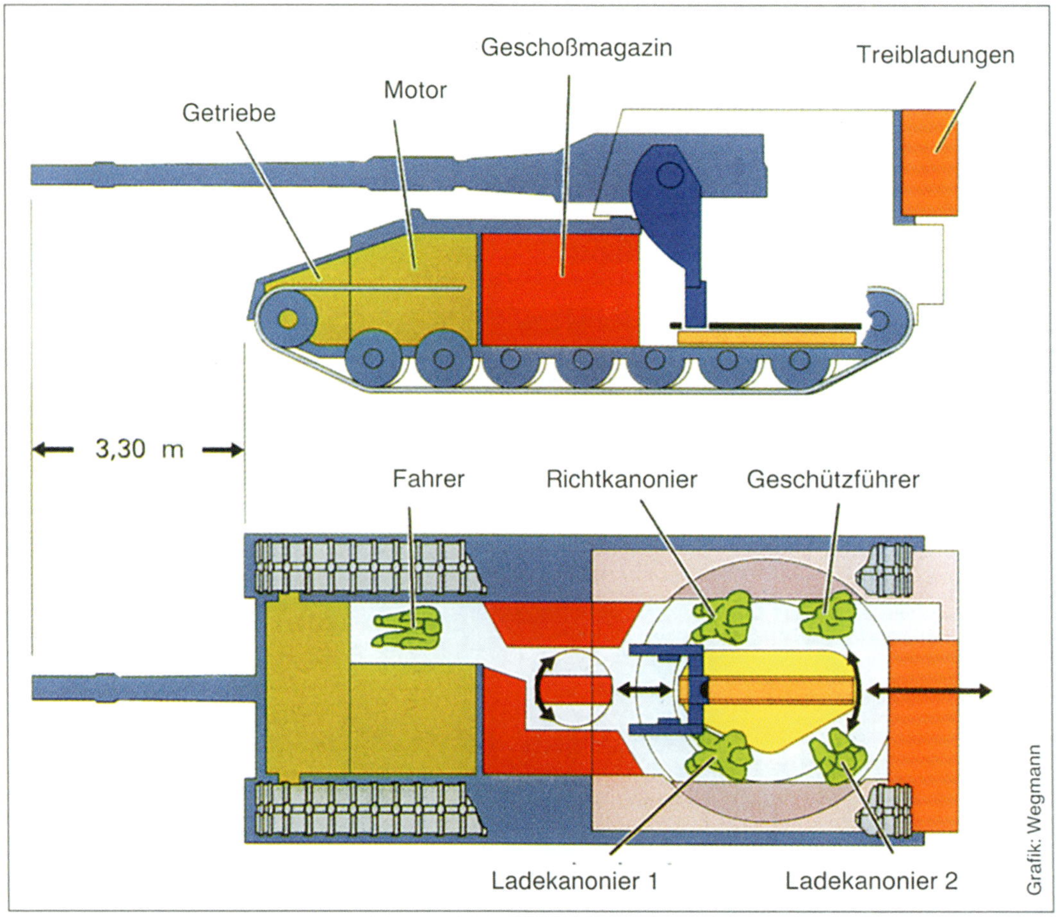

(KMW)

fünf Besatzungsmitglieder können ihre Plätze durch die große Hecktür erreichen. Der Fahrer nutzt im Regelfall aber seine Einstiegsluke im Fahrgestell.
Wenn auch nicht gezielt beabsichtigt, ähnelte der gewählte Konzeptansatz der Grundform der seinerzeit in großer Zahl eingesetzten M109-Haubitzen, deren Leistungsmerkmale in Bezug auf Reaktionszeiten, Schuss-Reichweite, Feuergeschwindigkeit, Autonomie, Mobilität, Munitionsvorrat und Schutz bei gleichzeitiger Verringerung der Personalstärke jedoch deutlich überschritten wurden.

KONZEPTANSATZ SÜD-KONSORTIUM

Das Fahrgestell des Versuchsträgers des Süd-Konsortiums war, wie gefordert, frontgetrieben; das Fahrgestell hatte ein 6-Rollen-Laufwerk auf Basis Leopard-2-Komponenten. Auf Grund der breiteren Leopard-2-Kette war das Fahrgestell-Gehäuse innen schmaler als das des Nord-Konsortiums, das Laufrollen und Kette des Leopard 1 nutzte.

Das Triebwerk bestand aus einem 12-Zylinder Motor MTU 883 und einem Renk-Getriebe; die gleiche Kombination, die auch das Nord-Konsortium für seinen Versuchsträger in der Stufe 1 der Entwicklung verwendete.
Der Turm befand sich mehr oder weniger mittig auf dem Fahrgestell. Integriert war die vorgegebene L52-Waffenanlage von

Der Versuchsträger Taurus des Süd-Konsortiums. (Rhm)

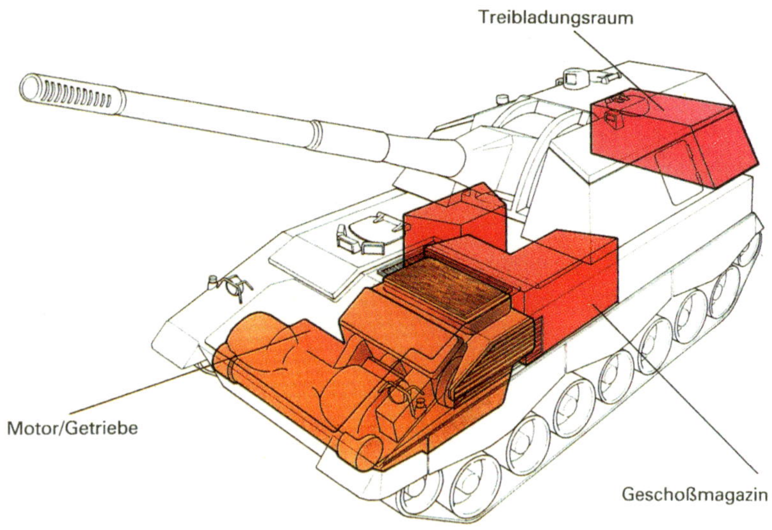

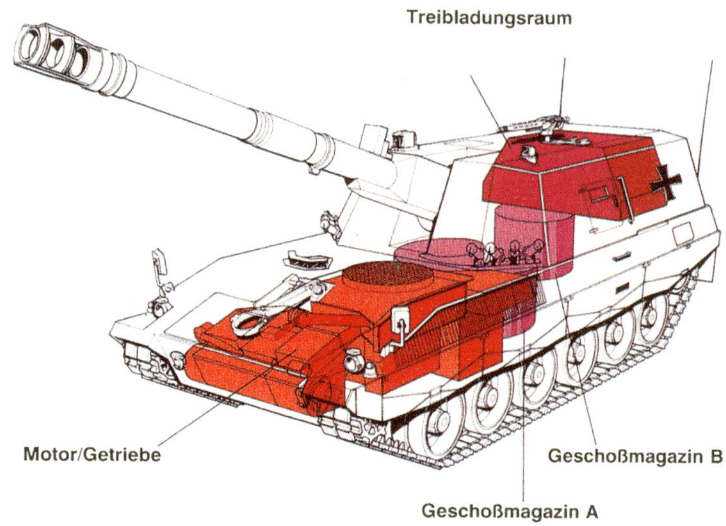

Hier zwei schematische Darstellungen der wesentlichen Komponenten …

Rheinmetall. Die Rohrzurrung war ganz vorn auf dem Fahrgestellbug angeordnet. Der Höhenrichtantrieb der Waffe bestand aus zwei elektrischen Antrieben, die rechts und links der Wiege mit ihren Antriebsritzeln in je ein Zahnsegment eingriffen. Ein Ausgleicher für das hohe Unbalance-Moment der L52-Höhenrichtbaren Masse war links der Wiege in Form einer robusten Gasfeder-Lösung angeordnet. Der Turm verfügte über mehrere Luken und Seitentüren. Auf einer der Luken war eine MG-Drehringlafette angeordnet. Als weiterere Sekundär-Bewaffnung verfügte der Turm über eine Nebelmittel-Wurfanlage rechts und links neben der Waffe.

Der Turm hatte keine Turmbühne. Eins der beiden Geschossmagazine war vorn unten im Turm hängend angebracht. Die Geschosse waren dort in einem bananenförmigen Bandmagazin verstaut. Das zweite Geschossmagazin befand sich rechts hinten im Fahrgestell und war über eine Hecktür von außen erreichbar. Die Treibladungen waren im Turmheck verstaut.

Der Versuchsträger des Süd-Konsortiums verfügte über einen

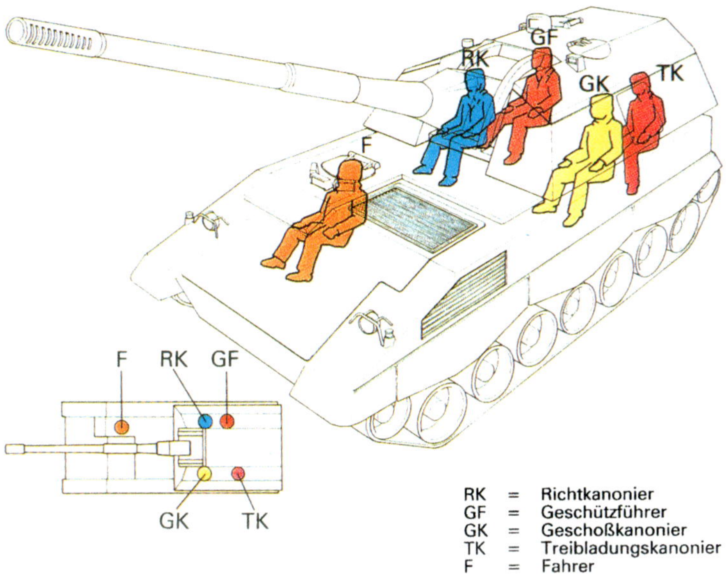

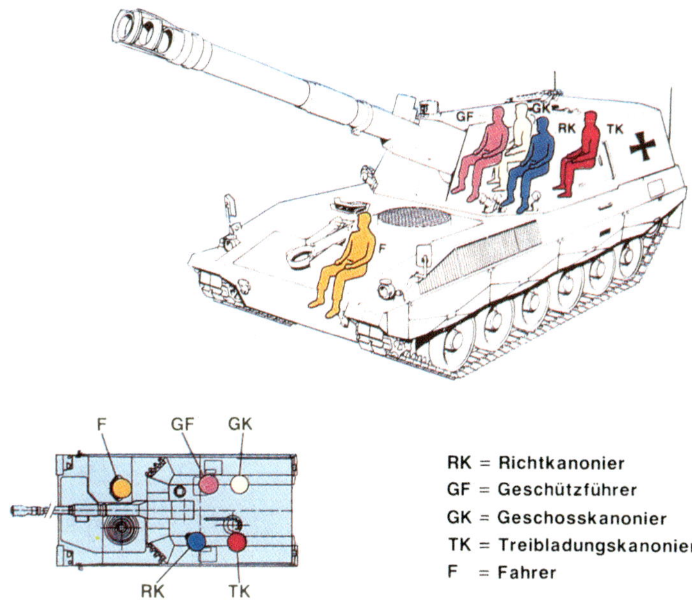

... sowie der Besatzungsanordnung (Nord-Variante jeweils links): (Skizzen jeweils von KMW bzw. Rhm, aus Soldat und Technik 3/1989)

automatischen Geschosslader, der Geschosse aus dem Bandmagazin vorn im Turm laden konnte. Das Bandmagazin vorn im Turm konnte vom Heckmagazin im Fahrgestell automatisch nachgefüllt werden. Unter Nutzung der vorhandenen Geschosswege beim Schießen wurden auch die beiden Magazine beim Aufmunitionieren vom Fahrzeugheck aus befüllt.
Beim Ansetzer des Süd-Konsortiums handelte es sich um einen so genannten Geführten Ansetzer und nicht um einen Freiflug-Ansetzer.

Neben der schon erwähnten rechten Hecktür im Fahrgestell, über die die Geschosszufuhr von außen erfolgte, befand sich links eine weitere Tür, die als Einstiegstür für die vierköpfige Turmbesatzung diente. Über diesen Zugang gelangte die Besatzung am rechts daneben befindlichen Geschossmagazin vorbei in den Turm. Der Fahrerplatz war rechts vorn neben dem Triebwerk angeordnet. Der Zutritt war über eine Luke möglich.

Baugruppenauslegung

Von Michael Kohlstedt

Nach Abschluss der 1986/87 durchgeführten Konzept-Arbeiten des Nord-Konsortiums, die zu einem Geschütz mit den bekannten Merkmalen geführt hatten, wurde im Sommer 1987 mit der konstruktiven Auslegung der Teilsysteme, Komponenten und Baugruppen begonnen, die nach der offiziellen Beauftragung der Entwicklungsstufe 1 am 16.12.1987 mit Hochdruck fortgesetzt wurden.

ARTILLERIESPEZIFISCHE NEUERUNGEN UND ANFORDERUNGEN

Bei der Entwicklung der neuen PzH 2000 konnten Wegmann und MaK auf ihren großen Erfahrungsschatz aus der Entwicklung vergleichbarer Waffensysteme und deren Teilsysteme Turm und Fahrgestell zurückgreifen. Ein Teil der Komponenten war sehr Kampfpanzer-ähnlich; andererseits waren viele Artillerie-spezifische Elemente völlig neu zu entwickeln.
Erfahrungen und »Know-how« lagen vor für:
- Konstruktion von Wannen- und Turmgehäusen
- Integration von Triebwerken
- Auslegung von Ketten-Laufwerken
- Integration von Waffen
- Integration von Schutzelementen
- Gestaltung von Bedienplätzen
- Entwicklung analoger und digitaler Elektrik- und Elektronik-Baugruppen
- Erstellung der notwendigen Software-Programme
- Integration von Ziel- und Beobachtungsmitteln und sonstigen Sensoren
- Schaffung einer übersichtlichen Bedienbarkeit durch Einführung eines Betriebsstufen- und Betriebsarten-Konzepts
- Realisierung einer überschaubaren Elektronikbaugruppen-Struktur mit klar definierten Aufgaben und Schnittstellen untereinander
- Realisierung einer störsicheren internen Verkabelung
- Integration eines leistungsfähigen, internen Prüfsystems für die elektrisch/elektronischen Baugruppen von Turm und Fahrgestell

Auch die konstruktive Berücksichtigung der bei Groß-Waffensystemen im Heeresbereich üblichen Rand- und Umgebungs-Bedingungen waren für die Ingenieure dieser Entwicklungsfirmen kein Neuland:
- Gewichtsobergrenzen
- Begrenzte Außenabmessungen aufgrund Luft- und Bahn-Verlademaßen
- Geforderter weiter Umgebungstemperatur-Bereich
- Vibrations- und Schock-Belastung der Baugruppen insbesondere bei Kettenfahrzeugen
- Zulassungsfähigkeit des Fahrzeugs für den öffentlichen Straßenverkehr
- EMV-Festigkeit und Verträglichkeit von Baugruppen und Gesamtsystemen

Ohne den Erfahrungsschatz der Firmen und ihr breites technisches Wissen zu den vorgenannten Themen hätten sich die notwendigen Konstruktionsarbeiten nicht mit der erforderlichen Geschwindigkeit und Tiefe beim Bau des Versuchsträgers bewerkstelligen lassen. Auf diesen Teil des Entwicklungsprogramms, also die nicht Artillerie-spezifischen Anteile, wird in der folgenden Beschreibung nur eingegangen, wo es für das Verständnis erforderlich ist.
Das folgende Kapitel konzentriert sich auf die Entwicklung der neuen, artilleriespezifischen Anteile, die die Besonderheit das Waffensystems PzH 2000 ausmachen.
Aus dem in der Graphik dargestellten Ablauf, der die Mehrzahl der an die neue PzH gestellten Forderungen in Bezug auf den artilleristischen Feuerkampf anschaulich zusammenfasst, lässt sich ein Großteil der konstruktiv umzusetzenden Forderungen und des Ausrüstungsbedarfs des Geschützes relativ einfach ableiten. Die Graphik zeigt die zu entwickelnde Fähigkeit der Haubitze, also die Fähigkeit zu schießen und schnell wieder aus der Feuerstellung zu verschwinden (später »shoot & scoop« genannt). Der dargestellte Ablauf lässt sich in drei Phasen samt einer Vorphase aufteilen und beschreiben.

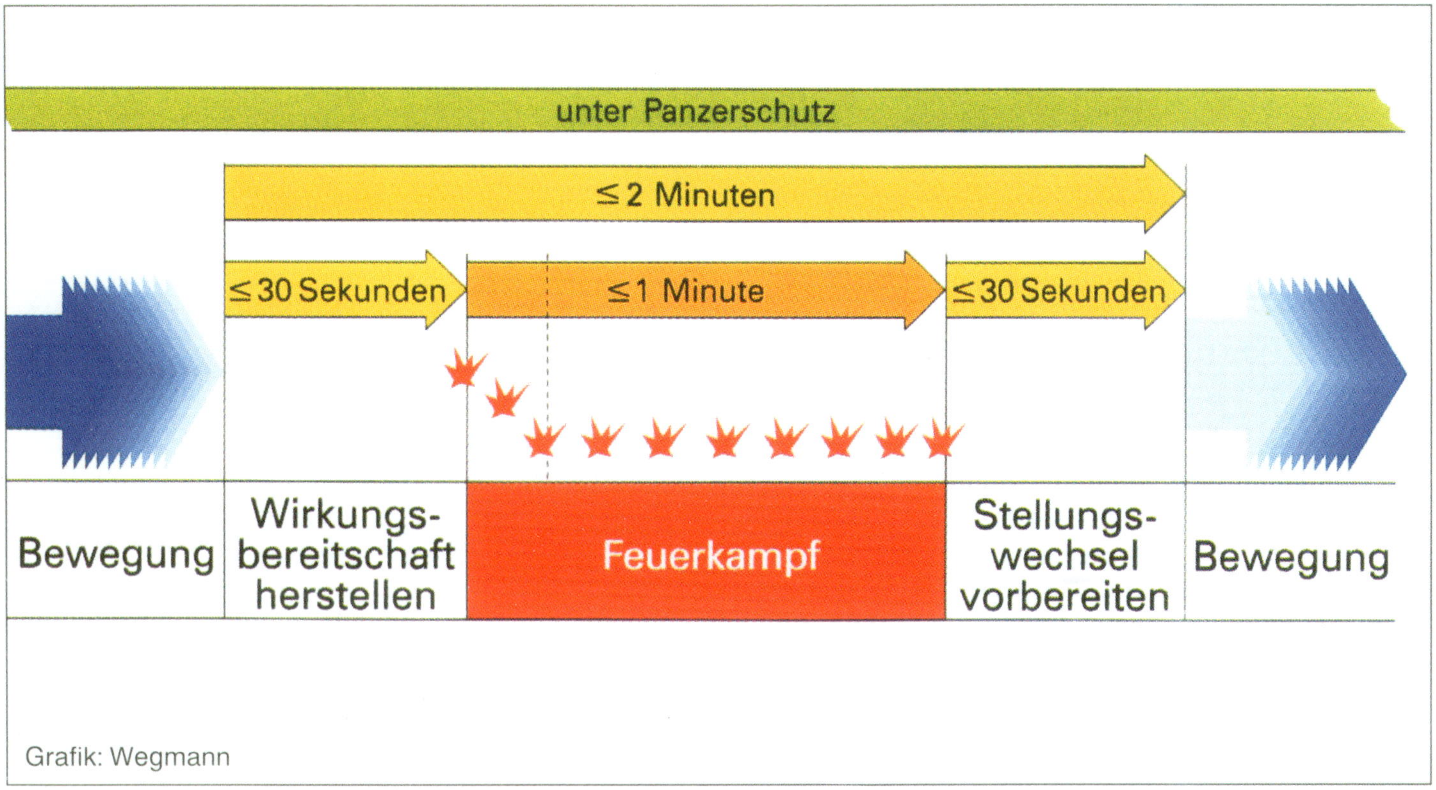

Anschauliche Darstellung der geforderten artilleristischen Systemleistung an die PzH 2000. (KMW)

VORPHASE: EINGANG FEUERAUFTRAG PER FUNK

Die PzH 2000 ist auf dem Marsch und erhält per Funk einen Feuerauftrag von einem übergeordneten Führungs- und Waffeneinsatzsystem.

Der Feuerauftrag enthält im Minimum zwei Informationen: 1.die Zielposition und 2. Anzahl und Typ der zu verschießenden Geschosse.

Das Fahrzeug ist in Bewegung; Turm und Rohr sind in 12 Uhr Turmstellung fest mit dem Fahrgestell verbunden.

Das Fahrzeug stoppt unmittelbar nach Eingang des Feuerkommandos in einer beliebigen Position.

Aufgabe: → Funk- und -kommunikationstechnische Anbindung des Geschützes an ein übergeordnetes Führungs- und Waffeneinsatz-System

Phase 1: Vorbereitung des Feuerauftrags, Zeit: 30 Sekunden

Nach dem Halt in einer beliebigen und unvorbereiteten Feuerstellung wird die aktuelle Position gespeichert und intern an einen Feuerleitrechner übermittelt. Zusammen mit der Zielposition aus dem Feuerauftrag, die bis zu 40 km entfernt sein kann, sowie dem vorgegebenen Geschosstyp wird die Ballistik-Rechnung durchgeführt.

Aufgaben:
- → Einrüstung 52-Kaliber-Waffenanlage
- → Einrüstung Navigationsanlage
- → Einrüstung eines Feuerleitrechners mit Ballistik-Rechnung
- → Realisierung einer Geschütz-internen Munitionsverwaltung (Anzahl vorhandener Geschoss-Typen und Treibladungen, Verteilung der Geschosse im Magazin)

→ Auslegung des Fahrgestells so, dass das Schießen bei jeder Turmstellung (360°-Drehbereich) ohne externe Abstützung durch Erdsporne möglich ist

Während der laufenden Ballistik-Rechnung muss die starre Verbindung zwischen Rohr und Fahrgestell gelöst werden.
Aufgabe: → Schaffung einer schnell beweglichen, halbautomatischen Zurrung zwischen Rohr und Fahrgestell

Nach Vorliegen der Richt- und Ladewerte aus der Ballistik-Rechnung werden Turm und Rohr auf diese Werte gerichtet.
Aufgabe: → Integration einer leistungsfähigen Turm- und Waffenrichtanlage
→ Schaffung einer Mess-Möglichkeit für die inertiale, also Erdsystem-bezogene IST-Richtung des Rohres im Raum
→ Integration einer geeigneten Kreisel-Plattform (als Teil der Navigationsanlage bereits vorhanden) an der Waffenwiege (damit ist Navigation im Fahrbetrieb und Messung Rohrlage im Schießbetrieb mit einer Baugruppe [Kurs-Lage-Gerät] möglich)

Inzwischen hat der TL-Kanonier den Waffen-Verschluss manuell geöffnet und der automatische Geschosslader mit der Zufuhr der kommandierten Geschosse begonnen.
Aufgabe: → Realisierung eines autom. Geschossladers, der innerhalb von ca.20 sec das erste Geschoss bis zur Waffe fördert und ansetzt sowie drei Folgegeschosse an verschiedenen Positionen im Ladeablauf bereitstellt.
→ Realisierung des automatischen Geschossladers so, dass das Laden der Waffe im gesamten Richtbereich in Seite (360°) und Höhe (-2,5° bis +65°) ohne Einschränkungen möglich ist

Zeitgleich zum Laden der Geschosse bereitet ein Munitionskanonier die Treibladungen vor.
Aufgabe: → Schaffung eines abgeschotteten TL-Magazins im Turmheck mit direkter Zugriffsmöglichkeit durch den TL-Ladekanonier
→ Schaffung einer schnellen Öffnungsmöglichkeit der Abschottung zwischen Turm und TL-Magazin

Nach dem Einlaufen der Waffe und des Turms auf die berechneten Richtwerte mittels der Waffenrichtanlage, dem Ansetzen des ersten Geschosses und dem manuellen Einlegen der Treibladung durch den TL-Ladekanonier schließt dieser den Verschluss der Waffe. Die Waffe ist nun feuerbereit. Der Geschützführer kann die richtige Umsetzung des Feuerkommandos überprüfen und gibt die Abfeuerung des ersten Schusses frei.
Aufgaben: → Anordnung des Geschützführer-Platzes im Turm rechts hinten. Von diesem Platz kann er den kompletten Ladevorgang überwachen.
→ Integration eines Bediengeräts für den Geschützführer, auf dem alle Geschützinformationen und der zugehörige Teil von Bedienfunktionen übersichtlich dargestellt vorhanden sind

Phase 2: Schießen von 8 Schuss in 60 Sekunden

Nach Abfeuern des ersten Schusses besteht grundsätzlich die Möglichkeit, dass sich das Geschütz abhängig von der Größe der Treibladung und der Beschaffenheit des Untergrunds bewegt hat und das Rohr damit nicht mehr die berechnete Rohrlage im Raum hat.
Aufgabe: → Ermöglichung eines automatischen Nachrichtens des Rohres und des Turms auf die korrekten Werte durch die Waffen- und Turm-Richtanlage (ähnlich wie es bei Stabilisierungsanlagen von Kampf- oder Schützenpanzern bei Fahrten im Gelände gemacht wird)
Bemerkung: Diese Eigenschaft wurde später im Rahmen des Schießens auf bewegliche Seeziele für die schwedische Küstenartillerie genutzt und bildete letztendlich auch die Basis für ein mögliches Schießen der PzH 2000 aus der Fahrt

Nach Abgabe des ersten Schusses müssen die folgenden beiden Schüsse innerhalb von 10 sec abgefeuert werden, die restlichen in einem Abstand von jeweils rund 10 sec.
Aufgaben: → Realisierung eines automatischen Öffnens des Waffenverschlusskeils während des Waffenvorlaufs
→ Realisierung eines TL-Anzünder-Magazins im Verschlusskeil mit automatischer Weitertaktung um einen Anzünder während der Öffnungsphase des Verschlusskeils anzubringen.
→ Realisierung einer Taktgeschwindigkeit deutlich kleiner als 10 sec im automatischen Geschosslader
→ Schaffung einer automatischen Zünder-Programmierungs-Möglichkeit für die elektronischen Zeitzünder während des Ladeablaufs

Phase 3: Verlassen der Feuerstellung innerhalb von 30 Sekunden

Nach Abgabe des ersten Schusses sind mittlerweile 60 sec vergangen, während der die gegnerische Aufklärung die Möglichkeit hatte, aus der gemessenen Flugbahn des Geschosses auf die Abschuss-Position zurückzurechnen und gezieltes Feuer auf die Feuerstellung der PzH 2000 vorzubereiten. Aus diesem Grund muss die PzH 2000 möglichst schnell nach der Abarbeitung des Feuerauftrags die Stellung wechseln. Dazu müssen der Turm und das Rohr umgehend zurück in die Zurrposition geschwenkt und dort verzurrt werden.

Aufgabe: → Auslegung der automatischen Turm- und Waffenrichtanlage so, dass auch Festpositionen von Turm und Waffe relativ zum Fahrgestell angefahren werden können;
→ Integration von Stellungsgebern für Seite und Höhe an Turm und Waffe;
→ Umschaltung der Kreiselplattform von Schießbetrieb auf Navigation beim Zurrvorgang

Nach weniger als 30 sec nach dem letzten und 90 sec nach dem ersten Schuss verlässt die PzH 2000 die Feuerstellung. Ein Einklappen von Erdspornen ist nicht notwendig. Der komplette Bekämpfungsvorgang fand unter Schutz statt; kein Besatzungsmitglied musste während des Aufenthalts in der Feuerstellung für Lade- oder Zurr-Tätigkeiten das Geschütz verlassen. Die körperliche Belastung der fünf Besatzungsmitglieder war gering, lediglich der TL-Ladekanonier musste acht Treibladungen manuell laden. In Anbetracht des möglichen Maximalgewichts von rund 15 kg für sechs MTLS-Module als größte Ladung sicher eine machbare Aufgabe.

Die PzH 2000 ist damit in der Lage, einen Feuerauftrag autonom auszuführen. Wie beschrieben, braucht sie dazu nur Zielkoordinaten und Typ sowie Anzahl der zu verschießenden Geschosse.

Aufgrund ihres hohen Bordvorrats an Munition kann die PzH 2000 mehrere ähnliche Feueraufträge aus unterschiedlichen Feuerstellungen ausführen, die aufgrund der hohen Beweglichkeit des Fahrzeugs auch weiter entfernt liegen können. Dabei benötigt die PzH 2000 vergleichsweise weniger Fahrten zu einem Munitions-Versorgungspunkt.

Das beschriebene Szenar zeigt die Wichtigkeit der Forderungen an das Geschütz in Bezug auf Reichweite, hohe Beweglichkeit, hohen Munitionsvorrat, möglichst guten Schutz für die Besatzung, Autonomie und vor allem auch Schnelligkeit bei allen Vorgängen.

In den folgenden Abschnitten wird die Umsetzung der gestellten Forderungen an die neu zu entwickelnde PzH 2000 anhand spezifischer Einzelthemen dargestellt.

Realisierung der geforderten Reichweite durch eine 52-Kaliber-Waffe

Bis Mitte der 1980er-Jahre wurden 155-mm-Waffen L39 in den Artilllerie-Verbänden mehrerer westlicher Staaten eingeführt, u. a. in Großbritannien, Italien, Frankreich, der Bundesrepublik Deutschland und den USA. Die Bezeichnung L39 bedeutet, dass es sich um eine Rohrlänge von 39 Kalibern handelt, bei 155-mm-Geschützen also um 39 x 155 mm = 6045 mm.

Zur Sicherstellung der Austauschbarkeit von Geschossen und Treibladungen zwischen den oben genannten fünf Staaten und anderen NATO-Ländern wurde ein *Joint Ballistic-Memorandum of Understanding* (JB-MOU) abgeschlossen. Im JB-MOU wurden neben Kaliber und Rohrlänge u. a. auch das Volumen des Ladungsraums, Gasdruck-Werte beim Schuss, Mündungsgeschwindigkeiten und technische Geschossdaten festgeschrieben.

Der Ladungsraum des L39-Rohres ist so bemessen, dass mit dem Standard-Sprenggeschoss L15A1 eine Mündungsgeschwindigkeit von 827 m/sec bei Verschuss mit der größten Ladung, seinerzeit der 8. Ladung L10A1, erreicht wird. Mit dieser Mündungsgeschwindigkeit erzielt das Geschoss unter Standard-Bedingungen eine Reichweite von 24.700 m.

Diese maximale Reichweite wurde in Angesicht der seinerzeitigen Bedrohungslage zunehmend als zu gering bewertet. Neben der Entwicklung und Nutzung von Reichweiten-gesteigerten Geschossen, mit denen Distanzen bis 30.000 m aus dem 39-Kaliber-Rohr möglich waren, wurde auch über die Nutzung längerer Waffenrohre mit größerem Ladungsraum nachgedacht. Bei längeren Rohren und größerer Treibladung wirkt der entstehende gleich hohe Gasdruck, wie er bei einem 39-Kaliberrohr vorhanden ist, länger und beschleunigt das Geschoss auf eine höhere Mündungsgeschwindigkeit. Mit der höheren Mündungsgeschwindigkeit steigt die Reichweite des Geschützes.

Seinerzeit wurde der Einsatz von 45-, 46- und 52-Kaliber-Rohren mit entsprechend größeren Ladungsräumen und größeren Treibladungen untersucht. Die Verfügbarkeit einer größeren Treibladung war mit den damals in Entwicklung befindlichen, modularen Treibladungssystemen in erreichbare Nähe gerückt. Diese sollten die herkömmlichen Beutel- und Stangen-Treibladungen ersetzen, damit das manuelle Laden vereinfachen, die Voraussetzung für automatisches Treibladungsladen schaffen, das Entstehen von Treibladungsresten vermeiden, aber auch größere Schuss-Reichweiten ermöglichen.

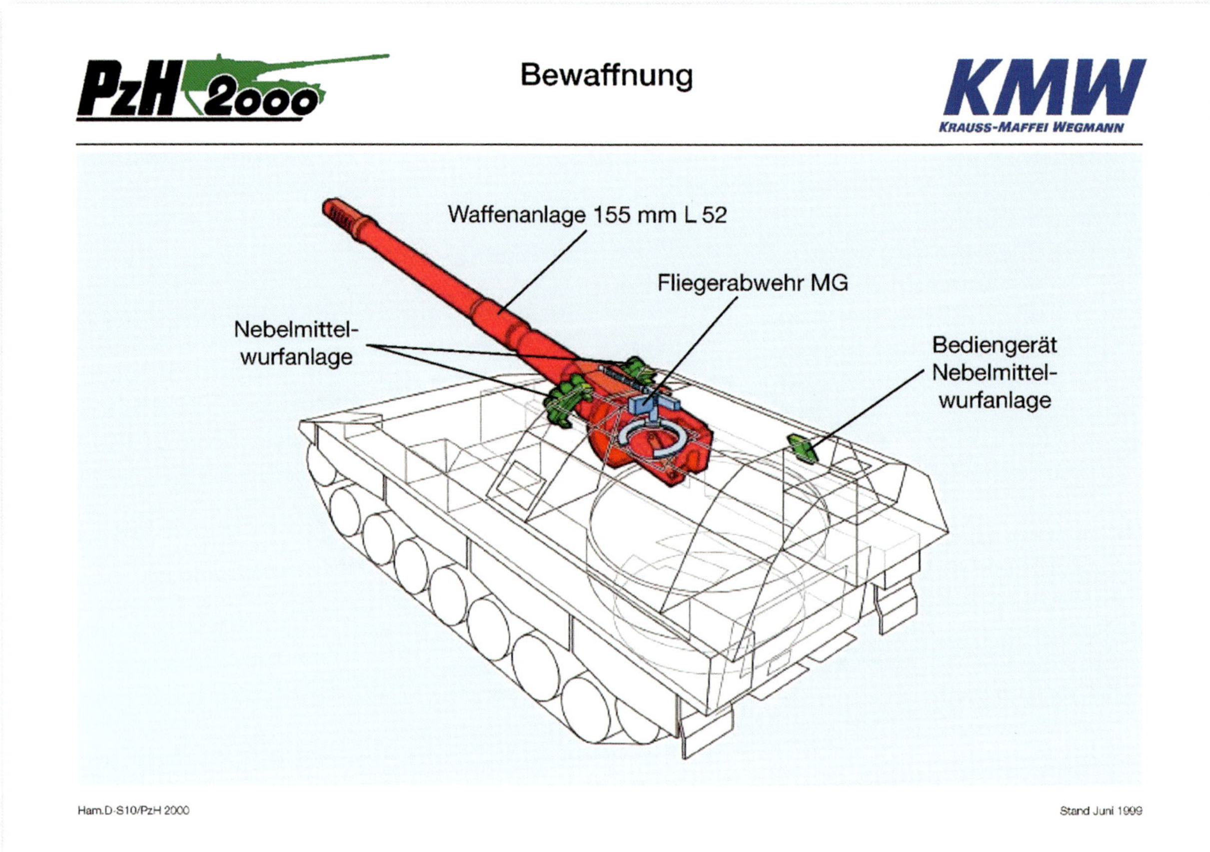

Höhenrichtbare Masse mit L52-Waffenanlage. (KMW)

Mit sechs Modulen des neu entwickelten Modularen Treibladungssystems (MTLS) wird bei Verschuss des Standard-Sprenggeschosses L15A1 aus einem 52-Kaliberrohr mit vergrößertem Ladungsraum eine Anfangsgeschwindigkeit von 945 m/s und eine Reichweite von 30 km erreicht. Dabei ist der maximale Gasdruck im Rohr nicht höher als der der 39-Kaliber-Waffe.

Mit fünf Modulen des Modularen Treibladungs-Systems wird bei Verschuss aus einer 39-Kaliber-Waffe annähernd die gleiche Geschoss-Anfangsgeschwindigkeit erreicht wie bei Verschuss mit der größten Stangen-Treibladung L10 A1. Man bezeichnete diesen Effekt seinerzeit als »*ballistic-match*« (identische Ballistik)

Entscheidend aber ist, dass die größere Reichweite ohne Steigerung des maximalen Gasdrucks im Rohr erreicht wird. Da die maximal möglichen Gasdrücke in der L52- und der L39-Waffe gleich sind, wirken keine größeren Drücke bzw. Kräfte auf die Geschosse beim Schuss. Damit waren die vorhandenen und in der L39-Waffe verschießbaren Geschosstypen in Bezug auf die Druckbelastung am Geschossboden auch für den Verschuss aus der L52-Waffe mit deren größter Ladung geeignet. Lediglich die höhere Drallgeschwindigkeit und die größere Belastung des Führungsbandes der einzelnen Geschosstypen musste noch gesondert untersucht und beurteilt werden. Dies hat später zu einem konstruktiven Umstieg von einem Rohr mit 48 Zügen auf ein Rohr mit 60 Zügen geführt. Die vier Prototypen der Stufe 2 wurden nachgerüstet.

Mit der Einführung von 52-Kaliber-Waffen wurden die Reichweiten mit dem Standard-Spreng-Geschoss L15A1 von 24,7 km auf 30 km und bei Reichweiten-gesteigerten Geschosssen von 30 km auf bis zu 40 km gesteigert.

Der Rückstoßimpuls und die aufgenommene Energie der rücklaufenden Teile der L52-Waffe beim Schießen mit höchster Ladung sind zwangsläufig größer im Vergleich zur L39-Waffe. Hier ist es der Firma Rheinmetall als Entwickler der L52-Waffe jedoch gelungen, den Wirkungsgrad der Mündungsbremse so zu erhöhen, dass die verbleibenden Rückstoßkräfte, die vom Geschütz aufgenommen werden müssen, nur geringfügig größer sind als die der L39-Waffe.

Dies war eine wesentliche Erleichterung bei der konstruktiven Integration der Höhenrichtbaren Masse in das Turmgehäuse der PzH 2000 und hat den weiteren Vorteil, ein vergleichsweise geringes Drehmoment (Schussmoment) in das Geschütz einzuleiten. Dies wiederum führt zu geringeren Ein- und Ausfederwegen

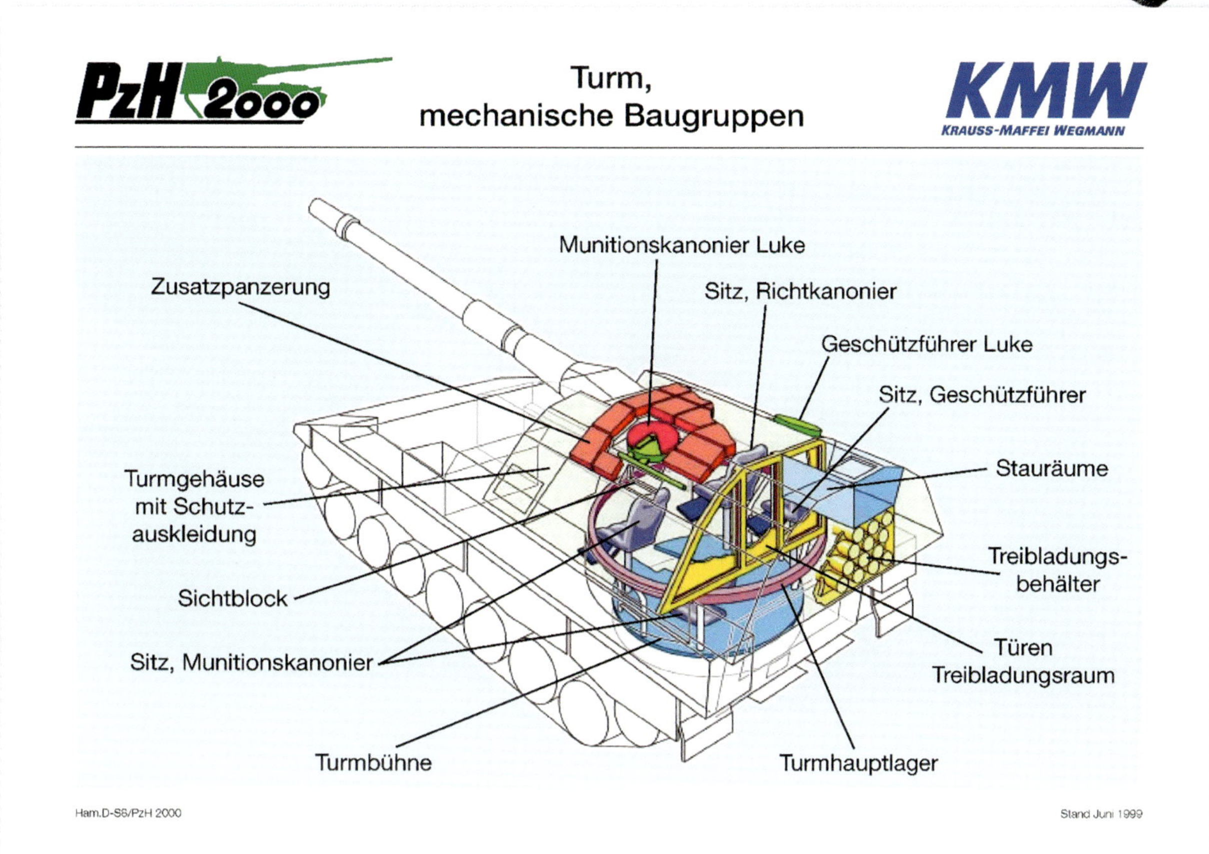

Turmbaugruppen (KMW)

sowie -zeiten und leistet damit einen wesentlichen Beitrag für schnelle und präzise Schussfolgen.

Die L52-Waffe befand sich zu Beginn der Entwicklung der Geschütze der Phase 1 im Jahr 1986 bereits in Entwicklung bei Rheinmetall. Ihre Verwendung wurde den beiden Konsortien mit der Anfrage bzw. der Beauftragung vorgegeben. Lediglich die Anpassung der Waffe, präziser der Höhenrichtbaren Masse, an die mechanischen und elektrischen Schnittstellen der beiden Versuchsträger, wurde seitens der jeweiligen Konsortien separat beauftragt. Die mechanischen Anpassungen erfolgten an der jeweiligen Waffenwiege.

Neben den Abmessungen des äußeren Wiegenkörpers und der Schildzapfenanordnung wurden beim Nord-Konsortium zusätzlich

- eine hochgenau bearbeitete Anschraubfläche an der rechten Wiegenseite zur Aufnahme einer inertialen Kreiselplattform,
- die Anbindung eines Zahnsegments für den Eingriff des Antriebsritzels des Höhenrichtantriebs,
- die Anlenkung für den Drehstabausgleicher des Unbalance-Elements der Höhenrichtbaren Masse,
- die Anlenkung für einen Stellungsgeber der Waffenerhöhung,
- die mechanischen Abmessungen der Walzenblende der Waffe und der Walzenblenden- Abdeckung zum Turmgehäuse und
- die Anzahl, Art und Einbauorte der für die turmseitige Waffensteuerung benötigten Sensoren festgelegt.

Als Entwicklungs- und Lieferumfang wurde eine komplette Höhenrichtbare Masse von Wegmann bei Rheinmetall beauftragt, mit der aufgrund ihrer funktionalen Vollständigkeit ein Schießen auch außerhalb eines Geschützturms von einem geeigneten Gestell aus möglich ist. Auf diese Weise wurde eine eindeutige Entwicklungsverantwortung festgelegt.

Die in der PzH 2000 eingesetzte 52-Kaliberwaffe ist JB-MOU kompatibel und kann das entsprechende komplette Munitionsportfolio NATO-JB-MOU verschießen.

TURMAUSSTATTUNG MECHANISCH UND SCHUTZ

Das Turmgehäuse ist eine Schweißkonstruktion aus Panzerstahlblechen, die die Besatzung gegen schweres MG-Feuer und Artilleriesplitter schützt. Der Schutz der Turmbesatzung wird durch einen adaptiven Dachschutz, eine Splitterschutz-Auskleidung an den Innenwänden, eine Abschottung des Treibladungsraums vom Mannschaftsraum durch besonders geformte Schiebetüren und eine kollektive ABC-Schutzbelüftungsanlage ergänzt.
Neben den direkten Schutz-Maßnahmen verfügt die PzH 2000 über weitere Eigenschaften, die die Überlebensfähigkeit auf dem Gefechtsfeld weiter erhöhen:

- Hohe Beweglichkeit, kurze Verweildauer in einer Feuerstellung, große Reichweite.
- Möglichkeit des direkten Richtens der 155-mm-Haubitze gegen Bedrohung in der näheren Umgebung.
- Gesamte Systembedienung im Haupt- und Ersatzbetrieb unter Schutz. Kein Besatzungsmitglied muss das Geschütz beim oben beschriebenen *shoot & scoot*-Szenario verlassen.

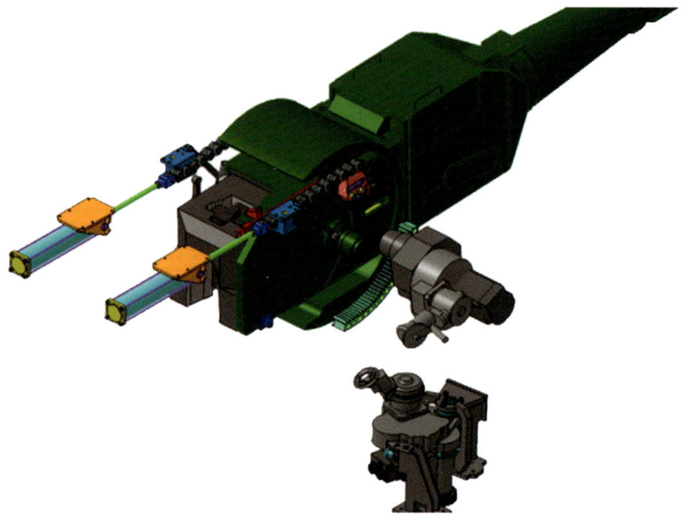

Schematische Darstellung der Waffenrichtanlage. (KMW)

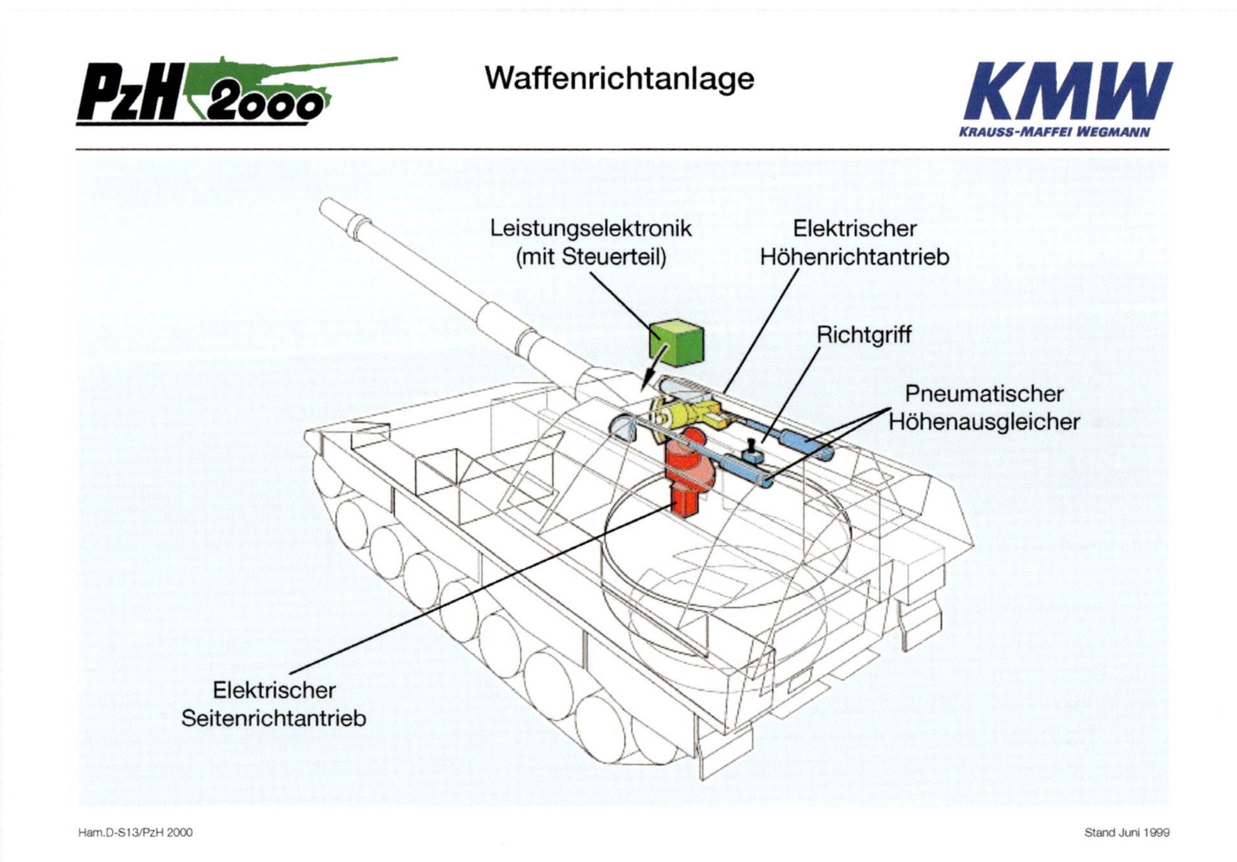

Waffenrichtanlage mit Unbalance-Ausgleicher. (KMW)

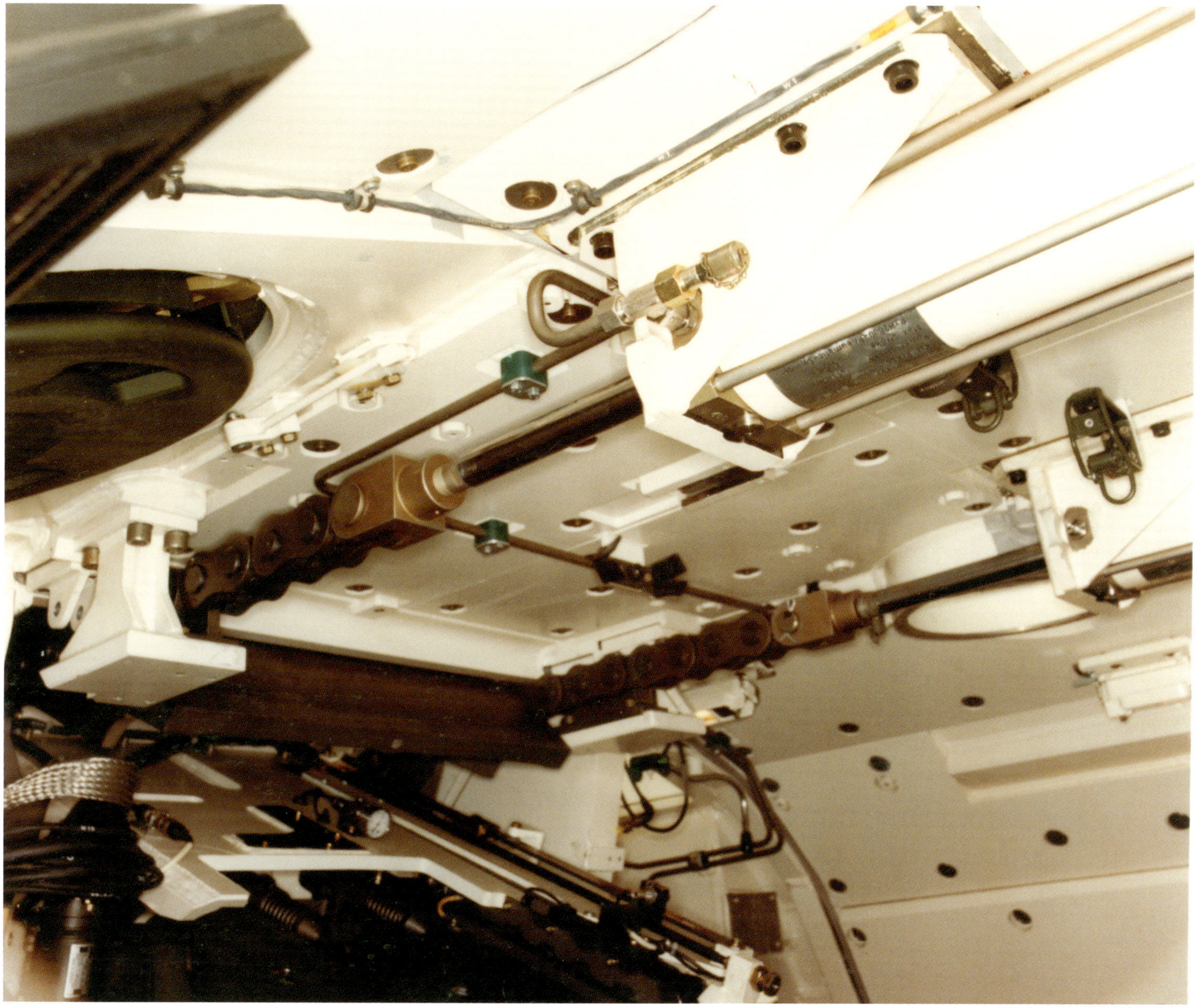

Pneumatischer Unbalance-Ausgleicher der Höhenrichtbaren Masse unter dem Turmdach. (KMW)

Am Turmgehäuse ist unten eine Turmbühne angeschraubt, die als Standfläche für die Besatzung genutzt wird und die oberste Ebene des Schleifringübertragers aufnimmt. Unter der Turmbühne kann sich die Transportschiene des automatischen Laders unabhängig und abgeschottet vom Mannschaftsraum bewegen.

Der aus Turmgehäuse und angeschraubter Turmbühne bestehende Turm ist über ein Drehlager mit dem Fahrgestell verbunden. Das Drehlager verfügt fahrgestellseitig über einen Zahnkranz, in den der im Turm angeordnete Seitenrichtantrieb der Waffenrichtanlage beim Seitenrichten eingreift.

Durch die Klappen und Deckel wird eine gute Zugänglichkeit zur vorn links im Turm verstauten pneumatischen Energieversorgung, zur vorn rechts verstauten Waffenrichtanlage und den im Turmheck verstauten Elektronik-Einheiten sichergestellt. Alle übrigen Turm-Baugruppen sind durch den vorhandenen freien Kampfraum vom Turminneren aus für Wartungs- und Reparaturarbeiten leicht zugänglich.

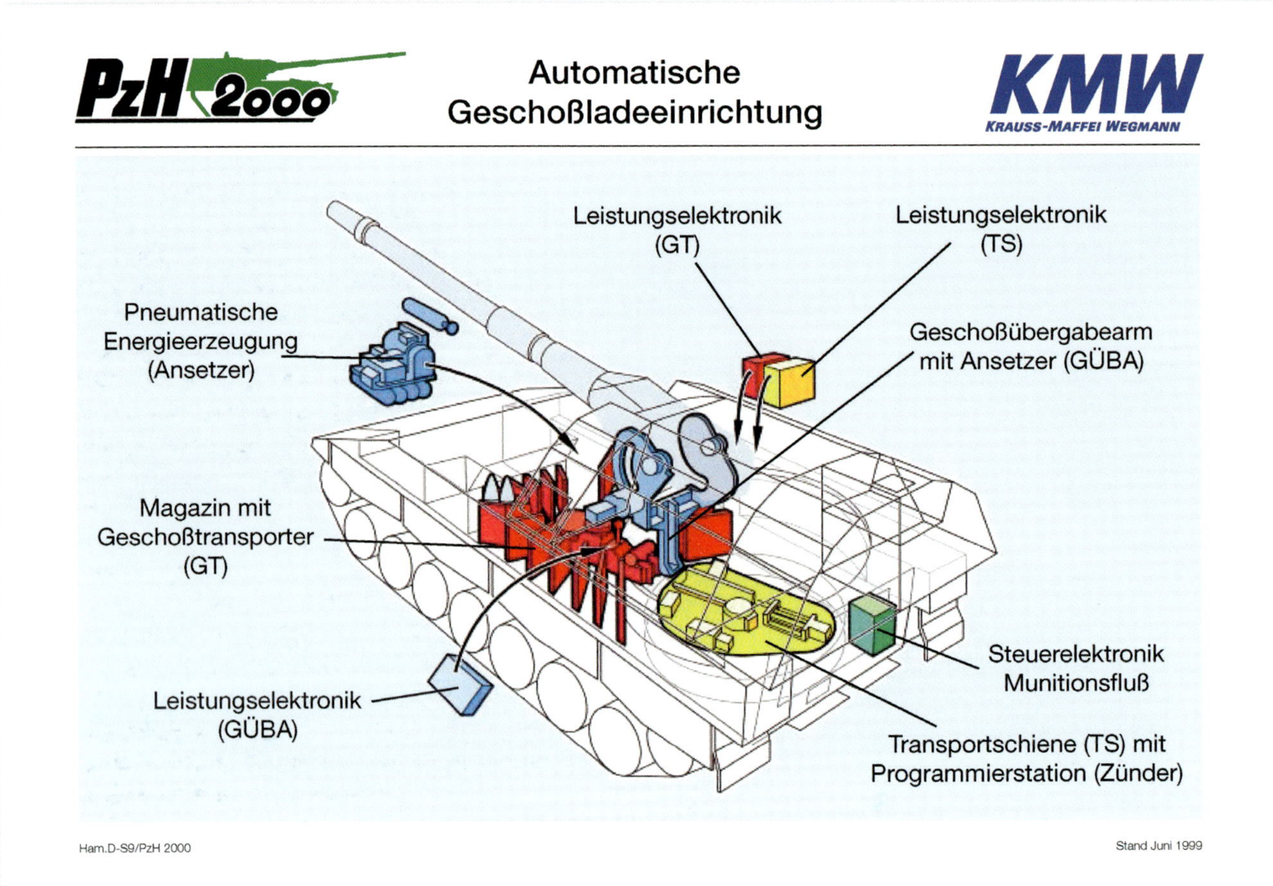

Schematische Darstellung der Geschossfluss-Baugruppen. (KMW)

BETRIEBSARTEN UND LADEABLÄUFE

Automatisches Richten

Die Waffenrichtanlage besteht aus einem Höhen- und einem Seitenrichtantrieb. Jeder der beiden Antriebe besteht aus einem Getriebe mit integrierten Haltebremsen und einem Elektromotor. Bei den Motoren handelt es sich um bürstenlose Motoren mit Wicklung im Motorgehäuse und nicht im Läuferteil.

Der Läufer besteht aus einem Dauermagneten, der keine Stromzufuhr braucht. Die Leistungsversorgung erfolgt über eine Leistungselektronik, die in der Nähe der Antriebe vorn rechts im Turm untergebracht ist. Der Höhenrichtantrieb greift mit seinem Antriebsritzel in ein an der Waffenwiege angeschraubtes Zahnsegment und richtet damit die Waffe in der Höhe (Elevation). Der Seitenrichtantrieb greift über sein Antriebsritzel in die Verzahnung des Turmdrehkranzes ein und dreht den Turm damit in der Seite (Azimuth).

Da Höhenrichtbare Massen in der Regel ein hohes Unbalance-Moment um die Höhendrehachse (bei Waffen spricht man hier von der Schildzapfenachse) aufweisen, werden in der Regel zusätzliche Unbalance-Ausgleicher eingesetzt.

Der Unbalance-Ausgleicher der PzH 2000 besteht aus zwei unter dem Turmdach angeordneten Gasfedern, die über eine massive Kette mit der Wiege verbunden sind. Beim Richten werden die Ketten über an der Wiege angeschraubte Kurvenscheiben geführt. Mit dieser Lösung wird eine wirkungsvolle Kompensation des sich über den Richtbereich der Waffe verändernden Unbalance-Moments der Höhenrichtbaren Masse erreicht.

An den Antrieben für die Waffenerhöhung und das Turmdrehen sind je eine zusätzliche Handstation in Form eines Getriebes mit Handkurbel angeordnet, mit denen sich Waffe und Turm im Ersatzbetrieb richten lassen.

Das Richten von Turm und Waffe mit der Waffenrichtanlage kann über drei Arten erfolgen. Beim indirekten Richten erfolgt der Richtvorgang durch Bewegung auf eine mit dem Feuerkommando vorgegebene, raumbezogene Lage der Waffe. Diese Position wird während des Schießens automatisch überwacht und bei Bedarf korrigiert. Beim direkten Richten, also dem Einsatz der Waffe gegen im Sichtbereich der Zieloptiken befindliche Ziele, folgt die Waffenrichtanlage den Steuersignalen des Richtgriffs

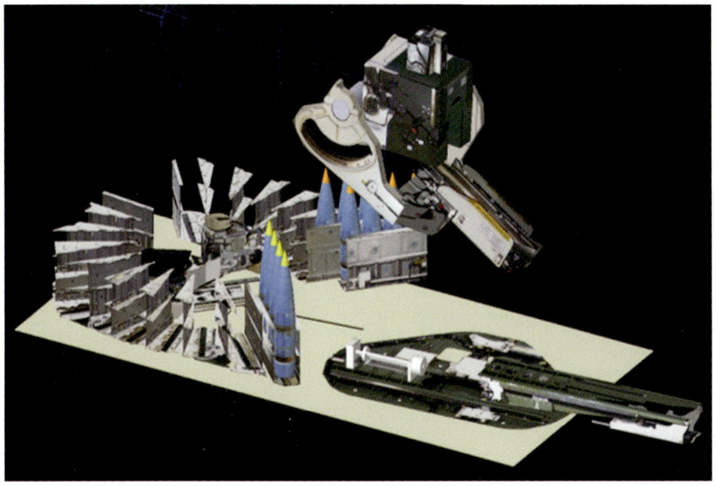

Schematische Darstellung der Geschossfluss-Baugruppen (KMW)

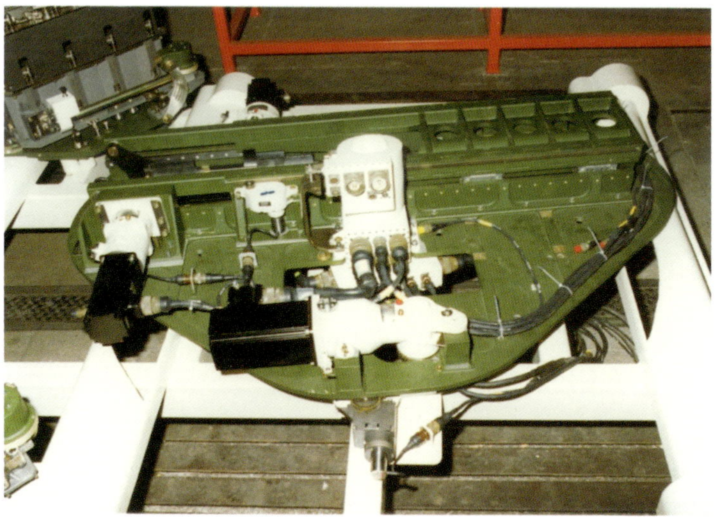

Transportschiene (TS) mit Schleifringübertrager TS in der Mitte und den drei auf dem Foto gut erkennbaren Längs-, Dreh- und Kipp-Antrieben.(KMW)

am Richtkanonierplatz. Die dritte Betriebsmöglichkeit der Waffenrichtanlage ist das Bewegen auf die Stellungsgeber-Positionen Höhe und Seite, z. B. beim automatischen Zurrvorgang der Waffe auf dem Fahrgestell.
Die Waffenrichtanlage wurde von der Firma AEG in Wedel, heute Teil der Jenoptik, entwickelt. Beim Unbalance-Ausgleicher handelt es sich um eine Wegmann/KMW-Konstruktion.

Automatischer Geschosslader (Munitionsfluss)

Der elektrisch angetriebene und digital gesteuerte Geschosslader, auch Munitionsfluss genannt, ist ein wesentlicher Garant der Leistungsmerkmale der PzH 2000. Die gesamte Handhabung der 155-mm-Geschosse während des Beladens und Entladens des Magazins, des Ladens der Waffe aus dem Magazin oder des Ladens der Waffe von einem Munitionsstapel außerhalb des Geschützes bis hin zur Tempierung (Zeiteinstellung) von elektronischen Zündern kann vollautomatisch durchgeführt werden.
Der Geschosslader arbeitet im gesamten Richtbereich der Waffenanlage und ermöglicht die geforderten Feuergeschwindigkeiten und Beladezeiten des Magazins. Das Geschossmagazin mit dem darin arbeitenden Geschosstransporter (GT), die Transportschiene (TS) unter der Turmbühne mit integriertem Zündersteller für die elektronischen Zünder und der Geschossübergabearm (GÜBA) mit Freifluganseter an der Waffe sind die Hauptbestandteile des Geschossladers.
Das Geschossmagazin fasst insgesamt 60 Geschosse. Diese werden in Schächten mit bis zu vier Stellplätzen hintereinander aufrecht gelagert und beim Be- und Entladen des Magazins einzeln bewegt. Die Schächte sind sternförmig um den Geschosstransporter angeordnet und lassen die Handhabung durch einen bei Ersatzbetrieb auf dem GT sitzenden Munitionskanonier zu. Das Magazin verfügt über 15 direkt für den GT zugängliche Geschoss-Stellplätze und stellt damit eine ausreichende Erst-Zugriffsmöglichkeit auf unterschiedliche Geschoss-Zünder-Kombinationen sicher.
Der Geschosstransporter befindet sich in der Mitte des Magazins. Er verfügt über drei elektrische Antriebe, die über einen Schleifringübertrager von der rechts im Fahrgestell angeordneten Leistungselektronik versorgt werden.

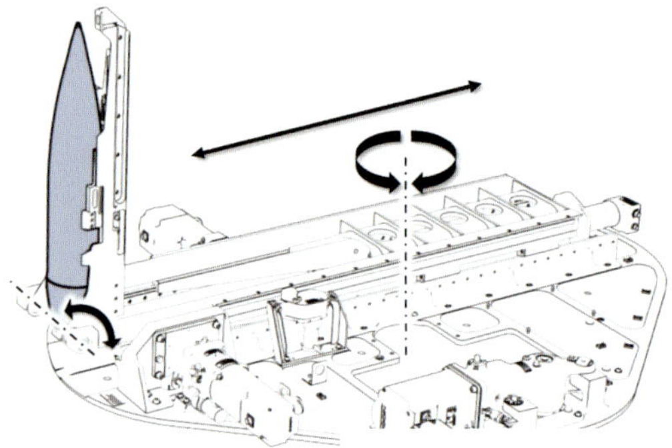

Bewegungen des Geschosstransporters (GT).

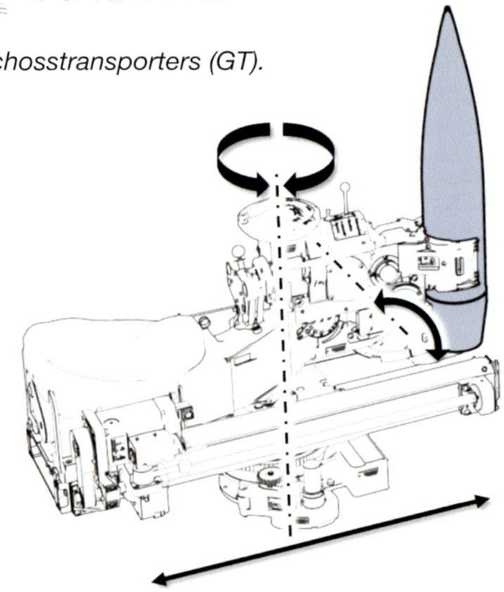

Bewegungen der Transportschiene (TS).

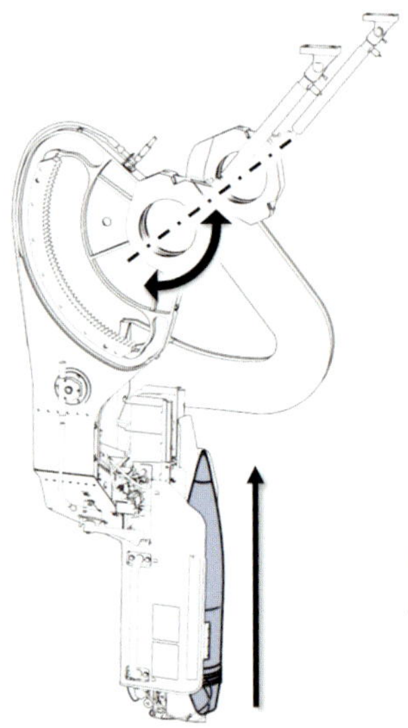

Bewegungen des Geschossübergabearms (GÜBA).

Die Transportschiene (TS) verfügt über drei elektrische Antriebe und eine Tempierstation für das Programmieren der elektronischen Zünder. Die Versorgung der Antriebe erfolgt wie beim GT über einen Schleifringübertrager von einer rechts im Fahrgestell untergebrachten Leistungselektronik. Im Gegensatz zum Schleifringübertrager des GT ist der Schleifringübertrager der TS aber in den Haupt-Schleifringübertrager integriert, der auch die Verbindung zwischen Turm und Fahrgestell herstellt. Er besteht deshalb aus den drei Ebenen Turm – Transportschiene – Fahrgestell.

Die Steuerung des fahrgestellseitigen Anteils des Geschossladers erfolgt über die Steuerelektronik Munitionsfluss (STEM), die hinten rechts im Fahrgestell montiert ist.

Auch wenn sich die Komponenten »Transportschiene« und »Geschoss-Transporter« äußerlich stark unterscheiden, sind sie antriebs- oder bewegungstechnisch gesehen sehr ähnlich. Beide verfügen jeweils über einen 360°-Drehantrieb, einen Längsantrieb und einen 90°-Schwenkantrieb.

Der Geschossübergabearm (GÜBA) befindet sich im Turm und ist um die Waffendrehachse (Schildzapfenachse) drehbar gelagert. Der Antrieb erfolgt elektrisch und die Versorgung über eine im Turm an der linken Seitenwand befestigte Leistungselektronik.

Auf dem Geschossüberarm ist der pneumatisch angetriebene Freiflug-Ansetzer montiert. Der Ansetzer besteht aus einem Ansetzschlitten mit einer darauf befestigten, halbkreisförmigen Ansetzschale. Der Ansetzschlitten ist mit einem darunter angeordneten Druckluft-Zylinder mechanisch verbunden. Über ein sehr schnell öffnendes, elektromechanisch arbeitendes Ventil mit großem Öffnungsquerschnitt wird ein großes Luftvolumen schlagartig in den Zylinder gepresst und der Ansetzschlitten linear beschleunigt. Zur Vermeidung einer Winkelbewegung des Geschosses bei der Beschleunigung erfolgt die Kraftübertragung vom Ansetzschlitten auf das Geschoss während des gesamten Beschleunigungsvorgangs zentrisch.

Kurz vor Ende der Beschleunigungsstrecke wird der Ansetzschlitten gebremst. Das auf der Ansetzschale frei beweglich liegende Geschoss gleitet dabei aufgrund seiner kinetischen Energie auf der Ansetzschale, die während des Abbremsens noch mit ihrem vorderen Teil in das Geschützrohr eintaucht, nach vorn weiter in Richtung Waffenrohr, bewegt sich »freifliegend« durch den Ladungsraum und setzt nach dem Einfädeln des zylindrischen Geschossmantels in das Zug-Feld-Profil des Rohres in der Weiterbewegung mit seinem aus einer Kupferlegierung oder Weicheisen bestehendem Führungsband im Übergangskegel zwischen dem glatten Ladungsraum und dem beginnenden Zug-Feld-Profil durch Verformung und Klemmung an.

Die pneumatische Energieversorgung des Ansetzers befindet sich links vorn im Turm.

Bei den sieben elektrischen Antrieben des Geschossflusses kommen leistungsstarke, bürstenlose und gut regelbare Motore zum Einsatz, wie sie auch bei der Waffenrichtanlage verwendet werden. Zur Erfassung der IST-Positionen der sieben Antriebsachsen werden digitale Absolutwinkelgeber mit zwischengeschalteten Messgetrieben sowie induktive Näherungsschalter eingesetzt. Hydraulik wird als Antriebsart im automatischen Geschosslader nicht verwendet. Dasselbe gilt für Mikro-Schalter.

Neben dem Freiflugansetzer und den leistungsstarken Motoren sorgen mechanische – und keinen zusätzlichen Zeitbedarf benötigende – Greif-Halt- und Löse-Mechanismen sowie überlappende Bewegungen im Ladeablauf für die hohen Feuergeschwindigkeiten.

Betriebsarten des Geschossladers

In der Betriebsart »Laden aus dem Magazin« fährt der Geschosstransporter, gesteuert von der hinten rechts im Fahrgestell angeordneten Steuerelektronik Munitionsfluss, zum gewählten Geschossschacht des Magazins, entnimmt das Geschoss und übergibt es in waagrechter Lage an die Transportschiene.

Während die Transportschiene auf die jeweilige Turmstellung dreht, werden die elektronisch einstellbaren Zünder programmiert. Anschließend wird das Geschoss durch eine Öffnung im Bühnenboden an den unterhalb der Waffe in senkrechter Position wartenden Geschossübergabearm übergeben.

Der GÜBA mit dem integrierten, pneumatisch angetriebenen Freiflugansetzer und darin befindlichen Geschoss schwenkt auf die jeweilige Waffenposition hoch. Sobald die Waffenposition erreicht ist und das Geschoss sich direkt hinter dem Waffenrohr befindet, wird der Ansetzvorgang ausgelöst.

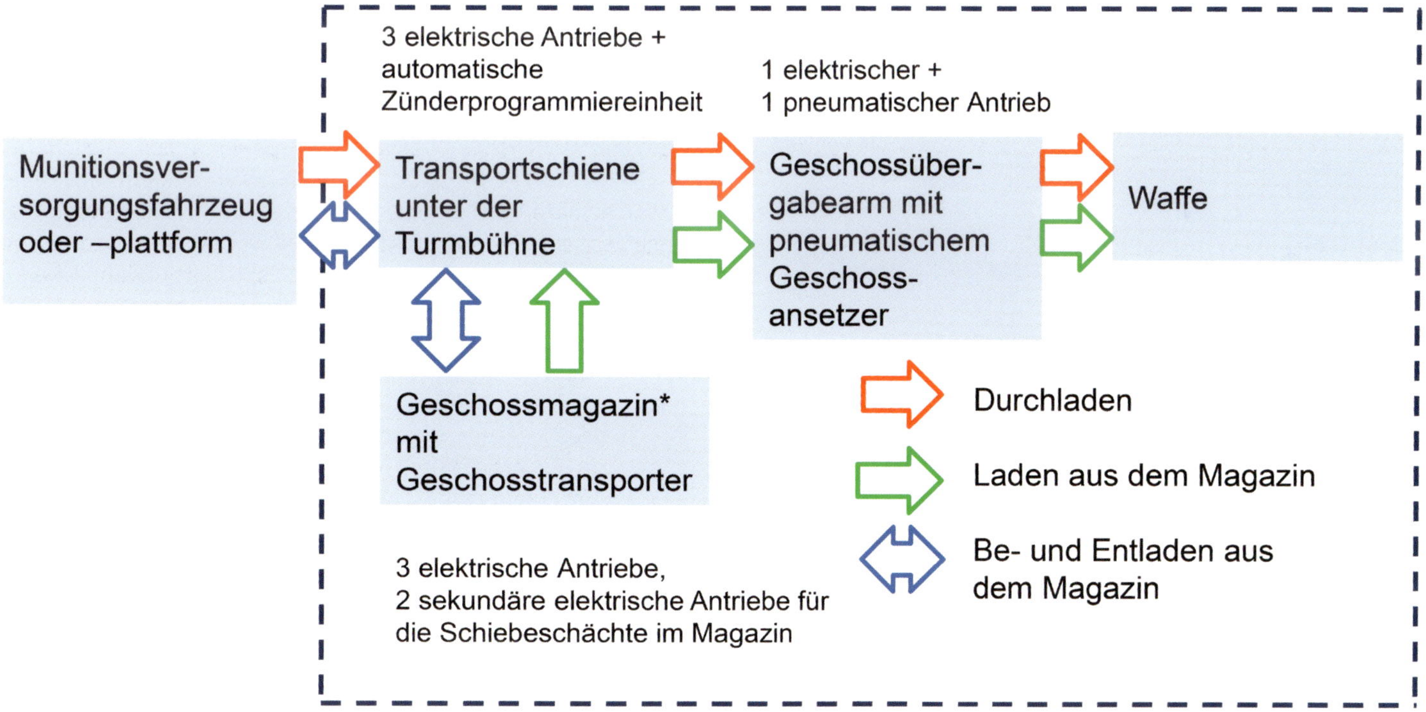

*Lagerung von bis zu 60 Geschossen; 15 Geschosse in direktem Erstzugriff; automatisch und Computer gestützte Geschossverteilung der verschiedenen Geschosstypen im Magazin

Nach manuellem Einlegen der Treibladung in den Ladungsraum und Schließen des Waffenverschlusses durch den Munitionskanonier kann die Waffe abgefeuert werden.
Bei Verschuss mehrerer Geschosse hat der Geschosslader in der Zwischenzeit die Folgegeschosse zugeführt, von denen das erste auf einer 25° unterhalb der elevierten Waffe befindlichen Position wartet.
Insgesamt verfügt der automatische Geschosslader über vier Betriebsarten:

- Beladen des Magazins
  → Geschosse werden von außerhalb in das Geschossmagazin gefördert
- Laden aus dem Magazin
  → Geschosse werden aus dem Magazin zur Waffe gefördert
- Durchladen
  → Geschosse werden von außerhalb direkt zur Waffe gefördert
- Entladen des Magazins
  → Geschosse werden aus dem Magazin nach außerhalb gefördert

Die vier Betriebsarten des automatischen Laders sind auf folgender Abbildung schematisch dargestellt.

Man erkennt in der Abbildung deutlich, dass das Magazin eine Art Speicher darstellt, der bei der Betriebsart »Durchladen« nicht genutzt wird. In dieser Betriebsart sind nur vier elektrische Antriebe und der Freifluganseter für die hohe Schießleistung und Feuergeschwindigkeit der PzH 2000 notwendig.
Der komplette Geschosslader der PzH 2000 wurde von Wegmann in Kassel entwickelt. Dies betrifft die mechanischen Baugruppen, aber auch die digitale Ablaufsteuerung, die dafür notwendigen elektronischen Baugruppen und die Software-Erstellung.

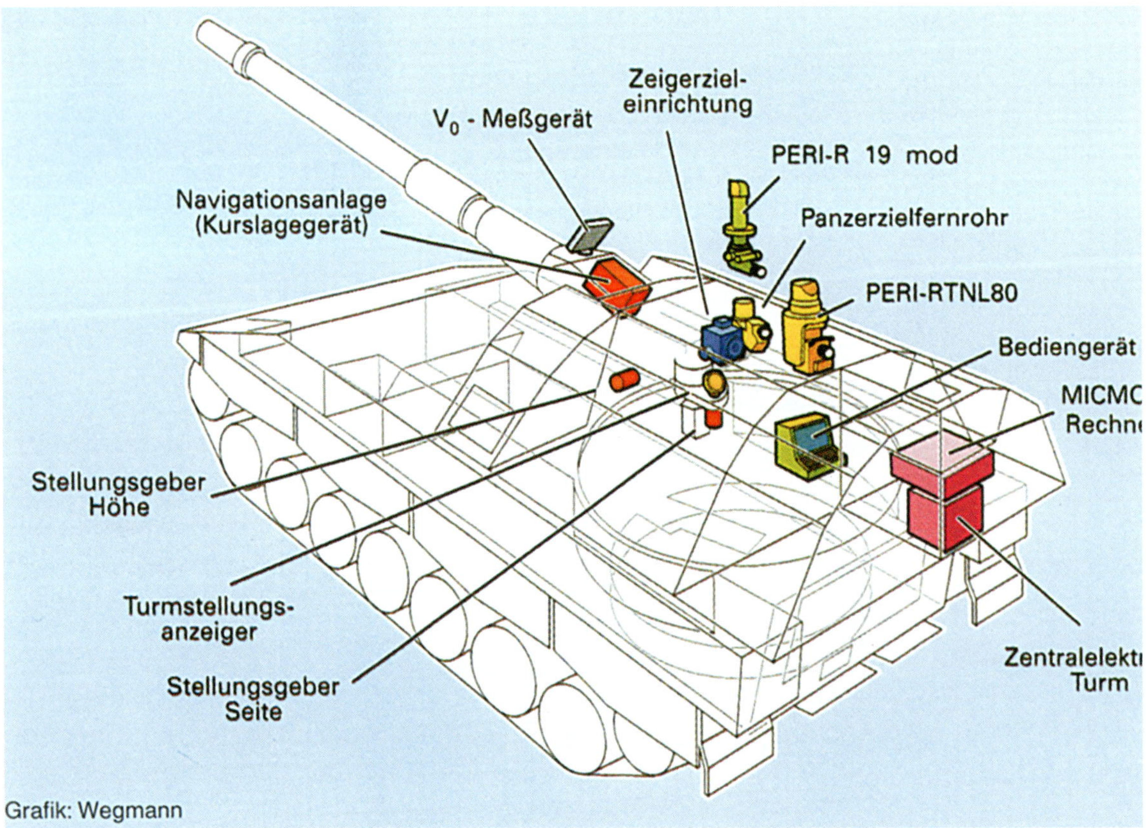

Feuerleit- und Steuerungselektroniken, Zielmittel für Haupt- und Ersatzbetrieb. (KMW)

Die beiden Schleifringübertrager für den GT und die TS hat die Firma Schleifring aus Fürstenfeldbruck entwickelt. Die bürstenlosen Antriebsmotoren einschließlich der zugehörigen Leistungselektroniken stammen von der Firma Moog in Böblingen und die pneumatische Energieversorgung von der Firma Bauer aus München.

FEUERLEITAUTONOMIE UND ZIELMITTEL

Neben großer Reichweite und hoher Feuergeschwindigkeit war die Autonomie eine der Hauptforderungen an die Panzerhaubitze 2000. Unter Autonomie versteht man hier, grob zusammengefasst, die Fähigkeit eines Geschützes zur Bestimmung der eigenen Position und der Berechnung eines Feuerauftrags ohne externe Unterstützung. Es kann also den artilleristischen Feuerkampf bei Bedarf selbstständig führen.

Zur Realisierung der Autonomie wurden eine Kreisel-basierte Navigationsanlage in Form eines Kurs-Lage-Geräts (KLG) und ein Feuerleitrechner in den Turm integriert. Die Kreiselplattform (KLG) wird durch einen leistungsfähigen GPS-Empfänger unterstützt und bildet so eine hybride Navigationsanlage, die die Vorteile beider Navigationsarten verbindet und auch nach längerer Fahrstrecke jederzeit präzise Positionsdaten liefert. Mit Kenntnis der Eigenposition und der Berechnungsmöglichkeit der Ballistik im Feuerleitrechner, also der zu erwartenden Flugbahn eines Geschosses bis zum Ziel, ist die PzH 2000 in der Lage, den Feuerkampf autonom zu führen.

Eine weitere wesentliche Elektronik-Baugruppe ist die Zentral-Elektronik Turm (ZET), die zusammen mit dem Feuerleitrechner das »Gehirn« des Waffensystems bildet.

Während dieser für die Kommunikation über das Funkgerät zum übergeordneten Führungssystem ADLER oder anderen, nationalen Führungssystemen zuständig ist und die wesentlichen Feuerleitaufgaben wie u. a. die Ballistikrechnung im Geschütz durchführt, steuert die ZET alle geschützinternen Abläufe im Turm, unter anderem auch den Antrieb des im Turm befindlichen Geschoss-Übergabearms.

Das Kurslagegerät, der GPS-Empfänger, die Waffen- und Geschossfluss-Sensorik, die Stellungsgeber für die Waffenrichtanlage und das v_0- Messgerät sind in diesem Sinne Sensoren; die Waffe, die Waffenrichtanlage und die Geschossfluss-Antriebe sind dagegen Aktuatoren, die die Vorgaben der ZET und der Bediengeräte umsetzen.

Neben der beschriebenen Steuerungs- und Feuerleitelektronik und der im folgenden Kapitel beschriebenen Ausstattung verfügt der Turm der PzH 2000 über ein Panzerzielfernrohr PzF TN 80, mit dem der auf der rechten Turmseite vorn sitzende Richtkanonier im direkten Richten Ziele bekämpfen kann. Außerdem verfügt der Geschützführer mit dem PERI-RTNL 80 über eine leistungsfähige Tag/Nacht-Rundumsicht.

Als Ersatzbetrieb für das Richten der Waffe bei Ausfall der Elektronik oder Teilen davon ist eine Zeigerzieleinrichtung (ZZE) rechts der Waffe eingebaut, die bei Bedarf mit einem aufzusetzenden PERI R 19 verbunden wird. Mit den beiden mechanisch arbeitenden Baugruppen ist ein Richten der Waffe ohne elektrische Energie möglich.

Der Zentral-Elektronik Turm einschließlich der Steuerungssoftware (im rechten Drittel des Turmhecks), die Bediengeräte, und die Verkabelung wurden von KMW/Wegmann entwickelt; als Kurslagegerät kam zu Beginn der Entwicklung eine Baugruppe von Bodenseegerätetechnik (BGT) zum Einsatz, in der Serienfertigung wurde anfangs das MAPS-System von Honeywell, später das Gerät SIGMA 30 von SAGEM eingesetzt. Den MICMOS-Rechner entwickelte die AEG-Ulm. Das Panzerzielfernrohr PzF TN 80, das Rundblickperiskop PERI RTNL 80 und das Ersatz-Richtmittel PERI R 19 stammen von der Firma Zeiss in Wetzlar, die Zeigerzieleinrichtung von der Firma Breithaupt in Kassel.

Das PERI R19 wird bei Bedarf eingebaut, rechts im Bild der Ausblickkopf.

ERSATZBETRIEBSARTEN BEI AUSFALL VON BAUGRUPPEN

Wie schon erwähnt, bestand aufgrund der Erkenntnisse aus dem PzH155-1/SP70-Programm besonderes Augenmerk seitens des öffentlichen Auftraggebers auf die Themen Zuverlässigkeit und Ersatzbetrieb. Die Dringlichkeit spiegelte sich in den Vertragsforderungen wider und wurde den beiden Wettbewerbern auch im Verlauf der Stufe 1 immer wieder deutlich gemacht, wie das Schreiben des BWB belegt.

Wegen der Bedeutung des Ersatzbetriebs war dieser Aspekt einer der Schwerpunkte bei der Konzeptauslegung und Baugruppen-Konstruktion der PzH 2000. Nicht zuletzt hat die Forderung nach effektiven Ersatzbetrieben die Schaffung bzw. den Erhalt eines großen, weitgehend Komponenten-freien Turm-Innenraums bestimmt und damit auch die Geschoss-Lader-Anordnung und -Konstruktion beeinflusst.

Eingeführt wurden im Rahmen der Entwicklung, wo immer möglich und sinnvoll, abgestufte Ersatz-Betriebs-

BUNDESAMT FÜR WEHRTECHNIK UND BESCHAFFUNG

Bundesamt für Wehrtechnik und Beschaffung, Postfach 7360, 5400 Koblenz

BWB

Krauss-Maffei Wehrtechnik GmbH
Krauss-Maffei-Straße 2

8000 München 50

Wegmann & Co GmbH
August-Bode-Straße 1
3500 Kassel

(Bitte bei Antwort angeben)
Geschäftszeichen: WM III 4 - ProB PzH 2000
Bearbeiter: Herr Mallü
Durchwahl-Nr: 400- 73 77
Koblenz: 12. Juni 1989

Bewertungsmatrix Leistung, Technische Auslegung für den Ersatzbetrieb

Sehr geehrte Damen und Herren,

im Hinblick auf die anstehenden Auswahlversuche bitte ich Sie, uns für den optimalen Ersatzbetrieb die neuesten Bewegungssequenzen für das Be- bzw. Entladen und den Schießbetrieb im Munitionsfluß einschließlich der Geschoßlagerplatzverwaltung als Ablaufplan darzustellen.

Dieser Ablaufplan sollte verdeutlichen, wie bei Ihrem Konzept bei einem

- Totalausfall z. B. der Elektrik, Elektronik oder bei einem
- Einzelausfall von Systemkomponenten z. B. durch defekte Antriebe oder durch Funktionsstörungen in der Mechanik

die jeweilige Station im "Ersatzbetrieb" überbrückt wird. Es sind keine Kombinationen von den in Folge auftretenden Einzelausfällen darzustellen.

Bei Baugruppen mit mehreren Funktionen (z. B. Geschoßübergabearm oder Ansetzer) sollten diese als Block zusammengefaßt, aber trotzdem in dem betreffenden Block einzeln ausgewiesen werden.

Eine abschließende Bewertung der jeweiligen Konzepte wird erst dann stattfinden, wenn am Ende der Auswahlversuche die Zuverlässigkeitsdaten der betreffenden Baugruppen vorliegen.

Mit freundlichen Grüßen

Im Auftrag

Dienstgebäude Koblenz, Konrad-Adenauer-Ufer 2 - 6 | Fernsprechanschlüsse: Öffentliches Fernsprechnetz (02 61) 4 00-1 (Vermittlung) | Allgemeines Fernsprechwählnetz d. Bw: Kennzahl 4424 -8 (Vermittlung), Durchwahl 4424- | Telex 8 62 661, Telefax 4 00-76 30 | Drahtanschrift bwb kblz, Teletex 261842 = BWB

BWB-Schreiben vom 12. Juni 1989 an die beiden konkurrierenden Konsortien. (KMW)

arten bis hinunter zu einer eher unwahrscheinlichen, aber anschaulichen Situation des Ausfalls der kompletten elektrischen Energieversorgung des automatischen Geschossladers. Selbstgesetztes Ziel war, dass die PzH 2000 selbst in diesem Fall noch mindestens die artilleristischen Leistungen erbringt, wie die damals in der Truppe verwendete PzH M109.

Bei Ausfall einzelner Baugruppen werden die jetzt noch möglichen, abgestuften Betriebsarten automatisch auf dem Geschützführer-Display zusammen mit der Fehlermeldung angezeigt, was eine relativ verzugslose Umstellung der Bedienung möglich macht.

Die abgestuften Ersatzbetriebsarten kommen zum Einsatz, wenn es zu Ausfällen auf Baugruppenebene kommt. Die Gründe hierfür können unterschiedlich sein und reichen von äußeren Einwirkungen z. B. durch Beschussschäden im Einsatz bis hin zu einem statistisch möglichen, zufallsbedingten Versagen einer Baugruppe oder eines Bauteils, was auch im Ausbildungsbetrieb vorkommen kann.

Beispiele für abgestufte Ersatzbetriebsarten sind:

Ausfall Geschosstransporter
→ Übernahme der Funktion durch einen darauf sitzenden Munitionskanonier

Ausfall Transportschiene
→ Aufklappen einer Rollenbahn auf der Turmbühne und manuelles Verschieben des darauf liegenden Geschosses, betriebsartenabhängiger

Ausfall Tempierstation
→ Manuelles Einstellen der elektronischen Zünder

Ausfall GÜBA-Antrieb
→ Manuelles Hochschwenken des GÜBA, kraftunterstützt durch zwei Gasfedern

Ausfall der elektrische Steuerung
→ Umschalten auf pneumatische Steuerung des Ansetzers

Ausfall der pneumatischen Steuerung des Ansetzers
→ Ansetzen mit Ladestock des Ansetzers Steuerung des Ansetzers

Ausfall des Kurs-Lage-Geräts
→ Navigation : Nutzung GPS-Receiver
→ Rohrlage : Nutzung Zeigerzieleinrichtung (ZZE) und PERI R 19, Richten von Waffe und Turm mittels Richtgriff

Ausfall Datenfunkverbindung zum übergeordneten Führungssystem
→ Übermittlung des Feuerauftrags per Sprechfunk und Erstellung des Feierkommandos am Bediengerät GF

Ausfall Sprech- und Datenfunk- Verbindung
→ Übermittlung des Feuerauftrags per Melder und Erstellung des Feierkommandos am Bediengerät GF

Neben dieser unvollständigen und nur beispielhaften Aufstellung, die Ersatzbetriebsmöglichkeiten für einzelne Komponenten zeigt, während der Rest des Systems in der Hauptbetriebsart weiterarbeitet, gibt es noch eine Reihe weiterer Ersatzbetriebsarten, die der Begriff »Teilautomatik« treffend beschreibt.

Ein Beispiel ist das »Teilautomatische Ansetzen«. In dieser abgestuften Ersatz-Betriebsart wird ein Geschoss manuell in den 25° unterhalb der Waffe wartenden GÜBA eingelegt und anschließend der automatische Vorgang »Hochschwenken des GÜBA – Ansetzen des Geschosses – Rückschwenken des GÜBA in 25°-Warteposition« per Knopfdruck ausgelöst.

Anhand der Beispiele wird deutlich, dass im Bereich Turm und Geschossfluss der PzH 2000 eine Reihe von effektiven Ersatzbetriebsarten möglich sind. Die speziell dafür notwendigen Vorrichtungen und Baugruppen sind im Geschütz integriert. Sie reichen von Handantrieben für das Greifen und Abschwenken von Geschossen im Geschosstransporter über mechanisch-optische Richtmittel für Waffe und Turm bis hin zu einer rein pneumatisch arbeitenden Ablaufsteuerung für das Geschossansetzen.

Selbst bei Ausfall der kompletten elektrischen Energieversorgung kann die PzH 2000 weiterhin gerichtet und geladen werden und Feueraufträge ausführen.

Fahrgestellseitige Entwicklungsanteile

Von Manfred Kühl

Die fahrgestellseitigen Entwicklungsanteile entwickelte die Firma Maschinenbau Kiel (MaK) in enger Zusammenarbeit mit der Firma Wegmann in Kassel; waffenseitig unter Einbeziehung der von Rheinmetall beizustellenden Anteile (unbeschadet der Zugehörigkeit zum Konkurrenten im Süd-Konsortium).
Die reibungslose Auslieferung mit hohen Qualitätsanforderungen, die komplexe Schnittstellenkompetenz sowie die einwandfreie Funktionalität dieses Systems konnten m. E. nur erfolgen, weil die Angehörigen der verantwortlichen Arbeitsgruppen der beiden konkurrierenden Systemhäuser sich menschlich gut verstanden und gegenseitig respektierten, ohne dabei die Interessen des jeweiligen Hauses zu gefährden.
In der nachfolgenden Kurzbeschreibung der Systembaugruppen sind die Entwicklungs-, Fertigungs- und Lieferanteile des jeweiligen Systemhauses farblich gekennzeichnet. Die in blauer Schrift aufgeführten Baugruppen sind Anteile der Fa. Wegmann, Kassel.

Die PzH 2000 lässt sich grob in drei große Hauptbaugruppen unterteilen:

- Wanne und Laufwerk,
- Turm mit Waffenanlage,
- der in der Wanne befindliche Munitionsfluss.

WANNE UND LAUFWERK

Schutz

Die geschweißte Wanne des Fahrgestells und das komplette Turmgehäuse bestehen aus hochwertigem Panzerwalzstahl. Dieser schützt sowohl die Besatzung als auch die in der Wanne gelagerte Munition. Sämtliche von außen zugängliche Klappen und Luken an beiden Großbaugruppen bestehen ebenfalls aus Panzerstahl. Die Innenseite des Fahrzeugs wurde mit einem so genannten *Spall Liner* (Splitterfangschicht) ausgekleidet, um Splitter der Panzerung aufzufangen, die sich bei Beschuss im Inneren des Fahrzeugs ablösen. Die Panzerung selbst schützt gegen Beschuss aus Waffen bis zum Kaliber 14,5 mm und Splitter von 152-mm-Artilleriegeschossen.

Zusätzlich lässt sich die PzH 2000 mit einem Dachschutz ausstatten, der als »Igelpanzerung« bezeichnet wird. Die Bezeichnung ergibt sich aus der Stachelform seiner so genannten Störkörper. Der Dachschutz soll Turm und Fahrgestell gegen Streubomben (*Bomblets*) oder ähnliche Tochtermunition schützen und schirmt die gesamte Dachfläche des Turmes sowie die freie Oberfläche des Fahrgestelles ab, die der Turm nicht abdeckt. Dieser *Bomblet*-Schutz besteht aus einem Gummimaterial. Die Störkörper haben eine Länge von 60 mm und sollen gegen Hohlladungen schützen.
Zum Schutz des Laufwerkes ist das Fahrgestell der PzH 2000 mit so genannten leichten Kettenabdeckungen aus armiertem Gummi ausgestattet. Sie befinden sich vorn, hinten sowie je vier an den Seiten, enden knapp oberhalb der Laufrollen und lassen sich hochklappen.

Einzelabsicherung der Kommandantenluke mit einer Igelplatte. Die Ränder der Platten sind nochmals gesondert abgedichtet, um die Staubverschmutzung zu verringern.

Vollausgerüstete PzH 2000 in Marschfahrtstellung mit gezurrtem Geschützrohr und aufgeschraubtem Dachschutz. Die so genannten Igelplatten sind in verschiedenen Größen gefertigt, um auf der gesamten Dachfläche eine lückenlose Schutzfläche zu gewährleisten. (WB)

PzH 2000 in Marschfahrt mit verzurrtem Geschützrohr und heruntergeklappten Kettenschürzen. Gut erkennbar die aufgeklappte Ladekanonierluke mit dem aufgebrachten Igelschutz. Ebenfalls gut sichtbar die Motorbrennluft-Ansaugung auf der Motorraum-Abdeckung. (WB)

WANNE

Die Fahrgestellwanne ist eine großvolumige T-förmige Kastenkonstruktion, die zur Aufnahme des Haubitzen-Turmes und des dazugehörigen Munitionsflusses entwickelt wurde. Sie weist die typischen Merkmale westlicher Panzergehäuse mit überbauten Kettennischen auf. Die Wanne ist eine Schweißkonstruktion aus hochwertigen Panzerstahlblechen und unterteilt sich in Mannschafts- und Triebwerksraum. Eine gasdicht verschweißte Schottwand bildet die Trennung zum Mannschaftsraum. Neben den allgemeinen Befestigungspunkten, die als Schweißbutzen an die Wanne gebracht wurden, sticht die Schweißbestückung des Bodenbleches hervor: massive Rundstahlkörper mit mittig angeordnetem Gewinde dienen zur Aufnahme des Munitionsflusses. Zwischen diesen Stahlkörpern sind die Tunnel für jeweils ein Drehstabpaar für die Wirkseite links und rechts gasdicht verschweißt.

Die fertige Wanne ist anschließend bearbeitet, im vorderen Bugbereich für die Aufnahme der Seitenvorgelege links und rechts; seitlich für die Aufnahme der jeweils sieben Laufrad-Schwingenflansche pro Seite, sowie für die besagten Rundstahlkörper für den automatisierten Munitionsfluss. Diese Bearbeitung ist von besonderer Toleranzgüte. Vom Geschoßübergabearm (GÜBA) müssen enge Toleranzen zur Transportschiene (TS) mit Programmierstation und dem Magazin mit Geschoßtransporter eingehalten werden, um einen reibungslosen Ablauf in allen Betriebslagen zu gewährleisten.

PzH 2000, Fahrgestell, schematische Darstellung

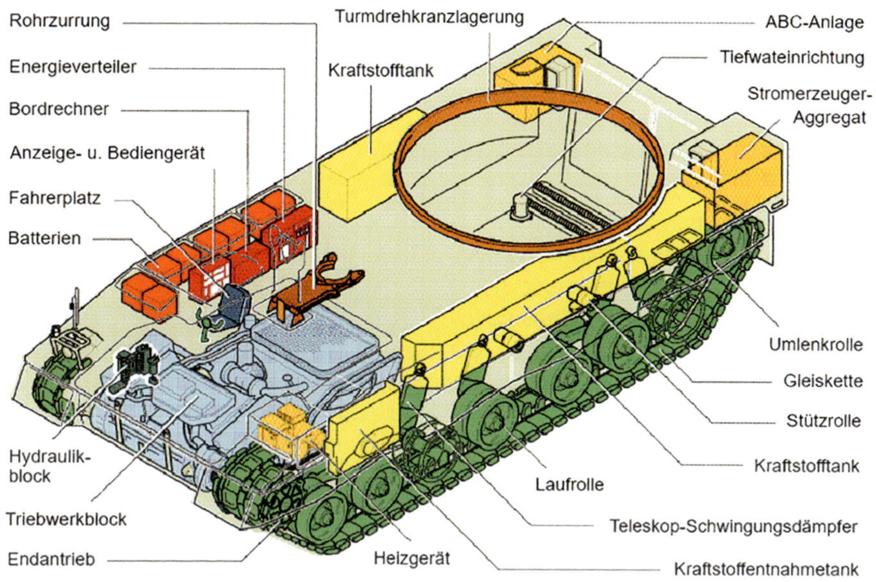

(KMW)

Abdeckungen

Die Abdeckungen auf der Dachseite der Wanne bestehen ebenfalls aus Panzerstahl. Es handelt sich im Wesentlichen um

- die Triebwerkraumabdeckung in zweiteiliger Ausführung,
- die Batterieraumabdeckungen und
- die seitlichen Abgas-/Abluft-Grätings.
-

Türen und Luken

Die Türen und Luken sind aus Panzerstahl gefertigt; im Wesentlichen:

- Heizungsraumklappe, Seite links
- Generatorkühlanlage Klappe hinten links
- Zwei große Hecktüren
- ABC Filterklappe hinten rechts
- Seitliche Stauraumklappen links und rechts

LAUFWERK

Das Laufwerk ist als frontgetriebenes, drehstabgefedertes Stützrollenlaufwerk mit je fünf Teleskopschwingungsdämpfern, je fünf hydraulischen Endanschlägen sowie sieben Laufrollen pro Seite ausgeführt.
Aufgrund der vorgegebenen Begrenzungskonturen musste ein besonders robustes Laufwerk entwickelt werden. Die Außenbegrenzung gab das Eisenbahn-Verladeprofil vor; die Innenbegrenzung die Wanne mit der Munitionslagerung und dem Munitionsfluss im Fahrzeuginneren. Der jeweils schmale übrig gebliebene Korridor auf beiden Seiten musste mit dem Laufwerk ausgefüllt werden. Dabei wurde auf bewährte Komponenten der KPz Leopard 2 und Leopard 1 zurückgegriffen; entsprechend modifiziert für die höhere Belastung an der PzH 2000. Als weitere Besonderheit des Laufwerks tritt die Anordnung der letzten Schwingarme links und rechts hervor. Hier mussten aus Rücksichtnahme auf die Transportschiene am Wannenboden beide Drehstäbe weit nach hinten verlegt und somit beide Laufrollenschwingarme um 180° gedreht werden. Sie wirken somit in entgegen gesetzter Richtung. Die Erprobung und die dazu gemessenen Aufzeichnungen zeigten eine beachtliche Laufwerksleistung der PzH 2000. Laufrollen, Umlenkrollen und Stützrollen sind mit dem KPz Leopard 2 identisch.

Blick auf den rechten vorderen Bereich des Gleiskettenlaufwerkes mit hochgeklappten leichten Kettenschürzen. Die Kettenschürzen sind aus Gewichtsgründen geteilt, um das manuelle Hochklappen zu vereinfachen. Die Laufrollen sind als Laufrollenpaare angeordnet und stammen aus dem Leopard-2-Programm. Gut erkennbar auch die rechteckigen Schutzmäntel der Linearschwingungsdämpfer.

Gleiskette

Die 550 mm breite Gleiskette ist eine gummigelagerte Verbinder-Gleiskette Typ 840E und besteht aus 94 Kettengliedern je Seite. Der mechanische Kettenspanner ist ein modifizierter Kettenspanner des KPz Leopard 2, der mechanisch verstellbar auf die Umlenkrollenschwingen wirkt.

Federung- und Dämpfung

An allen sieben Laufrollenschwingarmen sind hydraulische Teleskopschwingungsdämpfer angeordnet. Die positiven und negativen Federwege der Schwingarme liegen zwischen 390 und 340 mm.
Metallische Schutzmäntel schützen die Kolbenstangen gegen Verschmutzung und Fahreinflüsse.

Endanschlagdämpfer (EAD)

An allen sieben Laufrollenschwingarmen sind eigens für die PzH 2000 entwickelte hydraulische Endanschlagdämpfer für ein hohes Arbeitsaufnahmevermögen positioniert. Der Hub beträgt 85 mm.

Drehstabfederung

Die Drehstäbe haben aufgrund der extremen Wannenbreite eine federnde Länge von 2240 mm.
Der Durchmesser beträgt 65 mm und der maximale Torsionswinkel 68°.

ANTRIEB

Motor

Beim Antriebsmotor handelt es sich um einen 8 Zylinder-Viertakt-Dieselmotor MTU-881 der Firma MTU in 90°-V-Form mit Abgas-Turboaufladung und Ladeluftkühlung. Der Motor wurde vom Triebwerk des Kpz Leopard 1 abgeleitet und entwickelt eine Leistung von 735 kW (1000 PS) bei 2700 Umdrehungen pro Minute. Im Unterschied zu seinem Gegenstück im Leopard 1 ist der Motor nicht vielstofffähig.
Die Abmessungen des Triebwerkblocks betragen 2,38 m in der Länge, 2,35 m in der Breite und 1,42 m in der Höhe. Das Gewicht beträgt (ohne Öl- und Kühlmittel) 1,48 t.

Der Hubraum beträgt 18,3 Liter, das maximale Drehmoment 3000 Nm bei einer Drehzahl von 2000 min^{-1}. Auf der Straße werden Geschwindigkeiten von bis zu 60 km/h erreicht, im Gelände von bis zu 45 km/h. Als Besonderheit verfügt der Motor über eine Flammstartanlage, die einen Kaltstart des Motors bei bis zu -32° C erlaubt.

Motor MT 881 mit aufgesetztem Kühlluftgehäuse. Dieses Gehäuse beinhaltet das Lüfterrad und die Flachkühlerpakete. Seitlich mit roter Dichtung versehen, sitzt der Dichtrahmen des Kühlluftgehäuses. Durch ihn treten Kühlluft und Abgas zusammen nach außen. Nach Einbau des Triebwerkblockes ist dieser mit der Seitenwand der Fahrgestellwanne verspannt, um zu verhindern, dass schädliche Abgase in die Wanne gelangen. Im vorderen Bereich ist die Schnittstelle zum Getriebe und die Ladergruppe erkennbar. (MTU)

Getriebe

Das Getriebe ist ein hydromechanisches Schalt-, Wende- und Lenkgetriebe der Firma Renk (HWSL-284-C), halb- und vollautomatisch schaltbar mit integrierter Hochleistungs-Strömungsbremse. Es verfügt über vier Vorwärts- und zwei Rückwärtsgänge. Das aus der Baureihe 284 stammende Getriebe wurde durch die Kennung C für den frontgetriebenen Einsatz modifiziert. Die Leistungsaufnahme beträgt 1500 PS.

Als Besonderheit erhielt das Getriebe eine elektronische Überwachungseinrichtung TCS (*Transmission Control System*). Da Getriebe und Triebwerk bautechnisch zusammen in einem Block montiert sind, ist ein Austausch mit Feldmitteln unter überschaubarem Aufwand möglich.

Das Renk-Getriebe HSWL 284C von der Vorderseite mit den beiden Hebeösen. Rechts außen die Schnittstelle zum rechten Seitenvorgelege. (Renk)

Seitenvorgelege

Die beiden Getriebeabtriebe links und rechts geben den Kraftfluss weiter an die außen angeordneten Seitenvorgelege. Auch sie entstammen dem KPz Leopard-2-Programm und wurden für den frontgetriebenen Einsatz an der PzH 2000 modifiziert. Bei den Seitenvorgelegen handelt es sich um Planetengetriebe der Baureihe 25000 mit Blockier-Einrichtung.

Kühlanlage

Für die Kühlung des Motors sorgt eine Saugkühlanlage. In der Motorraumabdeckung befindet sich eine durch Panzerstahllamellen geschützte Öffnung, unter der sich ein großer Flachkühler befindet. Das darunter liegende, mechanisch von einem Getriebeabtrieb angetriebene Lüfterrad saugt kalte Luft an. Diese durchströmt den Flachkühler und wird seitlich mit dem austretenden Abgas vermischt. Dieser Effekt verringert eine Thermo-Ortung des Systems signifikant.

Das Getriebe von der Hinterseite, mit der Schnittstelle zum Motor. Ebenfalls erkennbar die Schnittstelle zum linken Seitenvorgelege und die Stickstoffspeicher für die Bremse. (Renk)

Bremsanlage

Die Betriebsbremsanlage (Betriebsbremse und Feststellbremse) ist eine im Fahrgetriebe HSWL 284C integrierte Zwei-Kreis-Bremsanlage. Den Bremsdruck erzeugen im Getriebe angeordnete Hydraulikspeicher. Die Bedienung erfolgt vom Fahrerplatz aus. Bei Druckabfall lässt sich die Feststellbremse durch die links vom Fahrer angeordnete Notlöseeinrichtung lösen.

Lenkanlage

Das im Fahrgetriebe HSWL 284 C integrierte, kombinierte hydrostatisch-hydrodynamische Überlagerungs-Lenkgetriebe erlaubt ein stufenloses Lenken der PzH 2000. Die Gesamt-Lenkleistung wird zu einem Drittel vom hydrostatischen, zu zwei Dritteln vom hydrodynamischen Zweig des Lenkgetriebes erbracht. Die Betätigung der Lenkung erfolgt durch Ausschwenken des am Getriebe sitzenden Lenkhebels. Die am Lenkhebel eingeleitete Kraft verstärkt ein Servokolben und erhält so in allen Betriebszuständen die Leichtgängigkeit der Lenkung. Eine Rückstellfeder unterstützt das Zurückstellen in die Mittellage (Geradeausfahrt). Das Starten des Motors ist nur möglich, wenn sich der Lenkgriff in Mittellage befindet!

Lenkgriff

Der Lenkgriff ist mit den Anzeige- und Bedienelementen zu einer Komplettbaugruppe zusammengefasst. Informationen, die ständig angezeigt und in unmittelbarem Blickfeld des MKF liegen müssen, sind auf einer in LC-Technologie realisierten, mittig im Lenkgriff angeordneten Anzeigeeinheit zusammengefasst. Diese zeigt alle gesetzlich vorgeschriebenen Kraftfahrzeug-Anzeigefunktionen an. Die Bedienelemente befinden sich am rechten und linken Lenkgriffhorn.

Lenksinn-Umschaltung

Hinter dem Lenkgriff ist eine Einrichtung zur sinngemäßen Umschaltung von Vorwärts- in Rückwärtsfahrt angeordnet. Bei Rückwärtsfahrt beaufschlagt ein Hydraulikzylinder einen Umlenkhebel gegen zwei Gasdruckfedern mit Druck. Bei Vorwärtsfahrt drücken die Gasdruckfedern den dann drucklosen Hydraulikzylinder in die Ursprungsstellung zurück. Das Signal für die Verstellung auf Rückwärtsfahrt erfolgt über den Gangwahlschalter und die Getriebeelektronik auf ein Magnetventil, das den hydraulischen Druck für die Lenksinnumschaltung aktiviert.

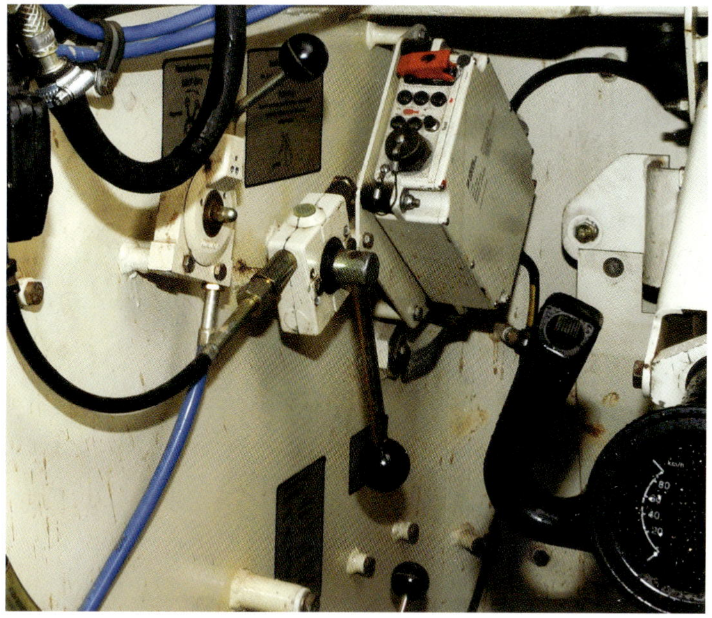

An der linken Seite des Fahrerplatzes ist die Notlöseeinrichtung der Feststellbremse unter dem Schaltkasten für die Feuerwarn- und Löschanlage gut zugänglich angeordnet.

Der Lenkgriff des Fahrers (MKF) ist nach den gesetzlich vorgeschriebenen Anzeigefunktionen ausgelegt. Er zeigt im Fahrbetrieb Fahrgeschwindigkeit, Motordrehzahl sowie Motoröl- und Kühlwassertemperatur an; darüber hinaus Systemstörungen, die aus dem Fahrbetrieb kommen.

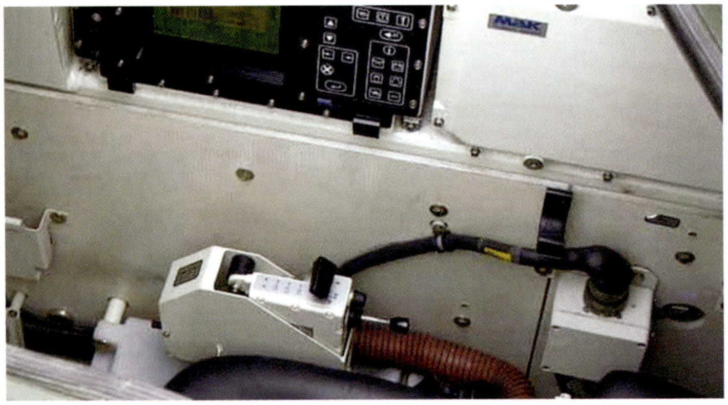

Auf der rechten Seite des Fahrerplatzes ist der Gangwahlschalter für das Renk-Getriebe HSWL 284 C angeordnet. Rechts daneben der Verteilerkasten für die Sitzeinheit.

Kraftstoffanlage

Die Kraftstoffanlage ist ein druckloses System mit Entnahmebehälter. Die Kraftstofftanks sind als Nischentanks mit innen liegendem Schaumkern ausgeführt. Alle Behälter sind mit Rohrleitungen oder Entlüftungsleitungen miteinander verbunden und lassen sich über Absperrhähne trennen. Die Kraftstoffanlage fasst insgesamt 1000 l. Der Entnahmetank mit 92 l Fassungsvermögen ist mit entsprechender Sensorik, wie Restwarnschalter und Vorratsgeber, ausgestattet. Die Versorgung des Motors mit Kraftstoff stellt eine elektrische Füllpumpe sicher. Bei einem Verbrauch von ca. 238 l auf 110 km ergibt sich eine Reichweite von rund 420 km.

Die Abbildung zeigt beispielhaft einen der Absperrhähne für die einzelnen, in den Kettennischen verbauten Kraftstoffbehälter.

ENERGIEVERSORGUNG UND ELEKTRONISCHE KOMPONENTEN

Drehstromgenerator

Das Herzstück der elektrischen Anlage bildet ein bürstenloser, ölgekühlter Drehstromgenerator mit integrierter Zahnradpumpe, der vom Antriebsmotor angetrieben wird. Die Betriebsspannung bei laufendem Motor beträgt 28 V, die Nennspannung 24 V und die Steuerspannung der Elektronik 15/5 V.

Hauptschalter

Die gesamte elektrische Anlage wird über einen mehrstufigen Hauptschalter am Bedienfeld >Triebwerk < des Anzeige- und Bediengeräts (ABG) ein- und ausgeschaltet.
In Stellung >0< des Hauptschalters sind folgende Anlagen im Fahrzeug betriebsbereit:

- Feuerwarn- und Löschanlage
- Kraftstoffnotversorgung

In Stellung >1< des Hauptschalters sind folgende Anlagen zusätzlich betriebsbereit:

- Vorwärm- und Heizungsanlage
- Beleuchtungseinrichtung
- Tiefwateinrichtung
- Hydraulische Anlage
- ABC-Schutzanlage
- Eigenverständigungsanlage
- Betriebsartenelektronik
- Turmversorgung

In Stellung >2< des Hauptschalters kann der Motor gestartet werden.

Ausschnitt des Anzeige- und Bediengeräts (ABG). Besonders zu beachten: rechts oben der System-Hauptschalter, der die PzH 2000 in verschiedene Stellungen betriebsbereit schaltet. Das ABG ist in Schulterhöhe rechts neben dem Fahrer gut einsehbar an die Seitenwand montiert.

Betriebsarten-Elektronik

Die Betriebsarten-Elektronik umfasst den Bordrechner sowie das digitale Datenverarbeitungssystem mit entsprechendem Netzwerk. Hierzu gehören das Anzeige- und Bediengerät mit Multifunktionsdisplay und der Energie-Hauptverteiler mit den elektronischen Halbleiterrelais.

Energie-Hauptverteiler (EHV)

Der Energie-Hauptverteiler befindet sich in der rechten Kettennische hinter dem Fahrerplatz und beinhaltet:

- Elektronikbaugruppe Energieverteiler
- Schutzschalter
- Fahrgestellspezifische elektromechanische Schaltungsstelle (Leistungsrelais)

Der EHV ist über eine RS-422-Schnittstelle mit dem Bordrechner verbunden.

Bordrechner (BR)

Der Bordrechner ist ein nach moderner Digitaltechnik entwickeltes Bauteil mit einem handelsüblichen Prozessor (CPU) mit leistungsfähiger Taktfrequenz und Speichereinheit. Er ist neben dem Energieverteiler in der rechten Kettenschulter hinter dem MKF positioniert.

Der Energiehauptverteiler sitzt ebenfalls an der rechten Seitenwand des Fahrgestells, direkt neben dem Sicherungskasten. Zu ihm läuft eine erhebliche Anzahl elektrischer Steckverbindungen.

Der Bordrechner (BR) ist direkt neben dem ABG an der rechten Seitenwand platziert. Ein Schutzgehäuse schützt ihn vor äußeren Beschädigungen.

Beleuchtungseinrichtung

Einen weiteren Bestandteil der elektrischen Anlage bildet die Beleuchtungseinrichtung. Sie besteht aus der Außenbeleuchtung vorn und hinten, einer Rundum-Kennleuchte, einem Signalhorn und vier innen liegenden Kampfraumleuchten.

Fremdstart-Steckdose/Ladeerhaltung

In der rechten vorderen Kettennische befinden sich eine Ladeerhaltungs-Steckdose mit Schutzschalter, zwei Fremdstart-Steckdosen sowie eine Steckdose für die Batterieheizung.

Batterien

Im Fahrgestell sind insgesamt acht Bleibatterien des Typs 12 V 100 Ah positioniert. Je zwei Batterien sind zu einer Gruppe von 24 V in Reihe miteinander verbunden. Die vier Gruppen sind parallel geschaltet. So ergibt sich eine Batterienetzspannung von 24 V und eine Kapazität von 400 Ah.

Batterierelais/Notschalter

Das Batterierelais befindet sich innerhalb der Wanne hinter dem Fremdstromanschluss. Geschaltet wird das Relais durch den Hauptschalter am ABG. Zwei Not-Hauptschalter befinden sich

Auf der rechten vorderen Fahrzeugseite befindet sich eine gepanzerte Klappe, hinter der alle Steckdosen angeordnet sind, die einen Zugang nach außen haben müssen. Darunter zwei Fremdstart-Steckdosen, auch »Schweineschnauzen« genannt, die Ladeerhaltungsdose mit Schutzschalter und eine Steckdose für die Batterieheizung. Die Klappe muss mit einem Werkzeug geöffnet und wieder geschlossen werden.

Zwei Not-Hauptschalter für das Batterierelais, falls dieses einmal überbrückt werden muss. Die Abbildung zeigt beispielhaft den Notschalter des Geschützführers.

rechts vorn in der Nische des MKF (Militärkraftfahrer) sowie rechts neben dem GF (Geschützführer). Bei Ausfall des Batterierelais kann dieses mit dem Not-Hauptschalter überbrückt werden.

Batterieheizung

Am Boden der Batterieräume sind Heizplatten installiert, auf denen die Batterien stehen. Sie werden thermostatisch geregelt und erwärmen die Batterien bei tiefen Temperaturen.

Spannungsregler

Der Spannungsregler ist oberhalb des MKF-Lenkgriffes angebracht. Er besteht aus einem gekapselten Gehäuse ohne Bedien- und Anzeigeeinrichtung. Über Transistorschaltungen steuert und überwacht der Spannungsregler den 28-V-Gleichstromgenerator des Motors. Diese Überwachung umfasst folgende Funktionen:

- Überspannungsschutz
- Strombegrenzung
- Überstromschutz
- Unterspannungsschutz
- Ladekontrolle
- Übertemperaturschutz

Anzeige- und Bediengerät (ABG)

Das ABG enthält eine Anzeige- und eine Bedieneinheit und ist in rechter Schulterhöhe des MKF in der Kettennische eingebaut. Die Anzeigeeinheit (AE) wiederum besteht aus dem Computer-Symbol-Generator (CSG), dem Farb- Multifunktionsdisplay sowie einem Controller. Die Bedieneinheit (BE) erfasst die Schalterstellungen der Bedienelemente und steuert die Kontrollleuchten. Sie ist über eine serielle Schnittstelle RS 422 mit dem Bordrechner verbunden.

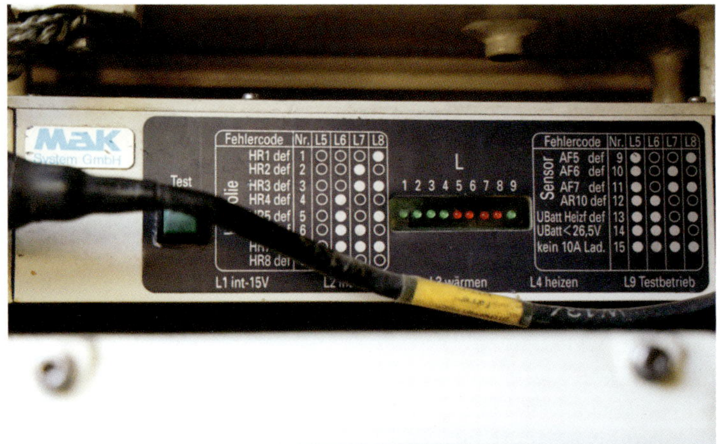

Dieses Überwachungsgerät steuert und überwacht die Batterieheizung. Es ist oberhalb des Bordrechners platziert, so dass es der Fahrer gut im Blick hat. Das Gerät zeigt ebenfalls Fehlercodes an und kann in einem Testmodus gefahren werden.

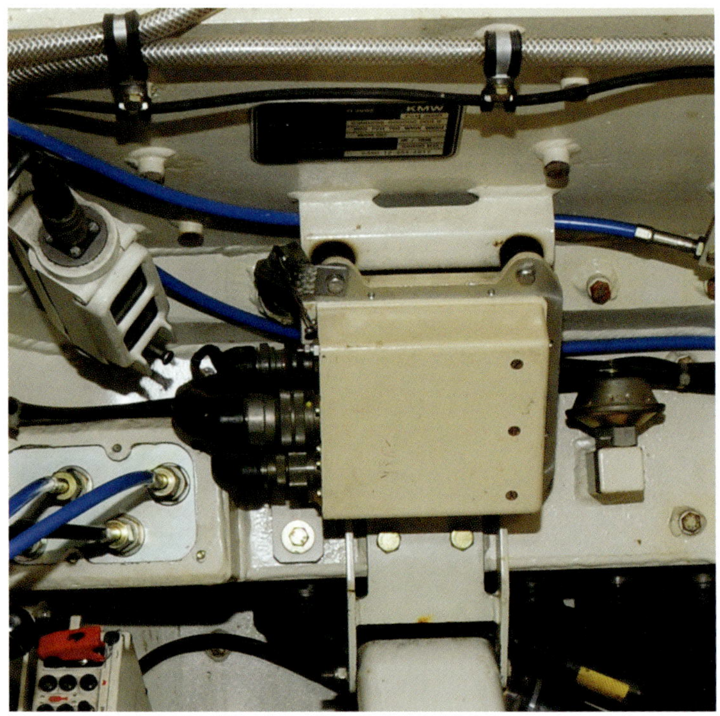

Oberhalb des Lenkgriffes sitzt der Spannungsregler. Er hat eine wichtige Systemaufgabe und ist deshalb in geschlossener Bauweise konstruiert, ohne Sichtanzeigen und Überwachungsmöglichkeiten.

MKF-Sitzeinrichtung

Die Sitzverstellung des Militärkraftfahrers (MKF) lässt sich elektrisch betätigen und wirkt auf einen Hydraulikzylinder, der einen Parallelogramm-Lenker nach oben und unten fährt. Die Bedienung erfolgt aus Sicherheitsgründen über eine Zweikreis-Bedienung >Aktivität mit Freigabe<. Für den Notbetrieb lässt sich der Sitz über den Notbetriebshebel nach unten fahren. Hierbei öffnet das Hydraulikventil mechanisch.

Der Fahrersitz lässt sich elektrisch in der Höhe verstellen. Ein elektrischer Taster neben dem Sitz gibt die Funktion sozusagen in Zwei-Hand-Bedienung frei.

Steuerung MKF-Sitzeinheit

Die elektrische Steuerung der Sitzeinheit erfolgt über den Anschlusskasten Sitzeinheit und ist rechts unter dem MKF-Sitz platziert. Dort sind folgende Komponenten verknüpft:

- MKF-Sitzverstellung
- Gangwahlschalter Fahrgetriebe
- Fahrpedal
- Bremslichtschalter
- Verteilerkasten Sitzeinheit

MKF-Luke

Über dem MKF-Platz ist eine gepanzerte Schwenkluke platziert; Breite 800 mm x Länge 722 mm. Der Öffnungswinkel beträgt 100°. Der Antrieb erfolgt über ein manuell zu betätigendes Schneckengetriebe mit Drehstabunterstützung.

Die teilgeöffnete MKF-Luke mit den beiden Winkelspiegeln. Die Luke wiegt ca. 200 kg und lässt sich nur mit einem Kurbeltrieb und der integrierten Drehstabunterstützung öffnen und schließen.

Die geschlossene MKF-Luke mit den beiden Winkelspiegeln. Gut zu erkennen vor den Spiegeln: die Düsen für die Winkelspiegel-Waschanlage.

Sichtmittel

Der MKF-Platz ist mit zwei Winkelspiegeln aus dem KPz Leopard-2-Programm bestückt. Beide Spiegel sitzen in der schwenkbaren MKF-Luke. Zur Säuberung und zum einwandfreien Betrieb sind die Spiegel mit einer Waschanlage ausgestattet, die eine elektrische Pumpe mit Wasser aus einem Reservoir versorgt.

Rohrzurrung

Die Rohrzurrung dient zur sicheren Festlegung des L52-Rohres in Marschstellung und wird hydraulisch betätigt. Die Zurrung kann vom Turm aus betätigt werden, ohne dass ein Besatzungsmitglied das Fahrzeug verlassen muss. Das Symbol >Rohrzurrung aufgestellt< wird auf dem Display des ABG angezeigt.

Der Klemmbereich der Rohrverzurrung im nicht verzurrten Zustand. An diesen Klemmring greifen die beiden hydraulisch betätigten Backen der Rohrzurrung auf der Motorraumabdeckung.

SYSTEMKOMPONENTEN

Feuerwarn- und Löschanlage

Die Feuerwarn- und Löschanlage dient zur Verhinderung und zum Schutz eines Triebwerkbrandes. Vier Löschmittelbehälter (LMB) können automatisch über einen Feuerwarndraht (»*fire-wire*«) oder von Hand vorn am MKF-Platz ausgelöst werden.
Die Löschmittelkonzentration aus den LMB wird über Schlauch- und Rohrleitungen im Triebwerkraum ausgesprüht. Bei automatischer Auslösung durch den Feuerwarndraht werden die LMB 1 und 3, bei manueller Auslösung die LMB 2 und 4 gleichzeitig entleert. Die LMB sind mit 500 l Stickstoff N_2 befüllt mit einem Druck von 125 bar. Der Feuerwarndraht ist in einer geeichten Länge im Triebwerkraum verlegt. Die Auslösetemperatur beträgt 180°. Der Schaltkasten der Feuerwarn- und Löschanlage ist an der linken Seitenwand in Griffnähe des MKF angeordnet. Er enthält neben der manuellen Auslösefunktion auch eine Prüffunktion.

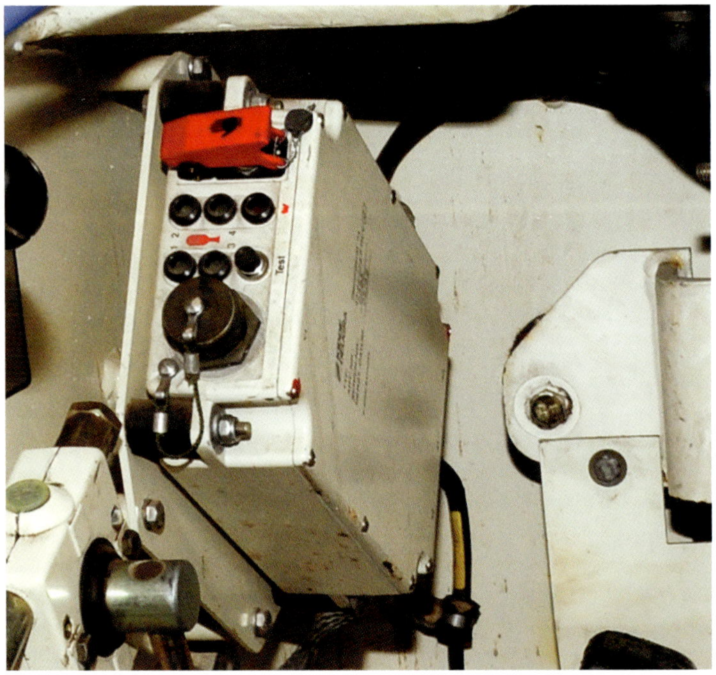

Das Steuergerät der Feuerwarn- und Löschanlage befindet sich im linken vorderen Bereich des MKF-Platzes, direkt über der Notlöseeinrichtung der Feststellbremse. Von hier können zwei Flaschen manuell durch den MKF ausgelöst und ein Testlauf durchgeführt werden.

Vorwärm- und Heizanlage

Als Heizungsanlage verwendet die PzH 2000 eine Diesel-/Wasserheizung, die einen im Fahrgestell verlaufenden Heizungskreislauf sowie den Wasserkreislauf des Antriebsmotors erwärmt. Sie besteht aufgrund des großvolumigen Innenraumes der PzH aus zwei baugleichen Heizungsaggregaten, drei im Fahrgestell installierten Wasserwärmetauschern und einer Wasserumwälzpumpe. Unterhalb 73° C Motorkühlwasser-Temperatur wird der Motorkreislauf automatisch vorgewärmt. Oberhalb 73° C werden die Heizungsaggregate deaktiviert. Der maximale Wärmestrom beträgt 1500 W. Die drei Wärmetauscher im Fahrgestell werden jeweils mit einem elektrischen 24-V-Gebläse beaufschlagt und lassen sich in zwei Stufen regulieren. Die maximale Heizleistung in Stufe 2 beträgt 7400 kcal/h pro Gerät.

ABC-Schutz- und Belüftungsanlage

Die ABC-Anlage der PzH 2000 befindet sich in der hinteren rechten Kettennische und ist von hinten durch eine verschließbare Klappe zugänglich. Die Anlage ist eine Kompaktanlage mit drei kombinierten Gas-Schwebstofffiltern und setzt sich aus folgenden Bestandteilen zusammen:

- ABC-Filterteil
- Belüftungs- und Entstaubungsteil
- Kombinationsfilter
- Raumüberdruckmesser
- Drucküberwachungsgerät

Die Leistungsdaten der Anlage betragen:

- Volumenstrom in Stufe 1 180 m³/h
- Volumenstrom in Stufe 2 70–90 m³/h
- Luftdurchsatz Hauptgebläse ca. 3 m³/min
- Betriebsdruck im Mannschaftsraum ca. 40 mm Wassersäule

Das Drucküberwachungsgerät (Drucksensor mit Auswerteelektronik) ist unter dem Wannendach im Mannschaftsraum vor dem Turmdrehkranz installiert. Die sensierten Druckbereiche werden über den Bordrechner zum ABG geleitet.

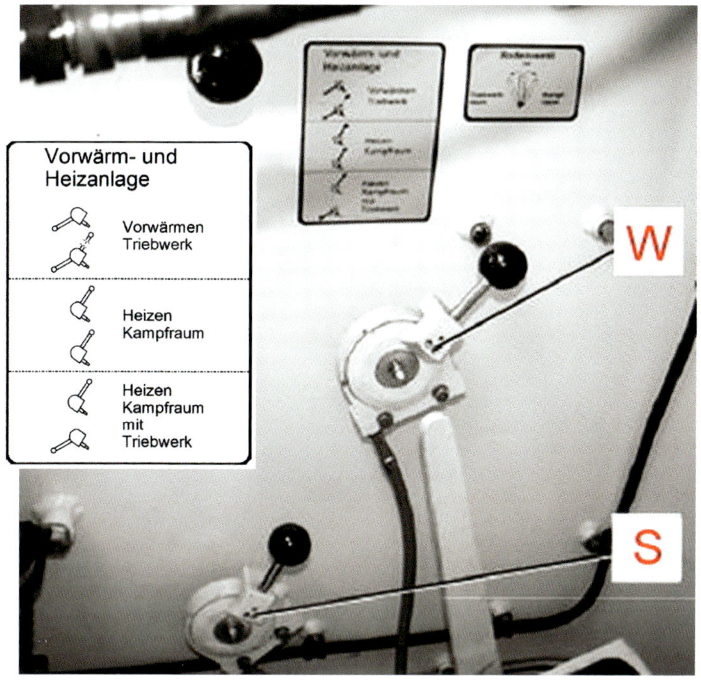

Die Handhebel Seitenwand und Wannenboden mit den angeschlossenen Bowdenzügen, mit denen sich die einzelnen Heizungsfunktionen schalten lassen. Klappen und Ventile leiten dann das angewärmte Wasser in die gewünschten Bereiche.

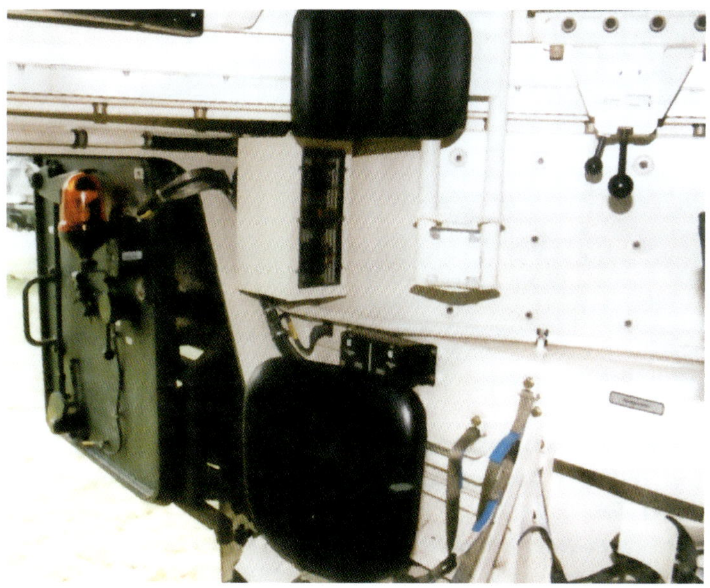

In der hinteren rechten Ecke des Fahrgestells lässt sich ein Wärmetauscher der PzH-2000-Heizanlage gut erkennen.

Mit dem abgebildeten Handhebel im rechten hinteren Bereich des Fahrgestells lässt sich die ABC-Anlage öffnen und schließen.

Tiefwateinrichtung

Die Tiefwateinrichtung besteht aus zwei Bodenventilen, zwei Lenzpumpen und einer hydraulischen Abdichteinrichtung.

Die Bodenventile - eines im Mannschaftsraum, das andere im Triebwerkraum - sind mechanische Dichtventile in der Bodenplatte, die, auf einer gemeinsamen Welle sitzend, vom MKF-Platz aus betätigt werden können. Die Lenzpumpen - eine im Mannschaftraum, eine im Triebwerksraum - sind elektrische Schmutzwasserpumpen mit einer Fördermenge von maximal je 120 dm^3/min.

Die restlichen Öffnungen und Dichtklappen, die während einer Watfahrt geschlossen sein müssen, werden hydraulisch vom MKF-Platz gesteuert und sind im Einzelnen:

- Motorraum-Belüftung in der Triebwerkraumabdeckung
- Motorbrennluft in der Triebwerkraumabdeckung
- Motorbrennluftklappe in der Schottwand (Trennung Motorraum/Mannschaftsraum)
- Grobstaubauswurf der ABC-Anlage
- Luftansaugung der ABC-Anlage
- Motorraum-Entlüftung Triebwerkraum
- Abgasklappe Triebwerkraum
- Grobstaubauswurf Triebwerkraum
- Abgasklappe Heizgeräte

Hydraulikanlage

Die Hydraulikanlage des PzH-2000-Fahrgestells befindet sich im Triebwerkraum und am MKF-Platz. Sie versorgt folgende Verbraucher:

- MKF-Sitzverstellung
- Rohrzurrung
- Tiefwateinrichtung - Abdichtung der ABC-Anlage - Grobstaubauswurf - Ansaugklappe - Abdichtung der Triebwerkraum-Abdeckung - Belüftung - Motorbrennluft - Abdichtung Motor - Grobstaubauswurf - Entlüftung - Abgasklappe - Motorbrennluftklappe Schottwand - Abgasklappe Heizgeräte

Ventilsteuerblock

Zu den Bestandteilen der Hydraulikanlage zählt u. a. ein Ventilsteuerblock rechts vorn im Triebwerkraum. Er besteht aus:

- Ventilblock mit Magnetventilen
- Membranspeicher
- Messdruckgeber
- Primärdruckbegrenzung
- Messleiste mit Anschlüssen

Ventilblock Rohrzurrung

Der Ventilsteuerblock befindet sich im Mannschaftsraum links vom MKF-Platz. Er wird vom Ventilsteuerblock mit Energie versorgt und steuert beide Hydraulikzylinder der Rohrzurrung. Am Ventilblock befindet sich auch eine Notlöseeinrichtung, mit der sich die Rohrzurrung manuell absenken lässt.

Hydrospeicher

Zur Stabilisierung und Aufrechterhaltung des Druckniveaus in der Hydraulikanlage ist vorn im Triebwerkraum ein Membranspeicher positioniert. Er hat ein Volumen von 1,3 dm^3 und ist mit einem Druckbegrenzungsventil ausgestattet.

Hydraulikpumpe

Zur Erzeugung des Betriebsdruckniveaus von 180 bar dient ein Elektropumpenaggregat. Der Elektromotor hat eine Nennleistung von 0,8 kW bei einer Nenndrehzahl von 2110 min^{-1}. Die Hydraulikpumpe hat ein Fördervolumen von Vg 2,2 cm^3/U und liefert eine Fördermenge Q von 2,2 dm^3/min.

Hydraulikölbehälter

Der Hydraulikölbehälter ist hinter dem Ventilsteuerblock im Triebwerkraum verbaut. Die Füllstandskontrolle und die Temperaturüberwachung erfolgen über einen kombinierten Messwertgeber. Die Werte können durch Drücken der Taste >Hydr.Daten< am ABG abgerufen werden. Die Füllmenge des Behälters beträgt 7 dm^3.

Speichersicherheitsblock

Zur Erfüllung der Druckgeräterichtlinie ist in der Hydraulikanlage ein Speichersicherheitsblock integriert. Er befindet sich im Triebwerkraum neben dem Hydraulikölbehälter. Am Speichersicherheitsblock sind zwei Handventile und zwei Druckbegrenzungsventile eingebaut. Die beiden Handventile dienen zum »Drucklosmachen« der hydraulischen Anlage bei Wartungs- und Instandsetzungsarbeiten.

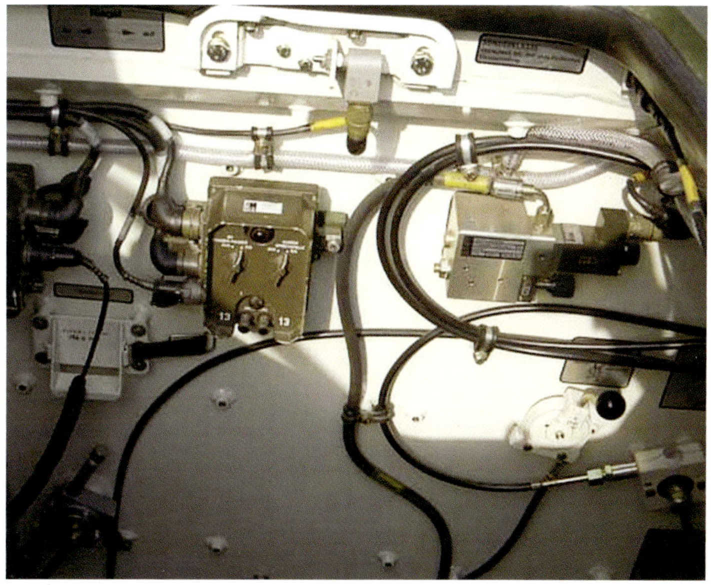

Der Ventilblock für die Rohrzurrung rechts neben dem Schaltkasten für die Außenbordstrechstelle. Bei Druckausfall wird der Notlösebolzen herausgezogen, so dass die Rohrzurrung sich absenkt. (RZ)

Waffenseitige Systemanteile und Munition

Von Dr. Jan-Phillip Weisswange

ENTWICKLUNG

Die Panzerhaubitze 2000 (PzH 2000) ist mit der von Rheinmetall entwickelten 155-mm-Waffenanlage L52 ausgestattet und gilt als eines der modernsten und leistungsstärksten Artilleriesysteme der Welt. Die Waffe zeichnet sich durch hohe Präzision aus. Verchromung und Laserhärtung des 60-Züge-Rohres sorgen zudem für eine hohe Lebensdauer. Das zielgenaue und zuverlässige Waffensystem erlangt dank eines automatischen Geschossladers hohe Feuergeschwindigkeiten.
Rheinmetall war schon ganz zu Beginn seiner Firmengründung im Jahr 1889 ein verlässlicher Partner der Artillerie. Bis heute findet das von Unternehmensgründer Heinrich Ehrhardt erfundene Press- und Ziehverfahren nahtloser Rohre bei der Fertigung moderner Geschütze Anwendung. Vor dem Hintergrund seiner langjährigen Erfahrung und Innovationskompetenz in den Bereichen gepanzerte Fahrzeuge, Waffen, Munition, Aufklärungssensorik, Vernetzung sowie Ausbildung und Simulation bietet das Technologieunternehmen ein weites Spektrum an Produkten und Systemen für die Artillerie des 21. Jahrhunderts.
Rheinmetall bietet zum einen moderne und leistungsfähige Komponenten für sämtliche Bestandteile der Wirkungskette Aufklärung – Führung – Wirkung. Eine weitere Kernkompetenz des Technologieunternehmens aus Düsseldorf ist zum anderen die Fähigkeit, einzelne Komponenten zu hochwirksamen Verbunden zu vernetzten. Darüber hinaus leistet Rheinmetall mit seiner Simulationskompetenz einen wichtigen Beitrag zur Ausbildung der Soldatinnen und Soldaten der Bundeswehr und befreundeter Nationen.
Das 155-mm-L52-Waffensystem der PzH 2000 besteht aus einem Rohr mit Keilverschluss, einer verbesserten Schlitz-Mündungsbremse, einem GFK-Rauchabsauger, einer Rohrwiege, einem Rücklauf- und Vorholersystem, einem Splitterschutz, einem Temperatursensor zur Temperaturkontrolle des Rohres sowie einer Schnittstelle zum Höhenrichtantrieb und dem Ausgleicher. Das gezogene 155-mm-Rohr ist etwa acht Meter lang und hat ein Ladungsraumvolumen von 23 Litern. Es ist mit dem Verschluss-System über ein Bajonettgewinde verbunden, welches den schnellen feldmäßigen Rohrwechsel ermöglicht, ohne die Notwendigkeit einer Demontage der Waffenanlage.
Ein GFK-Rauchabsauger sorgt für einen nahezu gasfreien Besatzungsraum und trägt zur Gewichtsreduzierung bei. Die Schlitz-Mündungsbremse trägt gegenüber den üblichen Zweikammer-Mündungsbremsen zu einer Erhöhung der Mündungsgeschwindigkeit bei und verringert das Mündungsfeuer.
In den Verschlusskeil integriert ist ein so genanntes Primermagazin (Zündladungsmagazin) mit Kreisförderer für den von der Keilbewegung gesteuerten automatischen Primertransport sowie das Laden und Entladen. Mit der Abfeuerungseinrichtung ist sowohl das automatische als auch das manuelle Abfeuern möglich.
Mit Sicherheits- und Zustandssensoren, Wärmefühlern und V_0-Radar ist die Waffenanlage L52 eine leistungsfähige, zielgenaue und zuverlässige, weitreichende Waffe für hohe Feuergeschwindigkeiten. Derzeit erreicht das Geschütz mit NATO-Geschossen ohne zusätzlichen Antrieb eine Reichweite von bis zu 30 Kilometern, mit Rreichweiten-gesteigerten Geschossen bis zu 40 km. Die Waffenanlage lässt sich für einen automatisierten Betrieb umrüsten. Rohr und Verschluss eignen sich auch für den Einbau in andere Panzer-, selbstfahrende oder Feldhaubitzen.
Rheinmetall investiert stetig in Produktneu- und Weiterentwicklungen, die die Reichweiten der Rohrartilleriewaffen optimieren und vergrößern. Eine kurzfristige Reichweitensteigerung lässt sich aus der Kombination der in Entwicklung befindlichen 155 mm L52A1 elevierbaren Masse mit dem Rreichweiten-gesteigerten Treibladungssystem *Extended Range Charge* (ERC) der *Nitrochemie* (Tochterunternehmen von Rheinmetall, ein *Joint Venture*) erreichen. Diese optimierte Version der gefechtserprobten und in der Nutzung befindlichen 155 mm L52 elevierbaren Masse der Panzerhaubitze 2000 verfügt über eine vergrößerte Treibladungskammer, um auf Reichweiten von über 68 km wirken zu können. Der Beginn einer Qualifizierung ist für Beginn 2024 geplant und soll bis Ende 2025 abgeschlossen sein.

PzH 2000 der Bundeswehr auf dem Weg in die nächste Stellung.(KMW)

Blick auf das DM121 Geschoss mit der UN-Stoffnummer für Gefahrgut (Geschoss mit Sprengladung) und dem orangenen sogenannten ADR-Gefahrgutzettel mit einem Klassifizierungs-Code. (Rhm)

MUNITIONSARTEN

Um das breite Zielspektrum abzudecken, benötigt eine moderne Artillerie einen ausgewogenen Munitionsspektrummix mit hohem Wirkungsgrad für unterschiedliche Szenarien. Bei den Nutzernationen der PzH 2000 sind hier unterschiedliche Typen im Einsatz.

Rheinmetall bietet für die PzH 2000 die DM-Munitionstypen an. Hierzu gehören u. a. DM121 (Sprenggeschoss), DM125 (Nebelgeschoss), DM58 (Übungsgeschoss) und DM702 SMArt (Suchzündermunition) - alle bei der Bundeswehr eingeführt - sowie die Geschosse RH68 (Übungsgeschoss), RH1901 und RH1902 (Reichweiten-optimierte Nebelgeschosse).

Sprenggeschoss DM121

Das Sprenggeschoss DM121 lässt sich aus der Panzerhaubitze 2000 (von minimal 2400 m) auf bis zu 30 Kilometer Reichweite verschießen. Das von Rheinmetall entwickelte Wirkmassen-optimierte Geschoss DM121 bringt mehrere Kilogramm insensitiven (unempfindlichen) Hochleistungssprengstoff auf eine Entfernung von 30 Kilometern mit höchster Präzision sicher ins Ziel. Auf maximale Entfernung schlagen circa 85 Prozent aller Projektile auf der Fläche in der Größe eines Fußballfeldes ein.

Aufgrund des Zusammenspiels der hochwertigen Komponenten ist die DM121 in der Lage, mehrere Zentimeter Stahlbeton zu durchschlagen und dahinter kontrolliert zu detonieren. Durch die gewährleistete Funktion im Temperaturbereich von --46° C bis +63° C lässt sich die DM121 weltweit mit konstanter hoher Leistung einsetzen. Der insensitive Sprengstoff erreicht nicht nur eine beachtliche Wirkung im Ziel, sondern gewährleistet auch den Schutz der Besatzung/Bedienungseigenen Kräfte bei Munitionstreffern oder anderweitigen Vorfällen. Das Sprenggeschoss mit insensitiven Eigenschaften wird auch für Ausbildung und Übung genutzt.

Nebelgeschoss DM125

Das bi–spektrale Nebelgeschoss DM125 dient dazu, die gegnerische Sichtlinie sowohl im visuellen als auch im Infrarot-Bereich durch schnell entstehende Nebelwände zu unterbrechen. Die Entwicklung des DM125-Geschosses begann 1998, die Qualifizierung durch die Bundeswehr erfolgte im Jahr 2003.

Das DM125 ist für den Verschuss aus 155-mm-Waffen in den Kaliberlängen L39 und L52 geeignet. Das JB-MOU-konforme Nebel-

geschoss verfügt über ballistische Gleichheit mit der in der NATO weit verbreiteten M483-Geschossfamilie. Das Nebelgeschoss DM125 enthält acht Nutzlastkanister DM1560. Als Wirkmasse dient Roter Phosphor. Die Nutzlast bringt den bi-spektralen Nebel schnell und effektiv aus. Damit gehört das DM125 zu den weltweit leistungsfähigsten Nebelgeschossen. Zusätzlich zur effektiven visuellen Abschirmung schützt das DM125 markante Wärmequellen (»*hot spots*«) vor der Aufklärung durch moderne Wärmebildgeräte. Die Schussweite beträgt 2,2 bis 2,66 km. Es kann auch mit Zeitzündern und auch mit Doppelzündern verschossen werden. Die Blenddauer beträgt 3–4 Minuten mit einer Abdeckung von ca. 50–100 m.

Das Nebelgeschoss DM125 ist gemäß den Bestimmungen des STANAG 4588 ungiftig für den Menschen. Das Projektil ist auch für die Umwelt unschädlich. Dies ermöglicht den Einsatz des Geschosses in unmittelbarer Nähe von Truppen sowohl im Einsatz als auch im Übungsbetrieb und reduziert die Umweltbelastung auf Übungsplätzen.

Die Nebelgeschosse sind grüngelb gekennzeichnet mit der DM-Kennung 125 und dem Kaliber 155H (für Haubitze). IR-NB besagt, dass nicht nur Sichteinschränkung verursacht wird, sondern auch IR-Aufklärungssensoren blockiert werden. (Rhm)

Hier die momentanen von Rheinmetall gefertigten Standard-Geschosse der PzH 2000, rechts die bereits angesprochene DM125, links in Blau das DM58 Übungsgeschoss, daneben das DM106 Illuminationsgeschoss, dann die Sprenggeschosse DM121 und das reichweitengesteigerte DM131 Base-Bleed. (Rhm)

Bild vom SMArt-Geschoss DM702A1 mit zwei Submunitions-Wirkkörpern mit Zielsuchsensoren, nach dem Ausstoßen per Fallschirm nach unten gleitend. (Rhm)

Übungsgeschoss DM58

Das 155-mm-Übungsgeschoss DM58 entstand aus der recycelten Geschosshülle DM21 bzw. M107. Es ist zum Sprenggeschoss 155 mm DM21 ballistisch gleich und für den Verschuss aus dem L39- und L52-Waffensystem geeignet. Das DM58 ist mit einer zylindrischen Deutladung versehen, welche durch das Mundloch in die Inertladung eingeführt wird. Das Geschoss besitzt eine Signatur, die bezüglich Blitz- und Rauchentwicklung mit dem scharfen Sprenggeschoss vergleichbar ist, jedoch erheblich geringeren Detonationsknall aufweist. Gegenüber anderen Sprenggeschossen hat es einen wesentlich geringeren Gefahrenbereich. Die Schussweite beträgt minimal 3,5 und maximal 15,1 km.

Intelligente Punktzielmunition SMArt155 DM702A1

Die intelligente Punktzielmunition SMArt155 (Suchzündermunition Artillerie) DM702A1 ist ein robustes, hoch effektives »*fire and forget*«-Artilleriegeschoss. SMArt155 wurde von der »*Gesellschaft für intelligente Wirksysteme* (GIWS)«, einem Tochterunternehmen von Rheinmetall und Diehl, gegen Ende des »Kalten Krieges« entwickelt. Hierdurch konnte die Bundeswehr der Bedrohung durch die Panzerverbände des Warschauer Paktes begegnen – eine äußerst kostengünstige Form der Abschreckung.

Blick in das Innere des SMArt-Geschosses mit der Ausstoßladung an der Spitze und zwei dahinter befindlichen Wirkkörpern. (Rhm)

Jedes SMArt155-Geschoss enthält zwei autonome intelligente Submunitionen. Diese können stehende und sich bewegende gepanzerte Fahrzeuge aller Art ebenso wie Ziele an Küsten neutralisieren – in jeder Umgebung und bei jedem Wetter. SMArt155 kann bei geringem Munitionsansatz auch auf große Reichweiten mit hoher Präzision Vorstöße gepanzerter Verbände stoppen. Dabei wird das Risiko von Begleitschäden auf ein Minimum verringert.

Das Projektil besteht aus einem dünnwandigen Trägergeschoss, um den beiden Submunitionen möglichst viel Raum zu geben. Diese wiederum kombinieren ein *Multi-Mode*-Sensorsystem und eine projektilbildende Ladung, was diese sehr wirkungsvoll macht. Die Kombination von hervorragender Zielaufklärung und geringer Täuschung, hoher Trefferwahrscheinlichkeit und der herausragenden Leistungsfähigkeit des Gefechtskopfes sorgt für exzellente Wirkung am Boden und beim Zerschlagen feindlicher gepanzerter Verbände. Die Schussweite beträgt mindestens 6,7 und maximal 26,3 km. Der Suchradius der Subkörper beträgt 105 m, die räumliche Aufteilung liegt bei etwa ca. 100 m.

Feueraufträge lassen sich mit wenigen Projektilen in schneller Folge abschließen. Das erleichtert »*shoot and scoot*«-Taktiken und ermöglicht es, sich dem artilleristischen Gegenfeuer zu entziehen – ein wichtiger Faktor für Überlebensfähigkeit und Schutz. Redundante Selbstzerstörung bildet eine Kerneigenschaft der SMArt155, um die Gefahr von Blindgängern zu minimieren. Die *Cluster Munition Coalition* (CMC) stellt eindeutig fest, dass es sich bei SMArt155 um eine »*Non Cluster Munition*« handelt, welche die strengen Kriterien des Streumunitionsabkommens »*Convention on Cluster Munitions*« erfüllt.

Derzeit nutzen die Streitkräfte Deutschlands, der Schweiz, Griechenlands und Australiens SMArt155-Munition. Die Punktzielmunition ist stetig modernisiert worden und hat ihre außerordentliche Zuverlässigkeit in diversen scharfen Beschaffungserprobungen und Munitionsüberwachungsschießen unter Beweis gestellt.

Im Februar 2021 haben die Firmen Rheinmetall Denel Munition, das südafrikanische Tochterunternehmen von Rheinmetall, und Northrop Grumman eine strategische Partnerschaft im Bereich der Reichweiten-gesteigerten und präzisionsgelenkten Artilleriemunition geschlossen. Die Partnerschaft ist auf zehn Jahre ausgelegt und soll Lösungen sowohl für NATO-Staaten als auch für nicht der Vereinbarung des *Joint Ballistics Memorandum of Understanding* (JB-MOU) von 2009 beigetretenen Staaten verfügbar machen.

Absicht ist es, durch Kombination der V-LAP (*Velocity-Enhanced Artillery Projectile*) Geschosstechnologie von Rheinmetall mit bis zu 76 km Reichweite und der GPS-basierten Präzisionstechnologie des M1156 *Precision Guidance Kit* (PGK) von Northrop Grumman eine zukunftsträchtige Munitionstechnologie im Bereich der 155-mm-Artilleriemunition anzubieten.

Die hohe Treffgenauigkeit dieser Technologie von wenigen Metern und die erhöhte Reichweite gegenüber konventioneller Munition entspricht damit den Anforderungen an eine Munition für zukünftige Artillerieeinsätze. Ein präziser Treffpunkt auf große Distanz, ohne Gefährdung eigener Kräfte am Boden und Kollateralschäden, ist damit realisierbar.

Der Haushaltsausschuss des deutschen Bundestags hat am 20. Oktober 2022 dem Abschluss eines Vertrages über die Beseitigung der Obsoleszenzen SMArt 155 zugestimmt. Gemäß der entsprechenden Vorlage des Bundesministeriums der Finanzen (BMF) und des Bundesministeriums der Verteidigung soll die GIWS die Arbeiten mit den Unterauftragnehmern Rheinmetall Waffe Munition, Diehl Defence sowie Hensoldt Sensors im Zeitraum 2022 bis 2027 durchführen.

M1156 Precision Guidance Kit (PGK) (Northrop Grumman)

Modulares Treibladungssystem (MTLS)

Das 155 mm Modulare Treibladungssystem (MTLS) für Artilleriehaubitzen ist ein Produkt der *Nitrochemie*, einem Gemeinschaftsunternehmen von Rheinmetall und der schweizerischen RUAG. Das MLTS weist ein bi-modulares Treibladungsdesign auf. Es lässt sich in allen L39- und L52- NATO-Standard-Waffen mit den entsprechenden Geschossen einsetzen, die dem JB-MOU entsprechen.

Rheinmetalls MTLS wurde 1996 als DM72 und DM82 bei der Bundeswehr eingeführt. Aufgrund der gestiegenen Anforderungen für Einsätze wurde die DM72 zur DM92 weiterentwickelt und so die Einsatzfähigkeit in extremen Klimazonen auf 63° C gesteigert. Die Module DM82A1 für geringe Reichweiten und DM72/DM92 für hohe Reichweiten sind in zahlreichen Ländern (NATO und andere) im Einsatz.

Das MTLS weist ausgezeichnete Insensitive Munition (IM)-Eigenschaften auf. Es wurde gemäß den Vorgaben des NATO-Standardisierungsabkommens STANAG für Insensitive Munition erprobt. Diese Untersuchungen umfassen einen Hohlladungsbeschuss durch ein M777- Bomblet und eine 87- mm-Holladung der Panzerfaust RPG-7. In allen Versuchen wurden Reaktionen vom Typ IV bis V nachgewiesen.

Das MLTS ist nicht nur mit der Panzerhaubitze PzH 2000 kompatibel, sondern auch mit Artilleriesystemen wie Caesar, Firtina, Archer, der SIAC- Haubitze oder KRAB. Ebenso wurde die Geschosskompatibilität mit der US M107-Familie, der britischen L15-Familie, der deutschen DM-Familie, der südafrikanischen Assegai-Familie, der französischen LU211, verschiedenen skandinavischen Nammo- Geschossen, der türkischen MOD274, der spanischen ER02A1-Familie, dem Diehl/Leonardo Vulcano und der US Excalibur demonstriert.

Neben der nachgewiesenen Interoperabilität in verschieden Waffensystemen zeichnet sich das MTLS auch durch seine Beständigkeit und Langlebigkeit unter extremen Umweltbedingungen aus. Die anspruchsvollen Untersuchungen zu logistischer und taktischer Handhabung wurden erweitert und umfassen nun auch die Klimazyklen A1 heiß (+35 bis +71 °C), C2 kalt (-37 bis -46 °C) sowie einen Temperaturschock bei -51 °C und +71 °C in Metall- oder Plastikbehältern. Diese Untersuchungen wurden durch verschiedene unabhängige Dienststellen der NATO und durch Nicht-NATO-Mitglieder durchgeführt.

Die einzigartige Konstruktion des Anzündverstärkers ermöglicht eine sichere Anzündung und verhindert Druckwellen und negative Differenzgasdrücke bei allen Zonen (3 bis 6) und Temperaturen. Weitere Merkmale sind die niedrige Rohrerosion, die niedrige Toxizität der Inhaltsstoffe sowie der rückstandsfreie Abbrand.

Die mittlere Mündungsgeschwindigkeit aus einer L52-Waffe liegt bei der Verwendung von sechs Treibladungsmodulen und einem L15A1- Geschoss bei 21 ° C bei 945 m/s. Die obere Druckgrenze bei Treibladungspulverabnahme bei 63 ° C liegt bei 391 MPa. Das MTLS ist bereits bei zahlreichen Nationen im Einsatz, darunter die NATO-Mitglieder Frankreich, Deutschland, Griechenland, Italien, Niederlande, Norwegen, Spanien und Türkei.

Es können traditionelle Treibladungen mit Stoffbezug verwendet werden oder aber die modernen modularen, leicht koppelbaren MTLS links im Bild. (Rhm)

Auch andere Hersteller bieten moderne Treibladungssets an, wie z.B. Denel SOC Ltd.

Assegai-Munitionsfamilie

Neben den DM-Munitionstypen befindet sich die vielseitige 155-mm-Assegai-Artilleriemunitionsfamilie aus dem Hause Rheinmetall Denel Munition im Rheinmetall Produktportfolio. Sie umfasst Insensitive Munition (IM), konventionelle Sprenggeschosse (*High Explosive*/HE) sowie Nebel-, Leucht-, Infrarot-Leucht- und weitere Geschosse. Die Assegai*-Familie weist in der jeweiligen Konfiguration *Boat Tail* (BT) und *Base Bleed* (BB) eine ballistische Gleichheit auf. Diese gewährleistet, dass das gesamte Munitionsspektrum auf die volle Reichweite von rund 40 km Kilometern genutzt werden kann.

Die Assegai-Geschosse verfügen serienmäßig über konventionelle BT-Hecks. Diese lassen sich – falls gewünscht – selbst im Felde durch ein BB-Modul zur Reichweitensteigerung austauschen, falls es die Lage erfordert. Bei einer Rohrlänge von 39 Kalibern erreicht ein Assegai- BB-Geschoss eine Reichweite von über 30 km Kilometern. Aus einem 52-Kaliber-Rohr verschossen, kann die Reichweite über 40 km Kilometer betragen. Die Assegai-Munitionsfamilie ist mit dem *Joint Ballistics Memorandum of Understanding* (JB-MOU) kompatibel und wurde entsprechend der STANAG-Normen erprobt. Ebenso wurde sie bereits aus der PzH 2000 erfolgreich verschossen. Das *Insensitive High Explosive* (IHE)-, das Leucht- und das Nebel-Geschoss sind NATO-qualifiziert.

A. d. B.: Mit »Assegai« bezeichnen Stämme im südlichen Afrika einen Speer mit meist blattförmiger Klinge.

Das Sortiment der Assegai-Munitionsfamilie mit allen erforderlichen Sorten. (Rhm)

Foto der Radhaubitze WM10 HX 3 in Marschanordnung und feuerbereit in Stellung mit ausgeklappter Heckabstützung. (Rhm)

Das weiterentwickelt L52 Geschützrohr in der Versuchsanordnung bei den ersten Schießversuchen Ende 2019 in Alkantpan Südafrika. (Rhm)

Steilfeuer-Weltrekorde mit L-52 Waffe der PzH 2000

Seine umfassende Steilfeuerkompetenz hat Rheinmetall am 6. November 2019 im Rahmen eines Testschießens auf dem Versuchsgelände Alkantpan in Südafrika unter Beweis gestellt. Dabei führte das wehrtechnische Systemhaus internationalen Kunden und Partnern vor, wie neue Technologie die Leistungen bereits weltweit in Nutzung befindlicher Systeme steigern kann - sowohl, wenn diese die NATO-Standards des JB-MOU erfüllen, als auch bei Nicht-JB-MOU-Systemen. Im Rahmen der Vorführungen wurden neue Höchstreichweiten mit unterschiedlichen Geschützen erzielt (siehe Tabelle 2). Die Waffenanlage der Panzerhaubitze PzH2000 (L-52/ 23- l-Treibladungskammer) kam dabei auf 67 Kilometer. Eine Feldhaubitze (L39/19 l) erreichte immerhin 54 Kilometer. Eine - freilich nicht JB-MOU-konforme - südafrikanische G6-Haubitze[1)] (L-52/25 l) erzielte mit 76 Kilometern den bisher weitesten Schuss mit einem konventionellen Artilleriegeschoss[2)] und belegte in dieser Klasse damit Platz 1.

In Verbindung mit der neu entwickelten, Reichweiten-gesteigerten Treibladung *Extended Range Charge* (ERC) konnte das Rheinmetall V-LAP-Geschosses aber weitere neue Weltrekorde für konventionelle Artilleriemunition aufstellen. Auch in Verbindung mit den anderen hauseigenen BT-*Boattail* (DM121- und BB-M711-Geschossen) und *Basebleed* (M1711) Geschossen, die in Deutschland, bzw. den Niederlanden eingeführt sind, ließ sich durch die Nutzung der ERC-Ladung eine signifikante Reichweitensteigerung erzielen. Die Geschosse und Treibladungen aus dem Hause Rheinmetall übertreffen jede derzeit in Nutzung befindliche konventionelle 155-mm-Artilleriemunition in Bezug auf die Schussweite. Die beigefügte Tabelle 1 zeigt die mit den jeweiligen Geschossen und Ladungen erzielten Reichweiten.

A. d. B.: [1)] Die unter Embargo-Bedingungen in Südafrika auf Grundlage der gezogenen Haubitze G5 entwickelte 155-mm-Radpanzerhaubitze G6 »Rhino« zählt zu den leistungsfähigsten Rohrartilleriegeschützen der Welt und erlebte ihre Feuertaufe Mitte der 1980er-Jahre bei den Kämpfen der südafrikanischen Streitkräfte gegen vom Ostblock unterstützte Untergrundbewegungen und kubanische Truppen in Angola.

[2)] Das deutsche »Parisgeschütz« des 1. Weltkriegs - die *Lange 21-cm-Kanone in 39-cm-Schießgerüst* von Krupp mit Rohrlänge L/176 - erzielte bereits Schussweiten von 130 km. Es verschoss 106 kg schwere Sprenggranaten mit ballistischer Haube, die bis zu 40 km Gipfelhöhe und damit die Stratosphäre erreichten. Zum Schießen setzte man das rund 140 t schwere Geschütz auf ein drehbares Bettungsschießgerüst. Die deutsche *21-cm-Kanone (E)* - kurz *K 12* -, ein Eisenbahngeschütz des 2. Weltkriegs mit Rohrlänge L/157,8, verschoss 107,5 kg schwere Sprenggranaten auf bis zu 115 km Entfernung.

Ausblick – Weiterentwicklungspotential im Bereich der Artilleriesysteme

Neben der eingangs erwähnten Weiterentwicklung A1 der bewährten und einsatzerprobten L52-Waffenanlage untersucht Rheinmetall derzeit die Entwicklung und den Bau einer neuen 155-mm-Waffenanlage mit deutlich größerem Ladungsraum und längerem Rohr mit 60 Kaliberlängen für das auf einem Radfahrgestell aufgebaute *Zukünftige System Iindirektes Feuer* (ZukSysIndF) mittlerer Reichweite der Bundeswehr. Diese Waffenanlage soll weiterhin JB-MOU-konforme Munition verschießen können und damit auch zukünftig die volle Interoperabilität zu NATO-Partnern gewährleisten können.

Der oben erwähnte Reichweitenrekord der südafrikanischen Haubitze G6 von über 76 Kilometern – erzielt mit einer nicht dem JB-MOU entsprechenden Kombination aus Waffenanlage und Munition – diente als Nachweis der Machbarkeit einer neuen Radhaubitze mit 83 Kilometern Reichweite. Dieser Wert wurde als Designziel für die tatsächliche Reichweite herangezogen, da ein bei diesen Schussdistanzen für die Präzision notwendiger Kurskorrekturzünder bis zu zehn Prozent Reichweite kosten könnte – auch wenn es hier schon viel versprechende Entwicklungen für bessere Ergebnisse gibt. Die derzeitigen Forderungen nach höherer Reichweite für Rohrartillerie rühren nicht zuletzt von einer neuen Bedrohungslage her. So berichten Fachmedien übereinstimmend, dass die russische 152-mm-Panzerhaubitze 2S35 »Koalizija« Reichweiten bis zu 70 Kilometern abdeckt.

Auch wird die Anzahl der verfügbaren Rohre in der Bundeswehr, selbst mit der Einführung der neuen Radhaubitzen des *Zukünftigen Systems Indirektes Feuer* neben der PzH 2000, deutlich unter der Anzahl bei potentiellen Gegnern verfügbaren Artilleriesysteme bleiben. Diesbezüglich bietet eine deutlich erhöhte Reichweite ebenfalls einen immensen Vorteil, da die Systeme einen wesentlich größeren Raum mit Feuer abdecken können. Ein weiterer entscheidender Vorteil der neuen Waffenanlage wird es sein, kostengünstige BT- bzw. BB-Munition bis zu einer Reichweite von 48 respektive 64 km verschießen zu können.

Gemeinsam mit dem öffentlichen Auftraggeber und der Bundeswehr will Rheinmetall diesen Weg konsequent weitertgehen, so dass auch die neue Radhaubitze – wie bereits die PzH 2000 – über die kommenden Jahrzehnte wieder die Spitze der Rohrartillerie-Eevolution markieren wird.

Eine Qualifizierung der in Entwicklung befindlichen L60-Waffenanlage ist zum Zeitpunkt des Redaktionsschlusses dieses Buches (Januar 2023) für 2030 geplant. Rheinmetall arbeitet bereits seit einigen Jahren an diesem ambitionierten Entwicklungsprojekt. Daher konnten schon erste Projektmeilensteine erfolgreich abgeschlossen werden, sodass das Designkonzept validiert und bereits Rohlinge für die Rohrfertigung beschafft werden konnten. Erste Schritte der Bearbeitung wurden bereits ausgeführt. Die ersten Schießversuche mit der neuen Waffenanlage sind für 2023 geplant.

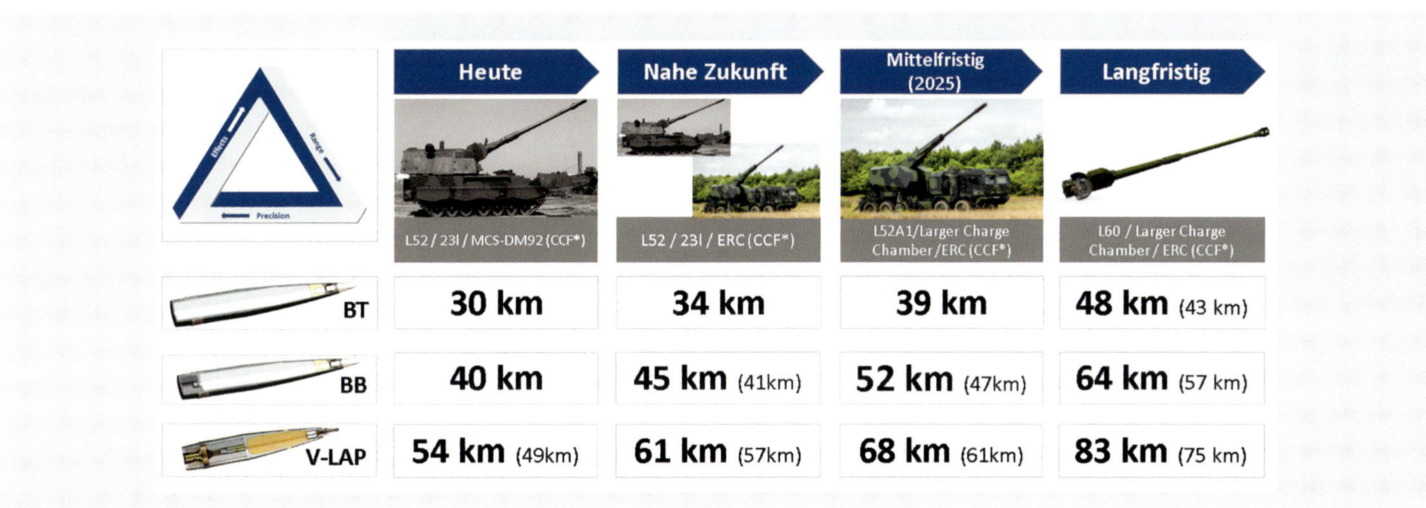

Diese Skizze verdeutlicht das Modernisierungspotential der Hauptwaffe mit den gesteigerten Reichweiten für Geschosse mit Basistreibladung (BT), Base-Bleed (BB) und zusätzlicher Beschleunigung (V-LAP). (Rhm)

Lösungskonzept und Entwicklung des Freifluganseters – mit Anleihe aus der Steinzeit

Von Frank Abels

Wie im Eingangskapitel *Entstehungsgeschichte* erläutert, wurde Ende der 1960er-Jahre immer klarer erkennbar, dass die bei der Bundeswehr vorhandenen US-Panzerhaubitzen M109 nicht mehr »bedrohungsgerecht« waren. Es bestand dringender Bedarf an einem Ersatz mit größerer Reichweite, präziserer und vor allem deutlich schnellerer Feuerfolge, sowie höherer Beweglichkeit. Fast alle NATO-Partner schätzten die Lage ähnlich ein. Es bestand Handlungsbedarf: Als eine Art Startsignal unterzeichneten 1973 die Bundesrepublik Deutschland, Italien und Großbritannien eine Regierungserklärung über die gemeinsame Entwicklung einer neuen Panzerhaubitze unter der Arbeitsbezeichnung PzH 155-1/SP70. Die Vorgabe, aus logistischen Gründen das Fahrgestell des Leopard 1 zu verwenden, belastete das Projekt allerdings von Anfang an mit einer schweren »Hypothek«. Das Fahrgestell des Leopard 1 sollte sicherstellen, dass die neue Panzerhaubitze den mechanisierten Kampftruppen folgen konnte. Die Festlegung auf die Verwendung dieses Fahrgestells trug allerdings schon den Keim des »Projekttodes« in sich. Denn der

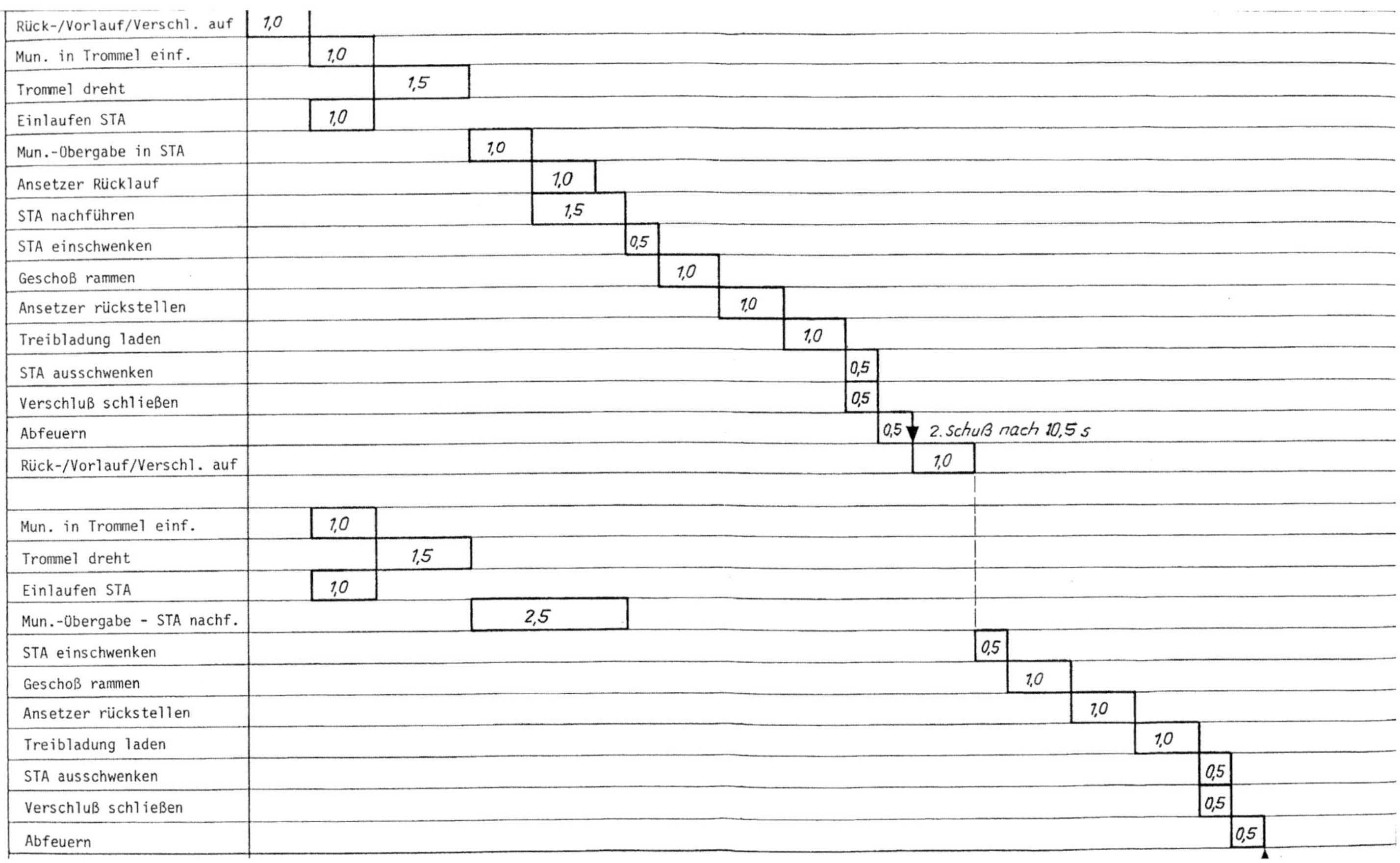

Matrix aus der Akte ARGE PzH 155-1/SP70. Darin erkennbar, dass der Versuchsträger der Phase A für den Verschuss von 3 Granaten 16 Sekunden benötigte, weit entfernt von den geforderten 10 Sekunden. (FAC)

Der »ohne große Vorwarnung« erteilte Entwicklungsauftrag stellte für die schlanke Firma FAC durchaus eine Herausforderung dar. So musste unter anderem binnen kürzester Zeit eine neue Werkhalle erstellt werden. Im Bild Frank Abels bei der Einweihung. (FAC)

Heckantrieb erlaubte weder die einfache Beladung mit Munition über das Fahrzeugheck, noch den Ein-/Ausstieg (auch bei Notlagen) der Besatzung über das Heck.
Zu jener Zeit hatte die Panzerbau-Doktrin des israelischen Generals Tal (Vater des Kpz Merkava) die Aufmerksamkeit der Fachwelt erlangt, die da sinngemäß lautete: »Helden wie in der ersten Hälfte des 20. Jahrhunderts gibt es in den modernen westlichen Gesellschaften kaum noch. Junge Leute wollen das Leben genießen und das Credo ihrer Vorfahren, ihre Seele Gott und ihren Leib dem Vaterland zu opfern, hat keine bindende Kraft mehr. Deshalb müssen wir den Soldaten Waffen geben, die ihnen eine erkennbare, realistische Überlebenschance bieten, um sie dadurch zu motivieren.« Tal führte ferner aus: »Das bedeutet höchstmöglichen Schutz und optimalen Fluchtweg aus dem Fahrzeug, was bei einem Heckmotor-Antrieb ausgeschlossen ist. Um dies umzusetzen, bekam der Merkava einen Frontmotor, schwere Panzerung, die zu einem Gefechtsgewicht von über 60 t führte, und vor allem einen komfortablen Heckausstieg.« Diese Gedanken Tals übten durchaus einen gewissen Einfluss auf die damals überschaubare Generation deutscher Panzerkonzeptionäre aus. Etliche befassten sich darauf mit Frontantrieb und Heckausstieg, was meist zu Konzepten mit Scheitellafetten führte, während andere es mit Kasematt- oder die Silhouette verkleinernden Flachturm-Lösungen versuchten.
Hier soll aus heutiger Sicht nicht behauptet werden, beim Merkava habe es sich um eine optimale Kampfpanzer-Lösung gehandelt. Es soll nur dargestellt werden, unter welchem Einfluss die Konstrukteure der neuen Panzerhaubitze damals standen. Die Forderung nach einem Heckausstieg wurde allerdings allgemein befürwortet und in viele Konzepte der damaligen Zeit eingebracht, an denen auch ich als damaliger Panzeroffizier Anteil hatte. Freilich hatte die Frontmotorlösung bei Kampfpanzern ihre Nachteile (eingeschränkte Geländegängigkeit durch »Frontlastigkeit«, schutzseitige Begrenzungen usw.). Daher war es für etliche von uns zunächst gänzlich unverständlich, dass die PzH 155-1/SP70 einen Heckantrieb erhalten sollte. Eine Panzerhaubitze mit Heckantrieb konnte nichts werden, so die verbreitete Ansicht. Dennoch bestand der Auftraggeber auf der Durchsetzung dieser Vorgabe. Es gab aber noch weitere taktische Forderungen, deren Tragweite zunächst unterschätzt wurde:

- Verlassen der Stellung spätestens 30 Sekunden nach dem letzten Schuss.
- Abgabe der ersten 3 Schüsse innerhalb von 10 Sekunden.
- 6 Schuss in einer Minute.
- 20 Schuss in 3 Minuten.

1973 begann die trilaterale Arbeitsgemeinschaft (ARGE) der Unternehmen Rheinmetall, Royal Ordnance und Oto Melara mit der Entwicklung der neuen Panzerhaubitze. Bis zum seinem Abbruch 1986 verschlang das Programm 1,2 Milliarden D-Mark, wovon allein 600 Millionen D-Mark die Bundesrepublik berappen musste; die andere Hälfte teilten sich Großbritannien und Italien. Lange bevor man sich schwerpunktmäßig mit der kritischen Raumverteilung im Leopard-1-Fahrgestell befasste, hakte das Programm durch die Forderung nach den ersten drei Schuss binnen zehn Sekunden. In jahrelanger Arbeit gelang es der trilateralen ARGE nicht, für die drei geplanten Geschütze brauchbare Ansetztechniken zu entwickeln, die dieser Forderung entsprachen – trotz der Ausstattung der Prototypen der Stufe B mit einer Freifluganseter-Lösung. Lediglich bei der Oto-Melara-Variante soll diese Ansetztechnik (angeblich) funktioniert haben, was den anderen Partnern nicht gefallen haben dürfte.

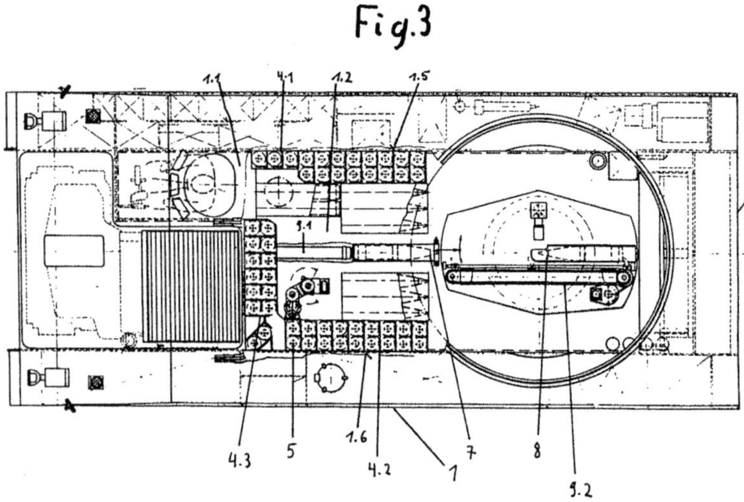

Munitionsanordnung in der Patentschrift. (FAC)

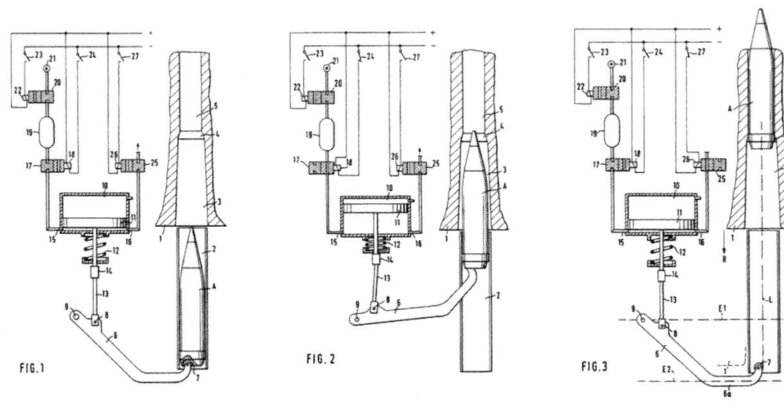

Ansetzvorgang im Patent. (FAC)

Daher versuchte die ARGE beim Auftraggeber diese Forderung abzumildern, unter der Annahme, die zehn Sekunden seien eigentlich ein fiktiver Wert, den man, wie so oft in Lastenheften, »aus der Lampe« gelesen habe. Die ob dieser Annahme verärgerten Dienststellen der Bundeswehr beauftragten daher den Kommandeur des Panzerartillerielehrbataillons 95 in Munster, Herrn Oberstleutnant Düssel (†), der ARGE die dringende Notwendigkeit der Erfüllung der 10 Sekunden/3 Schuss-Forderung mathematisch zu erläutern. Oberstleutnant Düssel erklärte den Herren von der Industrie, es sei Ziel der Bundeswehr, das Artilleriegefecht auf ein völlig neues Qualitätsniveau zu heben. Dazu sei die geforderte Schussfolge unabdingbar notwendig, um das künftige Artilleriegefecht nach dem (damals neuen, noch nicht vereinbarten) MRSI-Verfahren (*Multi Round Simultaneous Impact)* führen zu können. Dieses Verfahren wird im Kapitel *Einsatzkonzept* näher erläutert. Unstrittig stellte diese Kernforderung eine krasse technische Herausforderung für die Entwickler dar! Oberstleutnant Düssel erläuterte ferner, eine neue Panzerhaubitze müsse auf den – bei Geschützen üblichen – Stützsporn verzichten, weil sich damit die Zeitvorgabe von 30 Sekunden für das Verlassen der Stellung nach dem letzten Schuss nicht erreichen ließe. Angesichts dieser schwierigen Forderungen teilte das Bundesamt für Wehrtechnik und Beschaffung (BWB) Anfang 1986 der ARGE mit, Deutschland werde das Projekt abbrechen, sofern nicht bis zum 31. Dezember 1986 überzeugend und praktisch nachgewiesen werde, dass die Forderung »3 Schuss in den ersten 10 Sekunden« erfüllbar sei.

Ein Schock für die europäische wehrtechnische Industrie! Wie sollte es gelingen, eine Forderung umzusetzen, welche die bisherigen »Player« in dreizehnjähriger Bearbeitungszeit nicht hatten erfüllen können?

Es wurde nun dringend eine Firma gesucht, die das Problem mit der bislang zu geringen Ladegeschwindigkeit lösen könnte. Dr. Werner Zimni vom waffenerfahrenen Unternehmen Wegmann in Kassel veranlasste, dass eine Gruppe von Wegmann-Konstrukteuren und Systemtechnikern aus ihren Abteilungen herausgezogen wurde, um als Arbeitsgruppe in angemieteten Büros neue Konzeptansätze zu entwickeln. Außerdem schlug er vor, eine junge, mit dem Projekt nicht vorbelastete Firma hinzuzuziehen, die offensichtlich schon bewiesen hatte, kreative Lösungen zu finden. Er schlug die Firma FAC GmbH in Munster vor. Nach einigem Widerstand nahmen die beteiligten Firmen Dr. Zimnis Vorschlag an. An meine Person als Geschäftsführer der FAC erging die Frage, ob FAC den Auftrag übernehmen würde. Die Antwort lautete »ja« – unter der Bedingung, dass ich und meine Ingenieure den technischen Sachstand des Versuchsträgers FH 155 vorher genau ansehen und analysieren könnten. Erst danach ließe sich abschätzen, ob das Problem aus der Sicht von Physikern und Maschinenbauingenieuren überhaupt lösbar sei. Seitens der ARGE PzH 155-1/SP70 gab es natürlich erhebliche Widerstände gegen dieses Ansinnen, aber schließlich setzte sich Dr. Zimni durch.

Wie sich später herausstellen sollte, war dies ein Schlüsselmoment des herausfordernden Vorhabens!

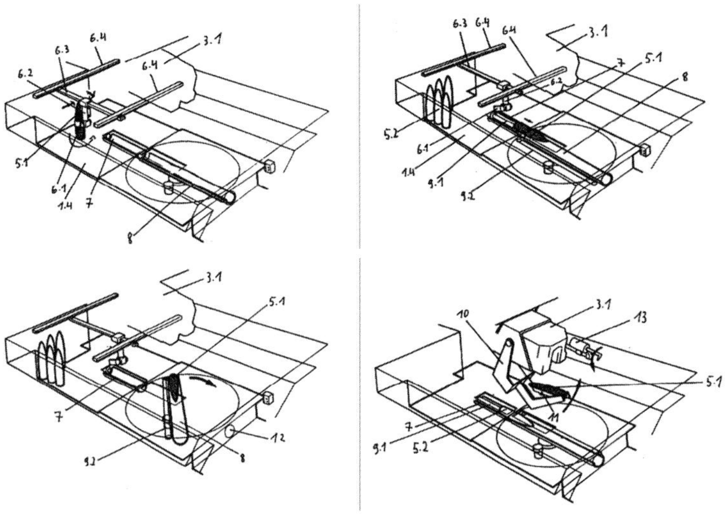

Einfache Skizzendarstellung in der Patenschrift des in der Wirklichkeit sehr komplexen Ablauf des Munitionsflusses. (FAC)

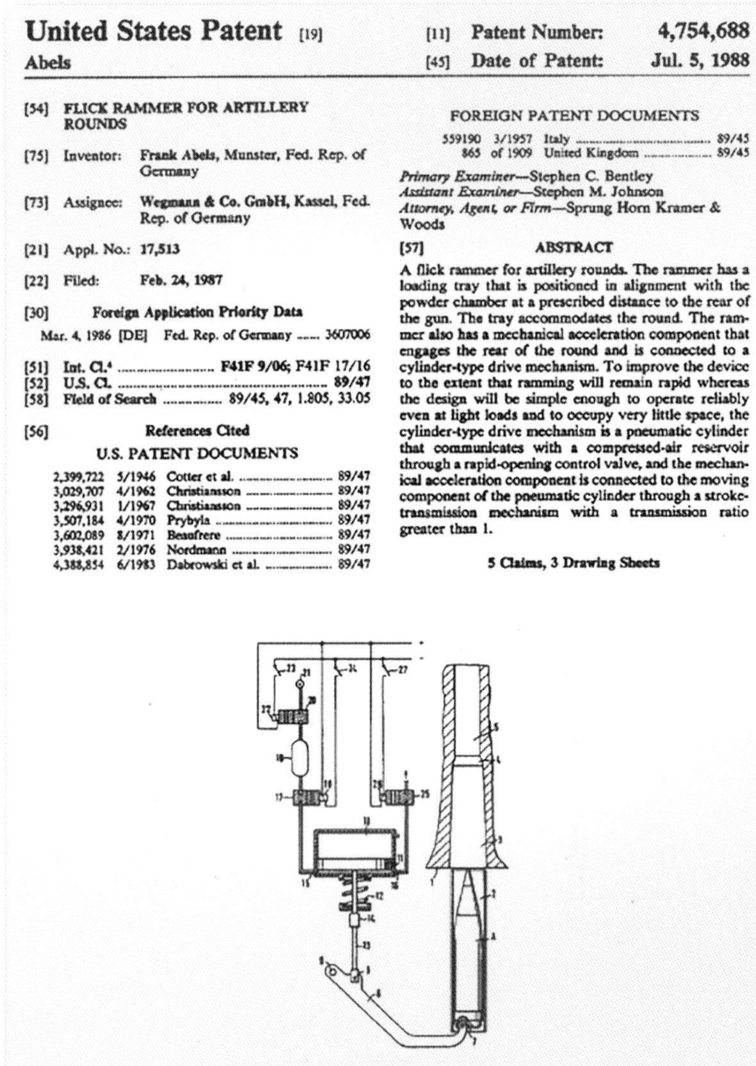

United States Patent [19] | [11] **Patent Number: 4,754,688**
Abels | [45] **Date of Patent: Jul. 5, 1988**

[54] **FLICK RAMMER FOR ARTILLERY ROUNDS**

[75] Inventor: **Frank Abels, Munster, Fed. Rep. of Germany**

[73] Assignee: **Wegmann & Co. GmbH, Kassel, Fed. Rep. of Germany**

[21] Appl. No.: **17,513**

[22] Filed: **Feb. 24, 1987**

[30] **Foreign Application Priority Data**

Mar. 4, 1986 [DE] Fed. Rep. of Germany 3607006

[51] **Int. Cl.**⁴ **F41F 9/06; F41F 17/16**
[52] **U.S. Cl.** **89/47**
[58] **Field of Search** **89/45, 47, 1.805, 33.05**

[56] **References Cited**

U.S. PATENT DOCUMENTS

2,399,722	5/1946	Cotter et al.	89/47
3,029,707	4/1962	Christiansson	89/47
3,296,931	1/1967	Christiansson	89/47
3,507,184	4/1970	Prybyla	89/47
3,602,089	8/1971	Beaufrere	89/47
3,938,421	2/1976	Nordmann	89/47
4,388,854	6/1983	Dabrowski et al.	89/47

FOREIGN PATENT DOCUMENTS

559190	3/1957	Italy	89/45
865	of 1909	United Kingdom	89/45

Primary Examiner—Stephen C. Bentley
Assistant Examiner—Stephen M. Johnson
Attorney, Agent, or Firm—Sprung Horn Kramer & Woods

[57] **ABSTRACT**

A flick rammer for artillery rounds. The rammer has a loading tray that is positioned in alignment with the powder chamber at a prescribed distance to the rear of the gun. The tray accommodates the round. The rammer also has a mechanical acceleration component that engages the rear of the round and is connected to a cylinder-type drive mechanism. To improve the device to the extent that ramming will remain rapid whereas the design will be simple enough to operate reliably even at light loads and to occupy very little space, the cylinder-type drive mechanism is a pneumatic cylinder that communicates with a compressed-air reservoir through a rapid-opening control valve, and the mechanical acceleration component is connected to the moving component of the pneumatic cylinder through a stroke-transmission mechanism with a transmission ratio greater than 1.

5 Claims, 3 Drawing Sheets

Spätere Patentschrift USA. (FAC)

Eine Arbeitsgruppe der FAC besichtigte dann den Versuchsträger PzH 155-1/SP70 der Phase A. Sie nahm vor allem den automatischen Lader unter die Lupe, der nach Meinung der drei anwesenden FAC-Mitarbeiter schon aus rein physikalischer Sicht keine Aussicht auf Erfolg haben konnte. Die schon im 1. und 2. Weltkrieg in Kriegsschiffen verwendete Technik, die Granate durch einen Hydraulikzylinder mit Stößel in den Ladungsraum zu befördern, war viel zu langsam: Ausfahren des Zylinders ca. 1,9 m, um die Granate fest in den Ladungsraum zu befördern, und anschließendes Zurückfahren des Zylinders, um Platz zu schaffen für das Einlegen der Treibladung. Dies dauerte mehr als drei Sekunden, hinzu kamen etwa 1,5 Sekunden für die Treibladung, das Verriegeln des Verschlusses, Entsichern und Abfeuern, und schon war man bei den in den ARGE-Unterlagen dokumentierten langen 16 Sekunden für die ersten drei Schuss.

Die FAC legte einen Bericht über die Bewertung des Sachstands der FH 155-1 der Firma Wegmann vor. Der Bericht kam zur Empfehlung, das Projekt einzustellen, weil mit der vorliegenden Technik eine Erfüllung des Lastenheftes keinesfalls zu erwarten sei, auch nicht mit der *Flick-Rammer*-Lösung des Prototypen der Phase B. Problematisch war auch die Abstimmung der Waffenrück- und Vorlaufbewegung mit dem Ansetzer. Der Rücklaufweg musste immer – unabhängig von Ladung und Rohrerhöhung – maximal lang sein, um das korrekte Mitnehmen und Hochziehen des Parallelogramm-Gestänges zu gewährleisten. Hinzu kam das Problem der Heckmotorlösung, die eine zügige Geschosszuführung für länger dauernde Feuerschläge nicht sicherstellen konnte.

Was hatte die ARGE zur Lösung des Problems bislang unternommen? Das für Maschinenbauer Naheliegende: um schneller zu werden, erfolgte die Verwendung immer größerer Rohr- und Ventilquerschnitte für die Hydraulik, die aber den benötigten Kampfraum verkleinerten (mehrere Ventilblöcke so groß wie Zigarrenkisten). Dennoch wurden gemäß ARGE-Dokumentation nur geringfügig höhere Geschwindigkeiten erreicht. Auf diese Weise hatte man offenbar jahrelang (erfolglos) versucht, das Problem zu lösen. Der Physiker der FAC wies rechnerisch nach, dass die erforderliche Geschwindigkeit wegen der Viskosität des Hydrauliköls auf Dauer kaum erzielt werden könne, nur mit Gasen ließe sich die erforderliche Geschwindigkeit zum Ansetzen erreichen. Aber auch bei einem Antrieb durch Gase bestünde immer noch das Problem des zeitkritischen Zylinderrücklaufs. Fazit der FAC-Arbeitsgruppe: Dieser Lösungsweg ist nicht zielführend, es muss ein Antrieb zum Ansetzen des Geschosses her, der nach einem vollkommen anderen, neuartigen Prinzip arbeitet.

So entstand letztendlich die Idee des »Freifluganseters« - eine entscheidende Weiterentwicklung des bisherigen, international als »*Flick Rammer*« bezeichneten Prinzips zum »*Rammer separate from breech-block*« (Ansetzer ohne feste Verbindung zum Verschluss).

Der Freifluganseter löste die Probleme ein für allemal. Die Firma Wegmann als Auftragnehmer meldete das Patent »Freifluganseter für Artilleriegeschosse« - DE 36 07 006 - an, mit dem Eintrag »Erfinder: Frank Abels«.

Statt wie bei allen bislang bekannten Ladersystemen die Granate mit einem Ladestock, einem hydraulischem Zylinder oder einer rückensteifen Kette in den Ladungsraum zu befördern und danach zeitraubend Ladestock, Zylinder oder rückensteife Kette zurückzuziehen, wird die Granate beim neuen (FAC-)*Flick Rammer* in eine offene Ladeschale gelegt und die Ladeschale danach durch ein außen angeordnetes Beschleunigungselement maximal beschleunigt. Stößt nun die Ladeschale gegen einen Anschlag, löst sich die Granate von der Ladeschale und der in der Granate gespeicherte Impuls lässt die Granate weiterfliegen bis zum Ansetzen im Ladungsraum. Als Beschleunigungselement diente zunächst ein Druckluftzylinder mit Hebel. Aufgrund der nur kurzen Entwicklungszeit fiel die Wahl auf das pneumatische System, für das alle Baugruppen sofort lieferbar waren. Es wurden aber auch andere Antriebe untersucht, wie Federspeicher, Reibrollenantrieb und elektromagnetischer Antrieb, die aber von Grund auf hätten neu konstruiert werden müssen, was sich aus Zeitgründen verbot.

Woher »stammte« diese Idee? Die Firma FAC hatte eine solarbetriebene Wasserpumpe für die Wasserversorgung von Weidevieh in Trockengebieten entwickelt und zum Patent angemeldet. Die australische Firma SOLAHART (eine Tochter der SHELL OIL) erwarb das Patent und brachte das Produkt 1984 auf den Markt. FAC hatte außerdem den Auftrag erhalten, SOLAHART bei der Entwicklung zu unterstützen. So kam es, dass sich der Erfinder der Solarpumpe einige Zeit beruflich in Westaustralien aufhielt und dabei Kontakt zu den Ureinwohnern des Kontinents bekam, den *Aborigines*. Er staunte über die technische Intelligenz dieser angeblich primitiven »Steinzeitmenschen«, die neben dem

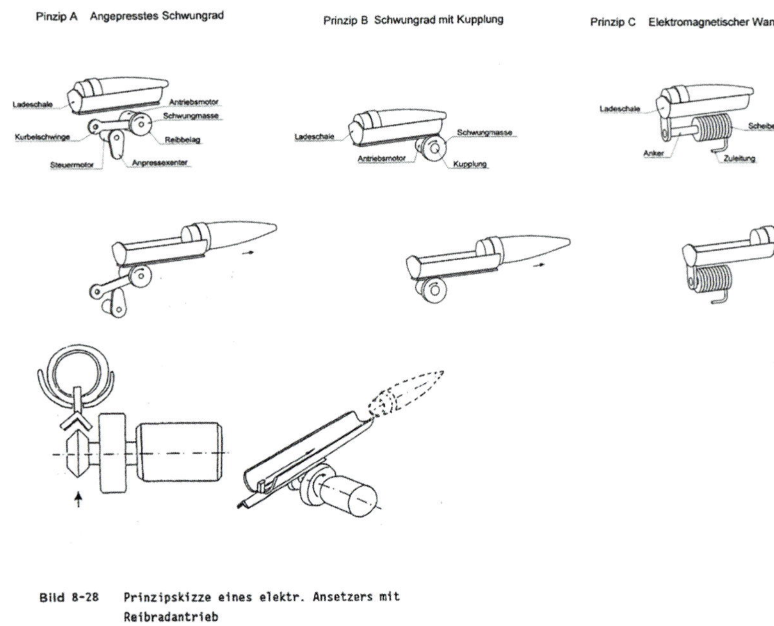

Prinzipvarianten eines Ansetzers mit Schwungsradlösungen, elektromagnetischem Wanderfeldmotor oder Reibradantrieb. (FAC)

Abbildung des historischen Prinzips der Speerschleuder.

Bumerang schon vor über 20.000 Jahren eine Speerschleuder erfunden hatten, welche die Wurfkraft des Speers fast verdreifachte.

Nun, mit der Problematik des Ansetzens einer Granate konfrontiert, erinnerte sich der Autor an diese uralte Erfindung der australischen Ureinwohner (die freilich auch bei den steinzeitlichen Jägern Europas wohlbekannt war). Die archäologisch nachgewiesene Verwendung der Speerschleuder schon vor 20.000 Jahren löste ein Problem, mit dem sich eine Gruppe akademisch gebildeter Ingenieure des 20. Jahrhunderts (ARGE Panzerhaubitze FH 155) 13 Jahre lang erfolglos abgemüht und dabei enorme Summen an Forschungsgeldern »verbrannt« hatte!

Neue Lösung mit altbekannter Technik

Die Steigerung der Ansetzgeschwindigkeit einer 155-mm-Granate – bei gleichzeitigem Freihalten des Laderaums für die Treibladung – stellte das konkret zu lösende Problem dar.
Lösungsansatz der ARGE: Vergrößerung eines hydraulischen Antriebs (Rohrquerschnitt, Druck der Hydraulik). Erreichte Steigerung ca. 40 % in 13 Jahren. Nicht ausreichend, um die amtliche Forderung nach drei Schuss in zehn Sekunden zu erfüllen.
Lösung der FAC unter Anwendung der »Steinzeittechnik« durch Nutzung des Hebelgesetzes. Erreichte Steigerung ca. 200 % innerhalb von zwei Wochen.
Ein aus der Hand geworfener Speer erreicht eine Geschwindigkeit von rund 50 km/h, ein mit der Speerschleuder geworfener Speer rund 150 km/h. Das Speerschleuder-Prinzip wurde in das Patent DE 36 07 006 integriert und bildete die Grundlage des innovativen Freifluganssetzers.
Die Herkunft der Grundidee des Freifluganssetzers wurde bisher nicht öffentlich gemacht. Nur der Erfinder und sein Co-Projektleiter, der leider viel zu früh verstorbene Hilmar Rabe (Wegmann & Co), wussten davon. Nicht einmal der bearbeitende Patentanwalt war informiert. Wir befürchteten, der Wettbewerb könnte das Freifluganssetzer-Patent mit der Begründung angreifen: »Fehlende Neuheit und fehlende Erfindungshöhe« (Steinzeittechnik). Tatsächlich wurde das Patent aber nie angegriffen und 2007 durch Ablauf frei. Auf Grundlage des Patents DE 36 07 006 wurde ein Funktionsmuster gebaut.
Schon Anfang Februar 1986 setzte FAC in Munster erstmals durch Freifluganssetzer eine rund 55 kg schwere 155-mm-Übungsgranate unter einem Winkel von 65° sicher im Ladungsraum an. Das mit Spannung erwartete Ergebnis wurde sofort dem Auftraggeber Wegmann & Co mitgeteilt und vorgeführt. Daraus entwickelten Wegmann und BWB den Plan, den neuen Lader in die FH 155 einzubauen und dadurch das Projekt schließlich doch noch über den Termin zu retten.
So erhielt FAC von der Firma Wegmann & Co den Auftrag, in einen Versuchsträger der PzH 155, die nun PzH 155-1 hieß, einen kompletten Lader nach dem neuen Freifluganssetzer-Prinzip einzu-

Das erste – durchaus behelfsmäßig wirkende – Modell eines Ansetzers mittels Druckluftzylinder. (FAC)

bauen. Damit sollte der Nachweis der Erfüllbarkeit der 3-Schuss-in-10-Sekunden-Forderung erbracht werden.
Am 12. Juni 1986 führte die Firma Wegmann & Co in Kassel das Funktionsmuster PzH 155-1 dem Amt vor. Das BWB erklärte danach, dass die neue Ladetechnik die zentrale amtliche Forderung erfüllt habe. Das Amt entschied außerdem, was für alle Beteiligten eine große Überraschung darstellte, das alte Konzept PzH 155-1 nicht mehr fortzusetzen, sondern eine ganz neue Panzerhaubitze mit neuer Ladertechnik zu konstruieren. Ferner wurde das Fahrgestell mit Heckmotor (wie bei Leopard 1) gestrichen, und an die Industrie erging die Forderung, ein gänzlich neues Konzept der PzH auszuarbeiten. Nun kam die Frage auf, wer das neue Konzept entwerfen und vor allem bis zum 31.12.1986 als Funktionsmuster bauen sollte. Der Streit über diese Frage kostete viel Zeit. Parallel aber hatte Dr. Zimni die FAC bereits Anfang 1986 beauftragt, schon mal über eine gänzlich neue Panzerhaubitze »nachzudenken«.
Da sich die beteiligten Industriefirmen der ARGE nicht einigen konnten, lud Wegmann & Co die Unternehmen zum 26.9.1986 nach Kassel ein, um unter dem Druck des Termins 31.12.1986 eine Entscheidung herbeizuführen. Bei dieser denkwürdigen Sitzung konnte keine der ARGE-Firmen ein schlüssiges Konzept vorlegen, wohl aber die Wegmann-Tochter FAC GmbH. Diese stellte das Ergebnis ihrer Konzeptarbeiten der letzten Monate vor, das nun eine komplett neue Panzerhaubitze zeigte. Nach langen Diskussionen fragte man den Geschäftsführer der FAC, ob er sich zutraue, bis Jahresende 1986 ein Funktionsmodell nach FAC-Konzept zu erstellen. Er bejahte. Auf Grundlage der bekannten amtlichen Forderungen, jedoch ohne konkretes Lastenheft, hatte die FAC bereits folgende Schwerpunkte für die Entwicklung der neuen PzH ausgearbeitet:

- Freifluganseter als hochschnelle Technik für den Ansetzvorgang einer Ladeautomatik.
- Munitionslagerung nicht mehr in Trommeln oder Förderbändern, sondern stehend in Regalen.
- Bewegung der Geschosse durch einen Roboterarm nach modernem Stand der Automatisierungstechnik.
- Abholung der Geschosse aus den Regalen und Ablegen der Geschosse in den Ansetzer.
- Automatische Beladung der Munitionsregale beim Aufmunitionieren von 60 Granaten in max. 10 Minuten.
- Kein automatisches Einführen der Treibladung in den Ladungsraum. Versuche hatten ergeben, dass Treibladungen manuell schneller geladen werden können.

Frühes Ansetzermodell, mit dem FAC Erfahrungen für weitere Entwicklungsschritte sammelte. (FAC)

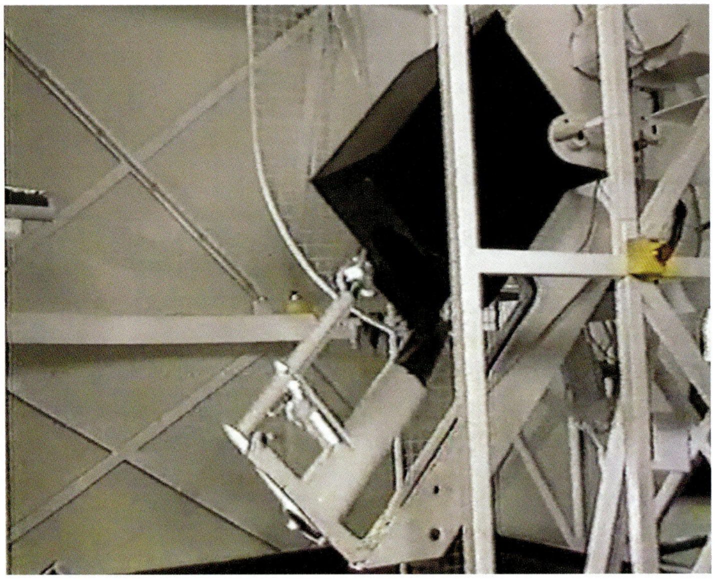

Der erste Prototyp des Freifluganseters mit Trommelmagazin. Damit gelang der erste Ansetzvorgang bei 65° Rohrerhöhung. Das Bild ist leicht unscharf, da aus einem damaligen Film kopiert. (FAC)

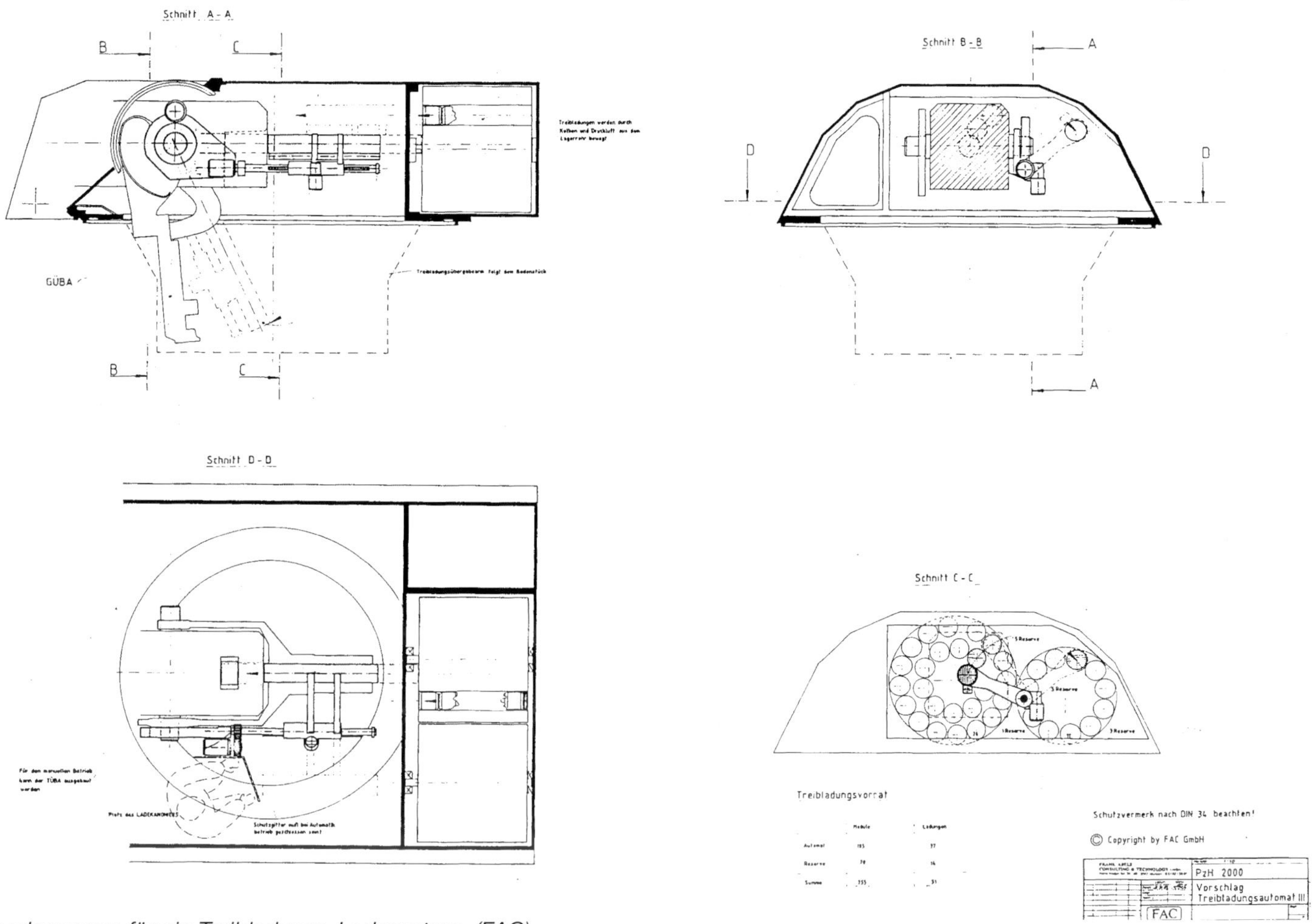

Überlegungen für ein Treibladungs-Ladesystem. (FAC)

- Unterbringung von 60 Schuss Munition nicht mehr im Heck des Fahrzeuges, sondern in der Fahrzeugmitte, weil sich dadurch der Schwerpunkt beim Verschuss der Munition nicht mehr kritisch verschiebt.
- Da die wesentliche Veränderung des Schwerpunktes entfällt, kann auf den bei Geschützen bisher üblichen Stützsporn verzichtet werden.
- Dadurch ist ein schnelles Verlassen der Stellung sichergestellt.
- Teilautomatische Rohrzurrung zur Beschleunigung des Verlassens der Stellung.
- Realisierung einfacher Notbetriebsfunktionen.

Nach diesen Vorgaben war das neue Konzept ausgelegt und gezeichnet. Nun musste die FAC innerhalb von knapp drei Monaten das Konzept in ein betriebsfähiges Funktionsmuster umsetzen. Eine immense Herausforderung für alle Beteiligten. Umfangreiche Überstunden und Arbeit an Wochenenden waren bei der Stadt zu beantragen und wurden nach einigem Hin und Her genehmigt. Mitarbeiter mit langen Anfahrtswegen kamen mit Wohnwagen oder wurden in Hotels untergebracht. Die Materialbeschaffung erwies sich als großes Problem. Deshalb bestellte man einige kritische Bauteile parallel gleich bei drei Firmen, um sicher zu stellen, dass mindestens eine Lieferung pünktlich eintraf. Die Firma lobte für alle beteiligten Mitarbeiter eine hohe Erfolgsprämie aus, die gezahlt werden sollte, wenn die Panzerhaubitze bis zum 15. Dezember 1986 fertig gestellt sein würde.
Am 12. Dezember 1986 fuhr der Tieflader mit dem fertigen Versuchsträger nach Kassel zu Wegmann ab.
Am 16. Dezember 1986 führte Wegmann das Funktionsmodell hohen Vertretern der Bundeswehr und des BWB in einer sechsstündigen Präsentation vor.
Die Bundeswehr hatte am 16.10.1986 den konkurrenzierenden Bau eines voll funktionsfähigen Prototyps ausgeschrieben. Damit war die Entscheidung für ein rein nationales Konzept einer Panzerhaubitze als Nachfolgsystem der M109 gefallen.

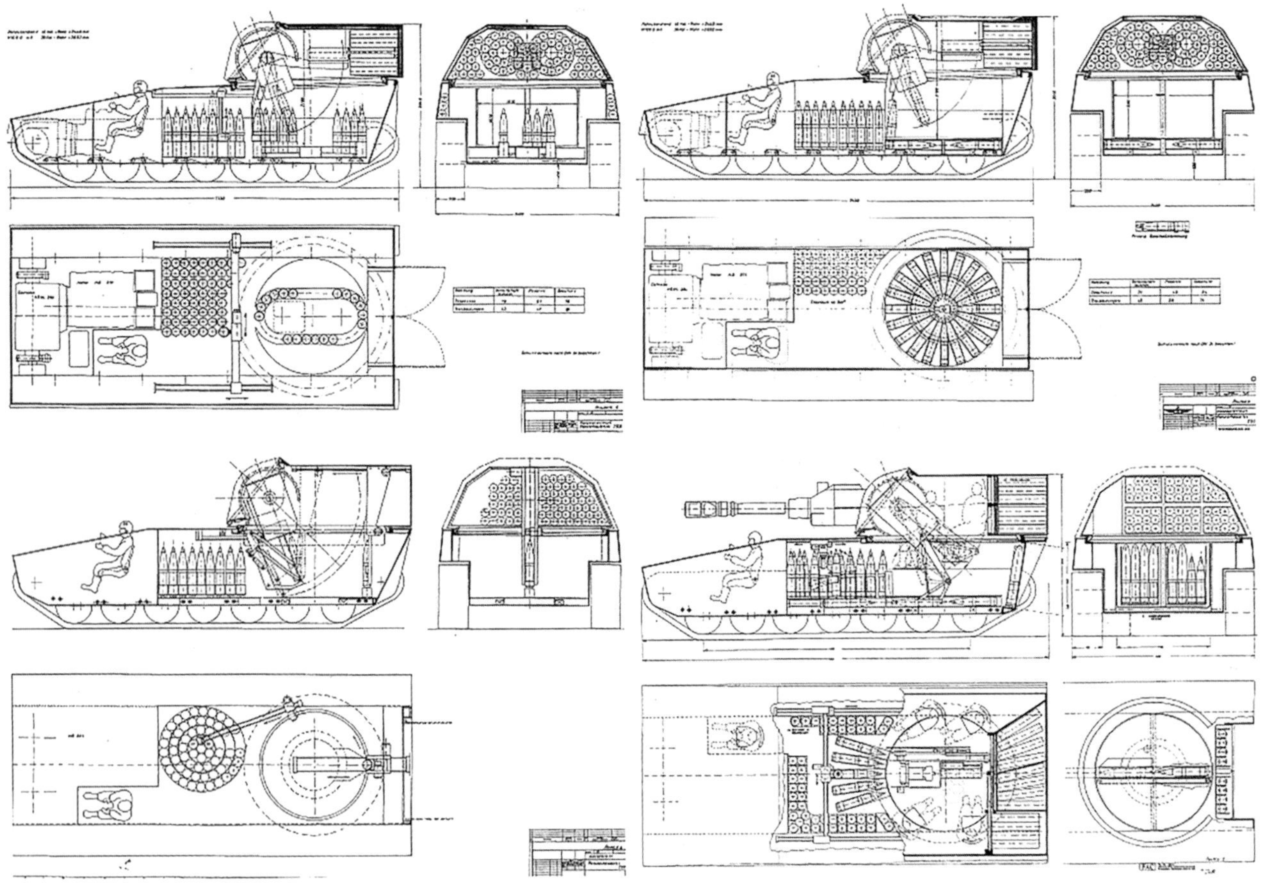

Zeichnungen der neuen Panzerhaubitze 2000 mit einigen der von den Arbeitsgruppen der Firma Wegmann insgesamt mehr als 20 betrachteten Alternativen für die Munitionsverstauung und den Munitionsfluss. Die endgültige Lösung ist rechts unten zu sehen. (FAC)

Dr. Werner Zimni (Wegmann & Co) betrieb bei diesem Projekt federführend ein neues Verfahren zur Auswahl und Beschaffung von Wehrmaterial. Seine Vorschläge für neue Vorgaben zur »Entwicklung und Beschaffung von Wehrmaterial« (EBMat) wurden amtsseitig unterstützt und traten auf amtliche Anordnung in Kraft. Dieses Verfahren führte dazu, dass das Programm PzH 2000 das erste war, das den vorher versprochenen Leistungen gerecht wurde. Dies traf bei der Einhaltung des Termins, der Einhaltung der Leistungsforderung und fast genau bei der Einhaltung des Budgets zu. Seitens der Industrie verband sich mit diesem Erfolg die Hoffnung, künftig alle Großprojekte nach diesem erfolgreichen Verfahren abwickeln zu können. Leider zerschlug sich diese Hoffnung und die Beschaffung von Wehrmaterial wurde (und wird) weiter nach dem alten umständlichen Verfahren betrieben.

In der Branche wurde später heftig diskutiert, wem die Ehre gebühre, die Entwicklung der Panzerhaubitze im letzten Moment durch stringentes Management doch noch in Deutschland gehalten zu haben. Kurzum: Wer ist der »Vater der Panzerhaubitze 2000«? Vermutlich würden die meisten der damals Beteiligten Dr. Werner Zimni nennen.

An dieser Stelle sei nochmals darauf hingewiesen, dass es die Panzerhaubitze 2000 nie gegeben hätte, wenn die Kernforderung der Bundeswehr - drei Schuss innerhalb zehn Sekunden - nicht hätte erfüllt werden können. Die Erfüllung dieser Forderung bildete wiederum die Grundlage für das neue MRSI-Verfahren der Artillerie. Ansonsten wäre das Programm, wie von der Bundeswehr angedroht, am 31. Dezember 1986 beendet worden und die PzH 2000 sowie dieses Buch hätte es nie gegeben.

Szenen vom Bau des Versuchsträgers bei der FAC in Munster. (FAC)

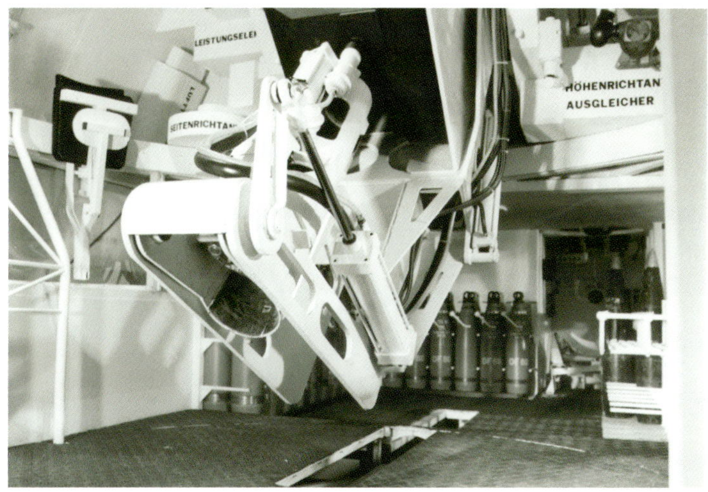

Betrieb des Funktionsmusters. (FAC)

Episode zum Schluss

Am 10. November 2013 erschien in der *Welt am Sonntag* ein Artikel von Gerhard Hegmann und Simone Meyer »Frieden schaffen ohne Waffen«, der schwere Vorwürfe gegen die Bundeswehr und deren Amtsbereich für die Beschaffung erhob. Die Kritik am Beschaffungsvorgang gipfelte in der Aussage, es habe »in der Geschichte des Beschaffungsamtes noch nie ein Großprojekt gegeben, das die geplanten Kosten und zugesagten Liefertermine eingehalten« habe.
Diesem Artikel folgte bald ein Leserbrief des ehemaligen SBWS (Systembeauftragter Fü H VII/5), Dipl.-Ing. Erich Neugebauer, der energisch widersprach. »Die Panzerhaubitze 2000, bisher als modernstes Artilleriesystem anerkannt, hielt in der Entwicklung, obwohl verschiedene nicht vorgesehene Technologien implementiert wurden, dennoch die amtlichen Vorgaben ein«.

Dr. Werner Zimni hebt am 1. Juli 1998 am Ende seiner Ansprache in der Wegmann-Werkhalle den symbolischen Schlüssel für die erste PzH 2000 hoch und übergibt ihn anschließend dem BWB-Präsidenten Detlev Petry, der ihn dann dem Inspekteur des Heeres Generalleutnant Helmut Willmann aushändigt. (KMW)

Zeitlicher Ablauf der Entwicklung

Von Michael Kohlstedt

ÜBERSICHT

1983: Beginn der Mitwirkung der Firma Wegmann, zunächst als im Wettbewerb ausgewähltes Management-Unternehmen für die geplante Serienproduktion der PzH 155-1/SP 70, später auch mit der Aufgabe betraut, die so genannte Restentwicklung der PzH 155-1/SP 70 als Voraussetzung für die Freigabe der Serienbeschaffung durchzuführen.

August 1985: Einreichung eines trilateralen Angebots für die Restentwicklung und Serienfertigung der PzH 155-1/SP 70 durch die RWG, einer seinerzeit bestehenden Gemeinschaftsfirma von Rheinmetall und Wegmann, zusammen mit den bisherigen PzH 155-1/SP 70-Entwicklungsfirmen MaK, Oto Melara und Royal Ordnance; Basis immer noch ein Fahrgestell mit Heckantrieb.

September 1985: Ablehnung des trilateralen Angebots durch die drei Programmdirektoren aus der Bundesrepublik Deutschland, Großbritannien und Italien.

Ende 1985: Beginn der Konzept-Untersuchungen für eine neue Panzerhaubitze bei Wegmann ohne zwingende Weiterverwendung von PzH 155-1/SP 70-Merkmalen und -Komponenten.

Sommer 1986: Abbruch der PzH 155-1/SP 70-Erprobung und Beendigung des trilateralen Programms.

16.10.1986: Anfrage BWB an Industrie, eine PzH 155 FT (Fronttrieb) anzubieten.

15.12.1986: Angebotsabgabe durch zwei Industriekonsortien (Nord/Süd).

16.11.1987: Beauftragung der Entwicklung einer PzH 155 (FT) an die beiden Industrie-Konsortien, Stufe 1: Entwicklung und Bau eines Versuchsträgers als Grundlages für eine Auswahlentscheidung, Option einer Stufe 2: Beauftragung Fertigentwicklung, Bau und Erprobungs-Unterstützung von vier Prototypen bei positiver Auswahlentscheidung, Wettbewerbssieger gesetzt als Serien-Generalunternehmer.

15.02.1990: Auslieferung je eines Versuchsträgers (VT) durch die beiden Industriekonsortien und Beginn der Auswahlerprobung.

29.08.1990: Konzeptauswahl des Nord-Konsortiums als Wettbewerbssieger.

15.11.1990: Abschluss Entwicklungsvertrag Stufe 2 mit Fa. Wegmann als Generalunternehmer.

1991–1993: Entwicklung und Bau der vier Prototypen Stufe 2.

1994–1995: Technische Erprobung durch die Wehrtechnischen Dienststellen des BWB; taktische und logistische Truppenversuche durch Artillerie-Schule und Technische Schule des Heeres und Fachschule des Heeres für Technik (TSH/FSHT).

21.10.1994: Erklärung der Funktions- und Betriebssicherheit durch das BWB.

10.11.1995: Erklärung der Truppenverwendbarkeit durch General der Artillerie.

14.02.1996: Erteilung der Einführungsgenehmigung.

14.03.1996: Serienauftrag zur Herstellung von insgesamt 185 PzH 2000 einschließlich einer so genannten Blockgarantie an Fa. Wegmann.

01.07.1998: Übergabe des ersten Serien-Geschützes PzH 2000 an die Bundeswehr und Beginn der Blockgarantie

ENTWICKLUNGSSTUFE 1 (1987 BIS 1990)

Entwicklung Versuchsträger

Nachdem die Konzeptfindung und erste Entwurfsarbeiten zur neuen PzH 155-FT in einem organisatorisch getrennten und räumlich ausgelagerten Team von Wegmann-Ingenieuren unter Beteiligung der Fa. FAC aus Munster durchgeführt worden waren, wurde im September 1987 ein Projektteam PzH 2000 innerhalb der bestehenden Firmen-Organisationsstruktur bei Wegmann geschaffen. Das Projektteam bestand in der Mehrzahl aus Mitgliedern der bisherigen Entwicklungsgruppe und zusätzlichen, in der Abwicklung von größeren Projekten erfahrenen kaufmännischen und technischen Wegmann-Mitarbeitern und hatte seine Büros im Stammwerk.

Erste Aktivität der neu installierten Projektgruppe war die Schaffung einer klaren und überschaubaren Struktur der anstehenden Aufgaben für die spätere Projektdurchführung.

Aufgrund des sehr engen Terminplans der Stufe 1, der die Lieferung eines voll funktionsfähigen Versuchsträgers innerhalb von zwei Jahren nach der Beauftragung vorsah, war eine weitgehende Parallelentwicklung des Fahrgestells und des Turms mit Geschosslader ohne gegenseitige Abhängigkeit der einzelnen Arbeitsschritte unumgänglich. Lösung war die frühzeitige Definition einfacher und weniger mechanischer und elektrischer Schnittstellen zwischen dem Fahrgestell auf der einen und dem Turm und dem Geschosslader auf der anderen Seite.

Die Schnittstellen zwischen Fahrgestell und Turm mit Geschosslader konnten im Wesentlichen auf

- die Abmessungen und Orte der im Fahrgestell einzubringenden Aufnahmen für die Baugruppen des aufzunehmenden Geschossladers,
- die Turm-Drehkranz Abmessungen,
- die Position der Rohrzurrung relativ zum Rohr,
- die elektrische Energieversorgung der Fahrgestell-seitigen Geschosslader-Baugruppen,
- eine geringe Anzahl elektrische Signale zwischen Turm und Fahrgestell,
- Gewichte- und Schussbelastungskräfte

beschränkt werden.

Dadurch war es der Firma Mak als Entwickler des Fahrgestells möglich, das Fahrgestell nahezu unabhängig von den bei Wegmann parallel laufenden Arbeiten an Turm und Geschosslader zu entwickeln und zu fertigen. Das Gleiche galt umgekehrt auch für den Wegmann-Anteil Turm und Geschosslader.

Der Grundgedanke, einfache und technisch überschaubare Schnittstellen zwischen den zu entwickelnden Komponenten und Baugruppen zu schaffen, wurde anschließend auch innerhalb der Teilsysteme Fahrgestell und Turm mit Geschosslader konsequent fortgesetzt.

Dazu wurden die bei Wegmann zu konstruierenden Anteile für den Turm und den Geschosslader wie folgt aufgeteilt und je einer Konstruktionsabteilung zugewiesen:

- Turmgehäuse mit mechanischen Baugruppen wie Luken, Türen, Sitzen, dem Treibladungsmagazin, Zahnsegmenten, Verstaubehältern etc.
- Geschosstransporter, Transportschiene und Geschossmagazin
- Geschoss-Übergabearm mit Ansetzer und pneumatischer Energieversorgung
- elektrische Energieversorgung, Bediengeräte und Verkabelung
- digital arbeitende Steuerelektroniken und zugehörige Software-Programmerstellung

Die Konstruktionsabteilungen haben dann zusammen mit der Systemtechnik und der Projektabteilung den Liefer- und Leistungsumfang von Unterauftragnehmern für ihre jeweiligen Arbeitspakete definiert, so dass auch die Unterauftragnehmer umgehend mit ihren Arbeiten beginnen konnten. Auch dabei folgte man dem Grundgedanken, einfache Schnittstellen und möglichst autark funktionierende und prüfbare Einheiten zu schaffen. Beispiele hierfür sind

- die Höhenrichtbare Masse der Fa. Rheinmetall, die so komplett beauftragt wurde, dass mit ihr auch unabhängig vom Turm von einem geeigneten Schießgestell geschossen werden kann;
- die sieben elektrischen Geschosslader-Antriebe der Fa. Moog, die zusammen mit den drei zugehörigen Leistungselektroniken lediglich Geschwindigkeitsvorgaben von der Wegmann-Steuerelektronik Munitionsfluss (STEM) im Fahrgestell und der Zentralelektronik Turm (ZET) benötigen, um die beschriebenen Bewegungen auszuführen;
- die Waffen- und Turmrichtanlage der seinerzeitigen Fa. AEG-Wedel, die Geschwindigkeitsvorgaben von der ZET erhält, um kommandierte Richtwerte oder die Zurrposition der Waffe auf dem Fahrgestell anzufahren oder dem von einem der Richtgriffe vorgegebenen Geschwindigkeitssignal kontinuierlich zu folgen.

Für die genannten Komponenten und auch andere Unterbaugruppen wurden Spezifikationen, Leistungsbeschreibungen und Vertragsentwürfe für Angebotsanfragen erstellt, Angebote ausgewertet und beauftragt.

Im Folgenden ist eine Gesamtübersicht über die Unterauftragnehmer und deren Lieferanteil in der Entwicklungsstufe 1 für den Anteil Turm und Geschossfluss dargestellt. Dabei wurden die seinerzeit existierenden Firmennamen verwendet.

Höhenrichtbare Masse L52
Fa. Rheinmetall
Geschosslader-Antriebe
Fa. Moog
Waffen- Richtanlage
Fa. AEG-Wedel
Rundblickperiskop PERI RTWFL 90
Fa. Zeiss
Bedien- und Anzeigesystem TEA 640
Fa. AEG-Ulm
Feuerleitrechner MICMOS
Fa. AEG-Ulm
Navigationsanlage
Fa. BGT
Turmgehäuse geschweißt
Fa. Blohm und Voss
Turm-Drehlager
Fa. Hoesch-Rothe-Erde
PERI R19 (Ersatzbetrieb Richten)
Fa. Hensoldt
Zeigerzieleinrichtung ZZE (Ersatzbetrieb Richten)
Fa. Breithaupt
Panzer-Zielfernrohr
Fa. Steinheil
Schleifringübertrager
Fa. SAF
Messgetriebe Geschosslader
Fa. Breithaupt
Digitale Absolut-Winkelgeber
Fa. FARO
Pneumatische Energieversorgung
Fa. Bauer
Tempiergerät
Fa. Honeywell

Parallel zur Beauftragung der Unterauftragnehmer und der Konstruktionsabteilungen bei Wegmann wurde Ende 1987/Anfang 1988 auch ein überarbeitetes Lastenheft für das Gesamtsystem PzH 2000 mit dem BWB abgestimmt und in den Vertrag aufgenommen. 1988 war das Jahr der konstruktiven Arbeiten und der Fertigung der Funktionsmuster-Baugruppen und erster Teile für den Versuchsträger. Bereits im Januar 1988 wurden erste so genannte Langläuferteile für die Beschaffung bzw. Eigenfertigung freigegeben.

Fertigung und Erprobung von Funktionsmustern

Für die frühzeitige Erprobung neuartiger Komponenten baute Wegmann vier Funktionsmuster:

- Ein Prüfgestell Höhenrichtantrieb mit Unbalance-Ausgleicher.
- Ein Prüfgestell für den manuell bedienbaren Geschoss-Transporter.
- Einen kompletten automatischen Geschosslader im Maßstab 1:1, integriert in durch Rohrgestelle simulierte Turm- und Fahrgestell-Gehäuse.
- Einen Ansetzer-Prüfstand mit Geschoss-Übergabearm, Rohr- und Bodenstück, Ansetzer und pneumatischer Energieversorgung.

Ziel der Funktionsmuster war

- die frühzeitige Entscheidung zwischen zwei Unbalance-Ausgleicher-Lösungen samt Absicherung der Funktion und Leistung der ausgewählten Lösung;
- der Nachweis, dass eine manuelle Betätigung der Geschosstransporters durch einen darauf sitzenden Ladekanonier in Zusammenhang mit einer sternförmigen Magazinschacht-Anordnung möglich ist;
- der Nachweis der Funktion und Zuverlässigkeit des neuen automatischen Geschossladers auch über längere Zeiträume bzw. viele Ladezyklen; eine erkannte Notwendigkeit aufgrund der gewonnenen Erkenntnisse während der Endphase des PzH 155-1/SP70-Programms;
- der Funktionsnachweis des pneumatischen Freiflug-Ansetzers.

Funktionsmuster Höhenrichtantrieb mit Ausgleicher

Die Versuche mit dem Höhenrichtantrieb und den Unbalance-Ausgleicher-Lösungen waren bereits im Frühjahr 1988 durchführbar. Untersucht wurden ein neben dem Höhenrichtantriebsritzel in das Zahnsegment an der Wiege eingreifender hydraulischer Schwenkmotor und ein außen quer vor dem Turmgehäuse angeordneter Drehstab mit Hebelanlenkung an die Höhenrichtbare Masse. Nach anfänglichen Problemen mit der Festigkeit des verwendeten Drehstabs, die aber vom Hersteller schnell als abstellbar erkannt wurden, und der Lieferung neuer Drehstäbe konnten die Versuche im Sommer 1988 abgeschlossen werden. Die Entscheidung fiel zu Gunsten der Drehstab-Lösung, die dann auch im VT eingebaut wurde.

Das Funktionsmuster auf dem Prüfgestell. Außenfoto vom November 1991. (KMW)

Funktionsmuster Ersatzbetrieb Geschosstransporter (GT)

Das relativ einfache Funktionsmuster für die Erprobung der Betätigung des Geschosstransporters im Ersatzbetrieb durch einen darauf sitzenden Ladekanonier war ähnlich schnell verfügbar wie das Funktionsmuster des Höhenrichtantriebs mit den Ausgleicher-Varianten.

Im Rahmen der anschließenden Versuche mit dem Funktionsmuster für die manuelle Betätigung des Geschosstransporters konnte gezeigt werden, dass eine optimale Betätigung und Koordination der einzelnen Bewegungsachsen nur in Verbindung einer sternförmigen Ausrichtung der Geschossschächte im Magazin möglich ist. Mit dieser Anordnung wurde das Geschoss-Magazin anschließend fertig entwickelt und im VT eingesetzt.

Die beiden aufwändigeren Funktionsmuster für den Geschosslader und den Ansetzer waren im Herbst 1988, also nur knapp ein Jahr nach Beauftragung der Stufe 1, bei Wegmann für die geplanten Versuche verfügbar.

Funktionsmuster Dauerstandsversuche Geschossfluss

Bei den Dauerstands-Versuchen mit dem Geschosslader wurde jeweils ein Geschoss von außerhalb ins Magazin und weiter zur Waffe gefördert. Dort erfolgte der Ansetz-Vorgang, allerdings in ein glattes Rohr ohne Züge und Felder, so dass das Geschoss sich weiter im Rohr bis zu einer Fangvorrichtung bewegen konnte. Dort wurde es seitlich ausgeworfen, glitt über eine Rinne wieder zurück zum Heck des simulierten Fahrgestells und konnte dort für den nächsten Zyklus genutzt werden.

Funktionsmuster Ansetzer

Die Nachweise der Funktion und der Standfestigkeit des Ansetzers, die im Dauerstandsversuch mit dem Geschosslader wegen

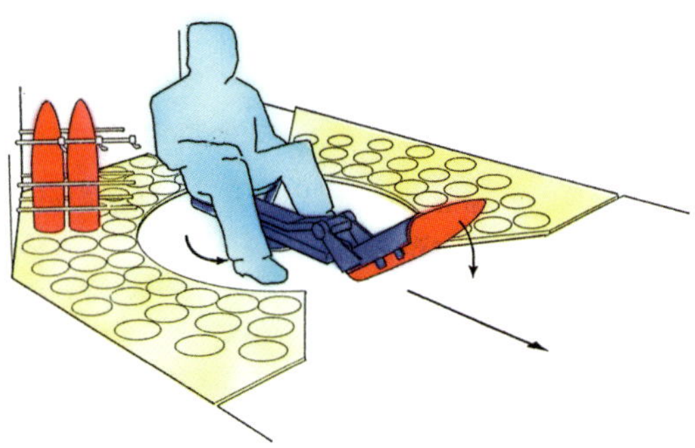

Darstellung des man. Betriebes des Geschoßtransporters bei Ausfall der elektr. Antriebe

Funktionsmuster »Höhenrichtantrieb mit Unbalance-Ausgleicher« (Variante hydraulischer Schwenkmotor und Drehstab). (KMW)

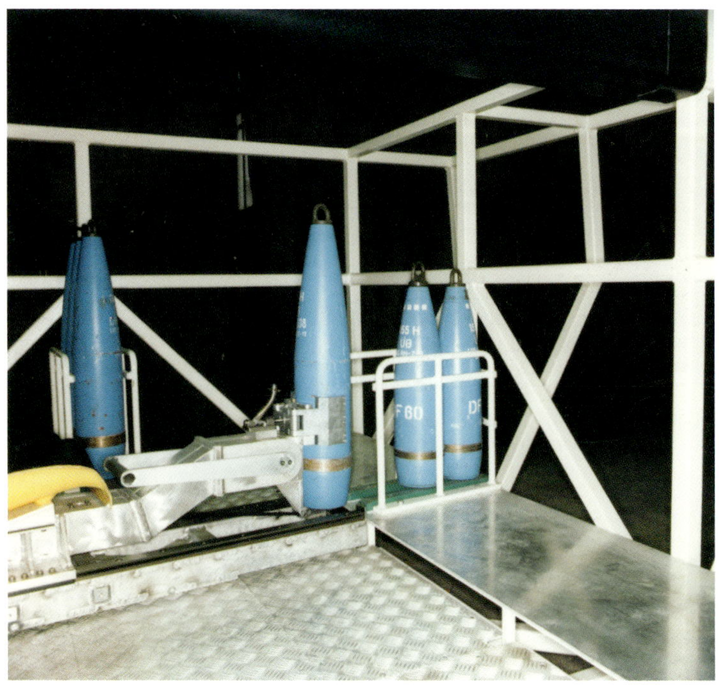

Funktionsmuster »Ersatzbetrieb Geschosstransporter«. (KMW)

des Zeitaufwands für das Zurückdrücken der Geschosse nach dem Ansetzvorgang nicht erfolgen konnten, wurden in einem separaten Prüfgestell erbracht. Im Ansetzer-Prüfgestell war ein vom BWB beigestelltes, bereits mit hoher Schusszahl belastetes L39-Rohr mit Bodenstück aus dem PzH70/SP70-Programm eingebaut. Das Gestell ließ Rohrerhöhungen über den gesamten Richtbereich in 10º-Schritten zu, so dass das Ansetzen in allen Elevationsbereichen geprüft werden konnte.

Der Geschoss-Übergabearm mit Ansetzer war starr an das Rohr und Bodenstück gekoppelt, also nicht angetrieben. Die Geschosse wurden für den Ansetzversuch in die direkt hinter dem Rohr befindliche Ansetzerschale und damit in Ansetzposition eingelegt und der Ansetzvorgang manuell ausgelöst. Nach dem Ansetzvorgang wurde das Geschoss nach hinten hydraulisch ausgedrückt. Das beigestelle L39-Rohr war zu diesem Zweck auf eine Länge von rund 3 m (vom Rohrende gesehen) gekürzt worden, so dass der erforderliche Hydraulikzylinder relativ leicht montiert und

Funktionsmuster »Dauerstandsversuche Geschossfluss«. (KMW)

Das Ansetzer-Prüfgestell. (KMW)

bedient werden konnte. Gemessen und aufgezeichnet wurden die Ansetztiefen im Rohr und die Ausdrückkräfte.
Bei den Test-Geschossen handelte es sich um so genannte Üb-Geschosse ohne Sprengmasse, aber mit gewichtsgleichem Ersatzmaterial, so dass Gewichte und Schwerpunktlagen wie bei den Original-Geschossen gegeben waren. Dadurch, dass das Führungsband der Geschosse beim Ansetzvorgang zwangsweise deformiert wird, konnten mit jedem der verfügbaren Test-Geschosse nur eine geringe Anzahl von Ansetzversuchen durchgeführt werden.
Nach Inbetriebnahme der beiden Funktionsmuster wurde mit den Versuchen zum Nachweis der Zuverlässigkeit und Ansetzsicherheit im Dezember 1988 begonnen. Die Ansetzversuche mit dem L39-Rohr konnten im Frühjahr 1989 abgeschlossen werden. Zu diesem Zeitpunkt waren mit den Baugruppen des automatischen Geschossladers bereits mehrere Zehntausend Ladezyklen getestet worden. Das Funktionsmuster des Geschossladers wurde das ganze Jahr 1989 weiter betrieben und neben der Durchführung der Zuverlässigkeitsversuche auch zum Testen konstruktiv verbesserter Detaillösungen genutzt.

Detailansicht einer sehr frühen GÜBA-/Ansetzer-Version. (KMW)

1:1 Holzmodelle

Parallel zur Fertigung der Funktionsmuster und der Teile und Baugruppen für den Versuchsträger wurde Ende 1987 mit dem Bau eines 1:1-Holzmodells des Turms bei Wegmann und des Fahrgestells bei MaK begonnen.
Eine wesentliche Aufgabe der Holzmodelle war die Unterstützung der Verlegung von Kabeln und Ermittlung deren Längen und Krümmungsradien. Zusätzlich wurde es für räumliche Untersuchungen in Zusammenhang mit der Verstauung von Baugruppen genutzt. Der Bau eines 1:1 Holzmodells ist durch die heute vorhandenen CAD-Konstruktionsmöglichkeiten (*Computer Aided Design)* nicht mehr notwendig.
Mit den vier Funktionsmustern für den Turm und Geschossfluss sowie dem Holzmodell konnten frühzeitig wichtige Erkenntnisse gewonnen und deren konstruktive Umsetzung bereits zum großen Teil noch bei der parallel-laufenden Beschaffung und Fertigung des Versuchsträgers (VT) berücksichtigt werden.

Modifikation einer beigestellten 39-Kaliber-Waffe zur Terminabsicherung

Neben der frühzeitigen Schaffung und Erprobung von Funktionsmustern wurde Anfang 1988 eine weitere Maßnahme zur Sicherstellung des sehr engen und mit Vertragsstrafe belegten Termins

Holzmodell Turm im Maßstab 1:1. (KMW)

Holzmodell Turm im Maßstab 1:1. (KMW)

Blick auf die Bedienplätze des Richtkanoniers und des Geschützführers. (KMW)

für die Lieferung eines funktionsfähigen Versuchsträgers eingeleitet.

Mit Unterstützung der italienischen Firma Oto Melara wurde eine beigestellte 39-Kaliber-Waffe aus dem gescheiterten PzH 155-1/SP70-Programm so modifiziert, dass sie sich in den Turm des Versuchsträgers einbauen ließ.

Ziel der Maßnahme war, am Ende der Stufe 1 in jedem Fall einen funktionsfähigen Versuchsträger ausliefern zu können, unabhängig vom Terminverlauf des parallel ablaufenden und durch Weg-

39-Kaliber-Waffe im Prüfgestell Höhenrichtantrieb und im Versuchsträgerturm. Das Zusatzgewicht an der Mündungsbremse simuliert das größere Unbalance-Moment der 52-Kaliber-Waffe.

mann kaum zu beeinflussenden Entwicklungsprogramms der L52-Waffe bei Rheinmetall.
Die modifizierte L39-Höhenrichtbare Masse wurde in Italien modifiziert, technisch erprobt und für das Schießen aus dem VT freigegeben. Nach Anlieferung wurde sie bei Wegmann zunächst in das vorhandene Prüfgestell Höhenrichtantrieb und später auch in den VT-Turm eingebaut Die 39-Kaliber-Waffe kam aber aufgrund der termingerechten Anlieferung der 52-Kaliber-Höhenrichtbaren Masse von Rheinmetall nicht zum Einsatz.

Fertigung Versuchsträger-Fahrzeug

Der überwiegende Teil der Unterauftragnehmer-Umfänge und der Eigenfertigungsanteile für den Turm und das Fahrgestell lief ab Herbst 1988 sowohl bei MaK in Kiel als auch bei Wegmann in Kassel zu.
Zwei exemplarische Beispiele:

- Lieferung 1. Wannengehäuse von Blohm+Voss an MaK: 30.September 1988
- Lieferung 1. Höhenrichtbare Masse von Rheinmetall an Wegmann: 8. Dezember 1988

Damit war es möglich, bereits ein Jahr nach der Beauftragung mit der Montage des Turms und des Fahrgestells im Herbst 1988 zu beginnen.
Die Montage- und Teilsystem-Inbetriebnahmen wurden abhängig von den Zulieferungen der Unterauftragnehmer-Baugruppen und der Fertigstellung der Baugruppen und Komponenten aus der Eigenfertigung sukzessive bis in den Sommer 1989 hinein fortgesetzt. Die letzten Zulieferungen wesentlicher Komponenten erfolgten am Ende dieser Phase:

- Lieferung Triebwerk von MTU an MaK: 19.07.1989
- Lieferung PERI-RTWFL-90 von Zeiss an Wegmann: 10.08.1989

Aufgrund der späten Lieferung des Triebwerks und der deshalb späten Lieferung des Fahrgestells von MaK an Wegmann wurde der ins Fahrgestell einzubringende Anteil des Geschossflusses bei Wegmann vorab auf einem Schnittstellen-kompatiblen »Wannen-Simulator« komplett in Betrieb genommen und anschließend vom 17. bis 21. Juli 1989 in Kiel bei MaK ins Fahrgestell eingebaut. So konnte wertvolle Zeit bei der Integration, also dem Zusammenführen von Fahrgestell, Turm und Geschossfluss, eingespart werden.
Nach dem Einbau des Geschossflusses in das Fahrgestell und der kurz danach durchgeführten Integration des Triebwerks in das Fahrgestell fanden in Kiel erste Fahrversuche statt. Das fehlende Turmgewicht wurde dabei durch aufgelastete Zusatzgewichte simuliert.

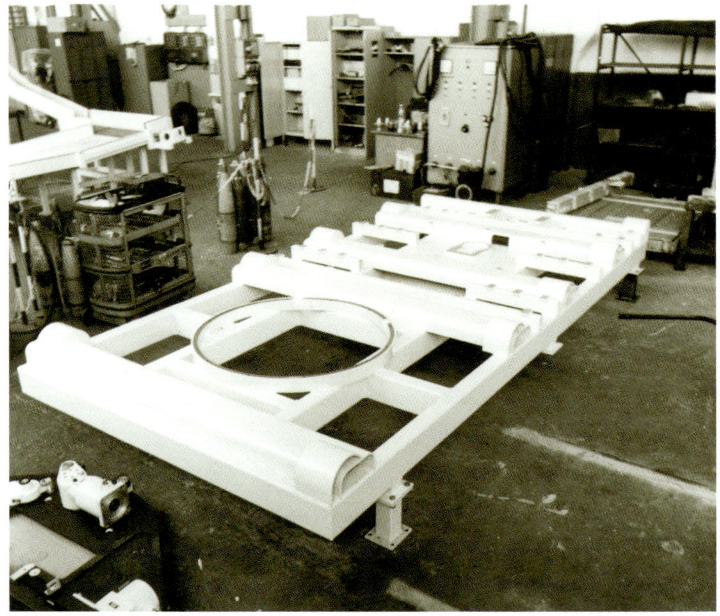

»Wannensimulator« ohne und mit montiertem Geschossfluss-Fahrgestell.

Hier erwies sich die Richtigkeit des Grundgedankens, selbstständig funktionierende und betreibbare Teilsysteme zu schaffen, auf sehr anschauliche und bemerkenswerte Weise. Zum einen konnten frühzeitig Systemversuche durchgeführt, zum anderen wichtige Zeit im Gesamtablauf des Vorhabens eingespart werden.

Oben und unten rechts: Versuchsträger (VT) der Entwicklungsstufe 1 nach Fertigstellung und anschließend beim Systembeschuss.

Das als Teilsystem abgenommene Fahrgestell wurde am 25.08.1989 von MaK in Kiel verladen und in der darauf folgenden Nacht per Tieflader zu Wegmann nach Kassel transportiert. Hier wurde bereits am Folgetag, also am 26.08.1989, der Turm auf das Fahrgestell gesetzt und damit zum ersten Mal eine komplette PzH 2000 montiert und sichtbar.

Erste Firmen-Schieß- und Fahrversuche

Nach Abschluss der notwendigen Gesamtsystem-Integrationsarbeiten wurde der Versuchsträger rund vier Wochen nach Aufsetzen des Turms am 22.09.1989 von Kassel nach Meppen zur dortigen Wehrtechnischen Dienststelle 91 (WTD 91) transportiert, um erste Schieß- und Fahrtests im Rahmen von Firmenversuchen durchzuführen.
Während das Süd-Konsortium für seine Firmenversuche das Versuchsgelände von Rheinmetall in Unterlüß nutzen konnte, stand dem Nord-Konsortium kein vergleichbares Testgelände zur Verfügung. Es wurde daher beschlossen, die Firmenversuche auf dem Erprobungsgelände der WTD 91 in Meppen durchzuführen und hierfür einen so genannten Mitbenutzer-Vertrag mit der WTD 91 bzw. dem BWB zu schließen.
Bereits wenige Tage nach Ankunft des VT des Nord-Konsortiums in Meppen wurde am 25.09.1989 mit den Schießversuchen begonnen. An diesem Tag fiel der erste Schuss aus einer PzH 2000, noch ohne Besatzung an Bord und unter sehr moderaten Randbedingungen (20º-Rohrerhöhung, Turmstellung 12 Uhr relativ zum Fahrgestell, kleinste Ladung, Geschütz-Verkantung 0º).
Die Belastung wurde im Verlauf der Versuche aber schnell gesteigert. Insgesamt wurden bis zum 10.10.1989 53 Schuss ohne Besatzung an Bord abgefeuert, davon 40 mit der größten verfügbaren Treibladung (8. Ladung L10A1) und Turmstellungen von 12-, 03- und 09-Uhr, bei hohen und flachen Rohrstellungen (-2,5º bis +63º) sowie Verkantungen des Geschützes bis 10º.

Abb. oben und rechts: Erstes Erprobungsschießen im Rahmen der Firmenversuche Phase 1 (September 1989) bei der WTD 91 in Meppen. (KMW)

Das Ergebnis dieses ersten, als Festigkeits-Nachweis des Gesamtsystems durchgeführten Schießens war sehr erfreulich:

- die maximal gemessenen mechanischen Spannungen an insgesamt zwölf Meßstellen im Turm und sechs Meßstellen im Fahrgestell lagen durchweg in dem für die eingesetzten Werkstoffe zulässigen Bereich
- der maximal gemessene Nickwinkel des Fahrzeugs betrug nur rund 3°
- die längste Ausschwingzeit des Fahrzeugs nach einem Schuss betrug nur rund 1,6 Sekunden
- das Geschütz hatte sich trotz Sandboden als Untergrund nur maximal 19 cm versetzt
- obwohl die Schüsse ohne Besatzung an Bord abgefeuert wurden, war die Turm- und Fahrgestell-Elektronik in die höchste Betriebsstufe geschaltet und zeigte bei der Funktionsprüfung, die nach jedem Schuss durchgeführt wurde, keine Ausfälle.

Nach Abschluss des schießtechnischen Anteils der Versuche wurden die Firmenversuche in Meppen mit dem fahrtechnischen Anteil ab 11.10.1989 fortgesetzt. Bis zum 20.10.1989 wurden insgesamt 200 Kilometer Straße/Gelände innerhalb der WTD 91 gefahren.
Das Versuchsprogramm konnte wie geplant durchgeführt werden. Auf dem Programm standen

- Beschleunigungsfahrten
- Überfahren eines Einzel-Hindernisses
- Befahren einer Sinuswellenbahn (Halbwelle)
- Ausroll-Versuche

- Überprüfung der Lenkfähigkeit
- Fahren im Gelände
- Ermittlung der Bandagen-Temperatur an den Laufrollen

Die Hindernisfolgen und Einzelhindernisse wurden mit steigenden Geschwindigkeiten überfahren. Die ersten Ergebnisse wurden vom Fahrgestellentwickler MaK positiv bewertet.

Bei Fahrten mit 30 km/h über Höcker von 330 mm Höhe wurde nachgewiesen, dass die Geschosse im Magazin sicher gehalten werden.

Beim Höchstgeschwindigkeits-Fahren auf gerader Strecke wurden 60 km/h erreicht

Am 26.10.1989 wurde der VT zurück zu Wegmann in Kassel transportiert, um noch Änderungen am Getriebe durch Fa. Renk durchführen zu lassen und die Gesamtsystem-Integration abzuschließen.

Knapp einen Monat später, am 24.11.1989, wurde der VT zur Fortsetzung der Firmenversuche wieder nach Meppen transportiert. Im Verlauf dieser zweiten Firmenversuchsphase wurde am 06.12.1989 der erste Schuss aus der PzH 2000 mit Besatzung an Bord abgefeuert.

Vergleichserprobung

Nach Abschluss der Firmenversuche und der Abnahme des Versuchsträgers am 13. und 14.02.1990 unter Beteiligung der amtlichen Güteprüfstellen aus Kiel und Kassel in Meppen wurde das Fahrzeug am 15.02.1990 zur anstehenden Vergleichserprobung an das BWB übergeben. Am gleichen Tag wurde auch der Versuchsträger des Süd-Konsortiums übergeben. Das Fahrzeug wurde mit der Bezeichnung »Taurus« vorgestellt.

Nach Vertag hätte die Übergabe der beiden konkurrierenden Versuchsträger zwei Jahre nach Vertragsbeginn, also am 15.11.1989, erfolgen müssen. Mit der Übergabe am 15.02.1990 hatten beide Konsortien die »vertragsstrafenfreie« Zeit von drei Monaten (siehe Kapitel »Entstehungsgeschichte«) genutzt. Das schmälert aber in keinem Fall die erbrachte Leistung beider Konsortien, in nur gut zwei Jahren ein anspruchsvolles Waffensystem sozusagen vom Reißbrett bis zum Komplettfahrzeug entwickelt und gefertigt zu haben.

Die Vergleichserprobung, oder auch Auswahlversuche genannt, fand vom 15.02. bis 31.07.1990 statt. Während dieses Zeitraums wurden folgende Untersuchungen durchgeführt:

- Funktionsprüfung Schießen
- Leistungsversuche Schießen
- Navigationsfahrten
- Ergonomie/Ersatzbetrieb/Technische Sicherheit
- 24 Stunden-Versuchstage
- Materialerhaltung
- Handhabbarkeit durch die Truppe

Bei den ersten Schießtests standen die beiden Versuchsträger direkt nebeneinander in der Feuerstellung. Während bis dahin nur spärliche Informationen über den jeweiligen Konkurrenten auf Industrieseite vorhanden waren, hatten die Versuchsingenieure aus den beiden Konsortien hier erstmalig Einblick in das Konkurrenz-Geschütz und dessen grundlegenden Aufbau.

Die Versuche selbst wurden von Personal der Wehrtechnischen Dienststellen und von Soldaten durchgeführt. Industrie-Personal war lediglich zur technischen Unterstützung vor Ort.

Ein Schwerpunkt der Versuche in Meppen war sicher die Durchführung von zwei 24-Stunden-Kampftagen, in deren Verlauf die beiden Versuchsträger jeweils insgesamt 300 Schuss in verschiedenen Feueraufträgen abgeben und 130 Kilometer in einzelnen Teilstrecken fahren mussten.

Neben den beschriebenen Schieß- und Handhabbarkeitsversuchen und der Durchführung der beiden 24-Stunden-Kampftage wurde im Zeitraum vom 15.02. bis 31.07.1990 auch die Handhabung der Versuchsträger-Fahrzeuge durch Soldaten der Artillerietruppe und Technischen Truppe getestet.

Während die Handhabung durch die Artillerietruppe in Meppen auf dem Gelände der WTD 91 stattfand, wurden die Materialerhaltungs-Untersuchungen an der Schule der Technischen Truppe in Aachen durchgeführt.

Auf Grundlage

- der Schieß- und Fahrversuche einschließlich der beiden 24-Stunden-Kampftage,
- der jeweils rund vierwöchigen Truppenversuche,
- einer Vielzahl von zwischenzeitlich gelieferten Nachweisen, u .a. zum Schutzkonzept, zur Elektromagnetischen Verträglichkeit (EMV), zur Sicherheit der Bediener und Instandsetzer bei der Handhabung des Geschützes, zur Prüfbarkeit der elektrischen/elektronischen Baugruppen durch das interne Prüfsystem etc.,
- eines verbindlichen Serienpreises für den im Vergleichs-Wettbewerb vorgestellten Ausrüstungsstand, der drei Monate nach Beginn der Auswahlversuche vorzulegen war,
- eines Serien-Angebots für ein so genanntes »Standardgeschütz« vom 03.05.1990 mit einer etwas abgemagerten Ausstattung

fand im August die amtsseitige Auswertung der Versuche und die Auswahlentscheidung zwischen den beiden Versuchsträger-Konzepten statt.

Die Auswahlerprobung war durch insgesamt sechs amtliche Bewertergruppen begleitet worden:
Gruppe 1: Leistung, technische Auslegung
Gruppe 2: Ergonomie, Handhabung, technische Sicherheit
Gruppe 3: Logistik, Verfügbarkeit, Materialerhaltbarkeit
Gruppe 4: Schutz, Überlebensfähigkeit
Gruppe 5: Taktischer Einsatz
Gruppe 6: Kosten

Nach Auswertung aller Ergebnisse aus den Bewertergruppen wurde der Versuchsträger des Nord-Konsortiums am 29.08.1990 als klarer Wettbewerbssieger erklärt und bekannt gegeben.

Lieferung des ersten Fahrgestells von Blohm & Voss an MaK und Beginn der Laufwerk-bezogenen Einrüstungen. (Rhm)

ENTWICKLUNGSSTUFE 2 (1990 BIS 1995)

Nach Abschluss der Stufe 1 wurde die Stufe 2 der Entwicklung, zügig und wie im geplanten Programmablauf vorgesehen, beim Wettbewerbssieger, also dem Nord-Konsortium, am 15.11.1990 beauftragt. Vertragspartner des BWB war Fa. Wegmann, die als Generalunternehmer für die Entwicklung der PzH 2000 innerhalb des Nord-Konsortiums festgelegt war.
Der Vertrag der Stufe 2 umfasste den Bau von vier, jetzt als Prototyp bezeichneten Geschützen und die Unterstützung der Technischen Erprobung und der Truppenversuche sowie die Umrüstung des Versuchsträgers der Stufe 1 möglichst nah auf den Konstruktionsstand der Stufe 2. Das Fahrzeug erhielt später die Bezeichnung VT 2.

Prototyp nach Abschluss der Laufwerkarbeiten. (Rhm)

Blick in die Prototypen-Fertigstellungshalle bei MaK nach Triebwerkeinbau. (Rhm)

Zunächst wurde der Ausrüstungsstand der vier Prototypen auf Basis des inzwischen definierten »Standard-Geschützes« festgelegt. Zusätzlich wurden dabei auch in der Stufe 1 erkannter Änderungsbedarf sowie zwischenzeitlich verfügbare, neuere Technologien berücksichtigt.

Hauptunterschiede zwischen dem Versuchsträger der Stufe 1 und den vier neuen Prototypen der Stufe 2 waren

- die Verlängerung des Turmhecks um ca. 150 mm zur Aufnahme von sechs Modulen des Modularen Treibladungssystems,
- der Ersatz des eigen-stabilisierten PERI RTWFL 80 durch ein nicht stabilisiertes PERI RTNL 80 und das Panzerzielfernrohr PzF TN 80,
- der Ersatz des vorn quer am Turm angeordneten Drehstab-Ausgleichers zur Kompensation der Unbalance der Höhenrichtbaren Masse durch eine speziell angelenkte Gasfeder-Lösung (pneumatischer Ausgleicher) unter dem Turmdach. Die Drehstab-Lösung des VT hatte die Funktion zwar erbracht, doch als nachteilig erwies sich die ungeschützte Lage des Drehstabs außerhalb des Turms;
- der Entfall der linken Seitentür im Turm und die Einbringung eines Sichtblocks in die linke Seitenwand,
- die Integration des jetzt verfügbaren 8-Zylinder-Triebwerks MT 881 anstelle des in der Stufe 1 verwendeten 12-Zylinder-Triebwerks MT 883,
- die Einbringung eines kompletten Geschossmagazins mit 60 Stellplätzen,
- der Entfall der Nebelmittel-Wurfanlage und eines Staukastens am Turmheck,
- der Ersatz des bisherigen Bediengeräts TEA 640 für die Bedienung der Feuerleitanlage durch Umstieg auf kommerzielle PC-Technologie und das neue Bediengerät Geschützführer und den Feuerleitrechner MICMOS 16,
- die Verwendung eines neuen Prozessor-Generation in der Zentral-Elektronik Turm (ZET) und der Steuerung Munitionsfluss (STEM),
- die Einbringung zusätzlicher Bewegungsüberlappungen in die Ablaufsteuerung des automatischen Munitionsflusses zur Steigerung der Feuergeschwindigkeit.

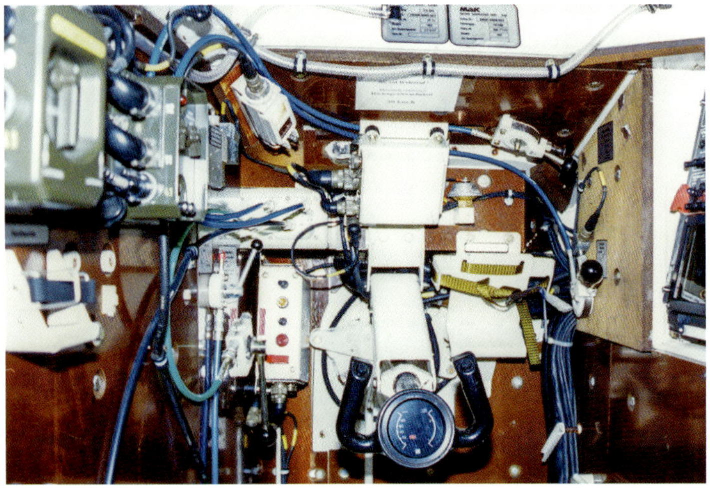

Fahrerplatzanordnung beim Prototyp 04 mit noch unaufgeräumter Kabelverlegung. (Rhm)

Die Umentwicklung und der Bau der vier Prototypen erfolgte in den Jahren 1991 bis 1993.
Die vier Prototypen wurden nach Durchführung einer Reihe von Firmenversuchen, zum Teil auch bereits als kombinierte Amts- und Firmenerprobungen, ab Sommer 1993 nacheinander ausgeliefert:
PT 01: 02.08.1993
PT 02: 15.11.1993
PT 03: 07.12.1993
PT 04: 24.02.1994

Im Rahmen der anschließenden amtlichen Technischen Erprobung waren die Prototypen mit Schwerpunkt zunächst wie folgt eingesetzt:
PT 01: Schießtechnische Erprobung an der WTD 91 in Meppen
PT 02: Fahrtechnische Erprobung an der WTD 41 in Trier
PT 03: Überprüfung des internen Prüfsystems, Funktionstests mit dem Führungssystem ADLER, EMV-Untersuchungen an der WTD 81 in Greding, Freigabe-Gutachten für das Fahren im öffentlichen Straßenverkehr
PT 04: Elektromagnetische Puls (EMP)- und Dekontaminierungs-Versuche bei der Wehrwissenschaftliche Dienststelle (WWD) in Munster, Klimakammerversuche
VT 2: Untersuchung Leopard-2-Laufrollen, Test Nebelmittel-Wurfanlage, Navigationsfahrten

Nach Abschluss dieses Teils der Technischen Erprobung wurde die Funktions- und Betriebssicherheit (FuBeSi) am 21.10.1994 der vier Fahrzeuge formal erklärt. Die Funktions- und Betriebssicherheitserklärung war die Voraussetzung für die Nutzung der Fahrzeuge durch Truppenpersonal und damit eine wesentliche Voraussetzung für den Beginn der anstehenden Truppenversuche. Die vier Prototyp-Geschütze hatten zu diesem Zeitpunkt 3732 Schüsse abgegeben; davon der PT 01 allein 3195 Schüsse während seiner Schießerprobung.
Ein weiteres Beispiel für die Belastung der Geschütze im Verlauf der Technischen Erprobung ist die Anzahl von Bewegungszyklen der Geschossfluss-Antriebe. Der PT 01 hatte am Ende der Tech-

Prototyp 01 nach der Fertigstellung bei Wegmann in Kassel.

Prototyp 01 nach Fertigstellung Anfang August 1993 bei Wegmann in Kassel mit Zusatzpanzerungsattrappen auf dem Turmdach. (KMW)

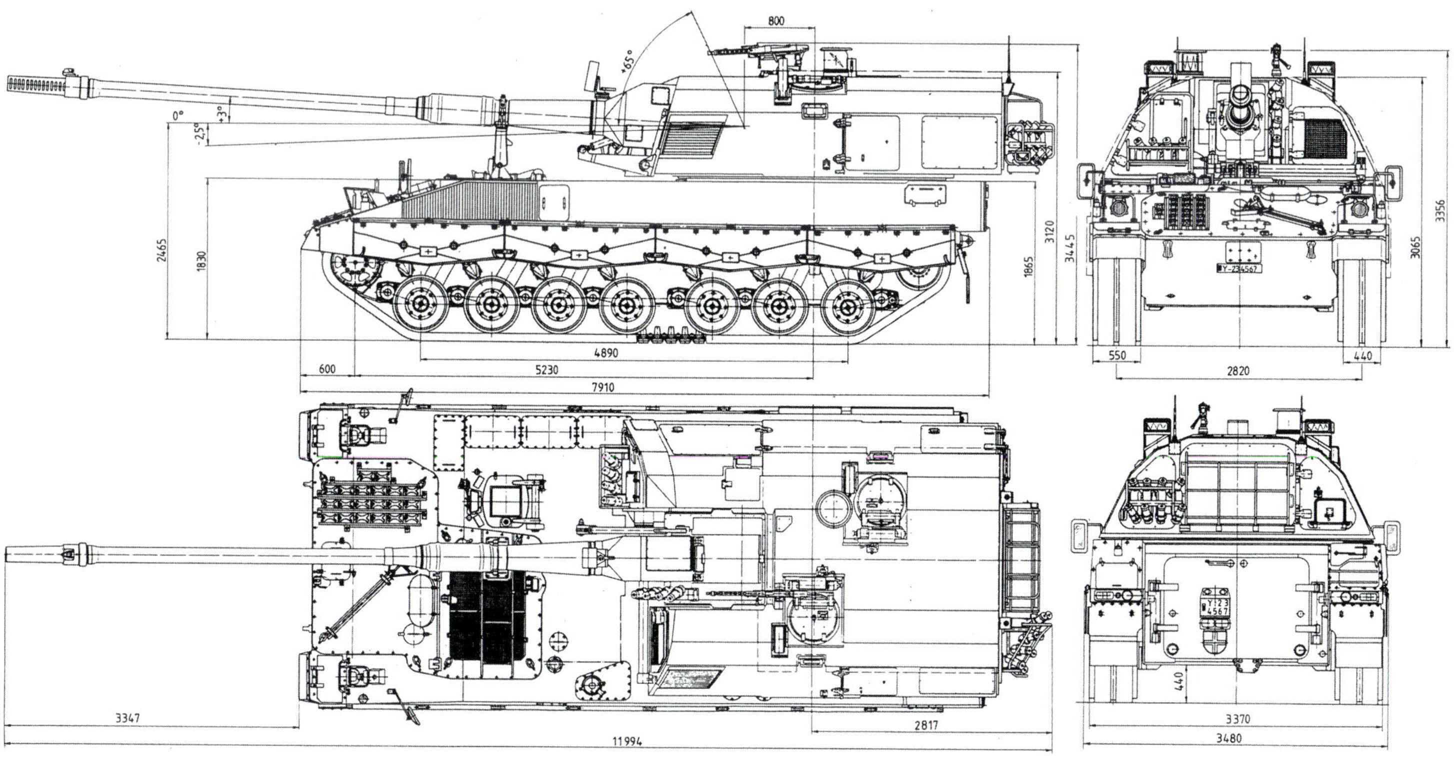

Außenbereich-Abmessungen der Vorserientypen (VT und PT) (KMW)

Prototyp 01 bei der Schießerprobung in Meppen.

Fahrerprobung des Prototypen 02 auf der Testfahrstrecke bei der WTD 41 in Trier mit Gräben, Steilabschnitten und Wellen.

nischen Erprobung und damit unmittelbar vor Beginn des taktischen Teils der Truppenversuche am Beispiel zweier Antriebe folgende Belastungen erfahrenen
- Geschosstransporter, Längs- oder Linear-Antrieb: 61.337 Verfahr-Zyklen
- Transportschiene, Längs- oder Linear-Antrieb: 38.488 Verfahr-Zyklen

Die Fahrzeuge PT 01 und PT 02 wurden Anfang November 1994 von Meppen nach Munster transportiert. Unmittelbar nach Ankunft der beiden Geschütze begann der taktische Teil des Truppenversuchs auf den Truppenübungsplätzen Munster und Bergen. Dieser Versuchsteil dauerte bis Ende März 1995. Im Januar 1995 wurden durch die Truppe zusätzliche Versuchsanteile unter extremen Kältebedingungen in Shilo/Kanada unter Nutzung der dort zur Kälte-Erprobung befindlichen Fahrzeuge PT 03 und PT 04 durchgeführt.

Szenen aus dem taktischen Truppenversuch der Artillerietruppe im Sommer 1994 in Munster und Bergen.

Logistische Überprüfungen im Sommer 1994 an der Schule für Technische Truppen, hier beim Triebwerkaus- und -einbau.

Verladen der Prototypen 03 und 04 für den Seetransport nach Halifax/Kanada.

Wintererprobung auf dem Übungsplatz Shilo/Kanada.

Staubentwicklung beim Schießen bei hohen Temperaturen in sandiger Umgebung. (KMW)

Die Prototypen 01 und 02 wurden nach Abschluss des taktischen Anteils des Truppenversuchs von Munster nach Aachen zur TSH/FSHT transportiert. Von April bis Oktober 1995 fand dort der logistische Teil des Truppenversuchs statt.
Die Prototypen PT 03 und PT 04 wurden Ende Oktober 1994 von Emden per Schiff nach Halifax in Kanada transportiert und von dort weiter per Bahn nach Shilo auf den dortigen Übungsplatz verlegt, der seinerzeit auch von Bundeswehr-Einheiten routinemäßig für Winterausbildung genutzt wurde. Die Wintererprobung in Shilo dauerte von von Mitte November 1994 bis Mitte März 1995. Danach wurden die Fahrzeuge technisch inspiziert und für den Bahntransport nach Yuma in Arizona/USA vorbereitet. Der Bahntransport dauerte mehr als eine Woche, aber

Diese »typische« Innenaufnahme während der »Yuma Trials« zeigt deutlich die Staubbelastung im Innern des Fahrzeugs. (KMW)

Das Schießen der beiden Prototypen in den USA stieß auf großes Interesse, so dass die Bundeswehr mehrere Demonstrationsschießen vor US-amerikanischen Militärs und Entwicklern veranstaltete.

schließlich trafen die Fahrzeuge Anfang April 1995 in Yuma ein. Auf dem in der Nähe der Stadt Yuma gelegenen *US-Army-Proving Ground* fand die Hitze- und Stauberprobung von Anfang Mai bis Ende August 1995 statt. Im Verlauf der Erprobung konnte eine Reihe von Gästen begrüßt werden, unter anderem der damalige Rüstungsstaatssekretär und der Generalinspekteur der Bundeswehr.
Aufgrund der vorab durchgeführten, umfangreichen Klima-Untersuchungen auf Baugruppen- und Systemebene während der Firmenversuche und der Technischen Erprobung, unter anderem auch Schießtests aus der Klimakammer von Rheinmetall in Unterlüß, zeigten die beiden Prototypen weder während der Kälte- noch der Hitze-Erprobung ernsthafte Probleme. Auch die hohe Staubbelastung, die von einem in kurzem Abstand vorausfahrenden US-Fahrzeug in einem speziellen Test noch deutlich verstärkt wurde, konnte den Prototypen 03 und 04 mit Ausnahme häufiger Luftfilter-Wechsel am Motor etwas anhaben.
Parallel zur Hitze-Erprobung in Yuma unter Nutzung der Prototypen 03 und 04 wurde der logistische Teil des Truppenversuchs mit den Prototypen 01 und 02 durchgeführt. Dazu waren die beiden Fahrzeuge im April 1995 nach Aachen transportiert worden. Der logistische Teil des Truppenversuchs wurde noch im April begonnen und im September 1995 abgeschlossen.
Weder bei der Technischen Erprobungen einschließlich deren Klimaanteilen noch bei den Truppenversuchen traten gravierende Mängel auf, so dass die für eine Serienbeschaffung eines neuen Waffensystems notwendigen Dokumente bereits kurzzeitig nach dem Abschluss der Erprobungen und Versuche amts- und truppenseitig erstellt und genehmigt werden konnten:
- 10.11.1995: Erklärung der Truppenverwendbarkeit durch den General der Artillerie
- 14.02.1996: Erteilung der Einführungsgenehmigung

Damit stand einer Serienbeauftragung der PzH 2000 aus technischer und taktischer Sicht nichts mehr entgegen.

BEAUFTRAGUNG

Ein Problem bei der Serienbeauftragung war nach erfolgreichem Abschluss der Technischen Erprobung und der Truppenversuche Anfang 1996 die fehlende Einsatzreife in Bezug auf die Logistik, da u. a. die Entwicklung von Sonderwerkzeugen sowie die Auswahl und Beschaffung von Ersatzteilen aus Kostengründen bis Ende 1995 noch nicht erfolgt war. In Kenntnis dieses zu erwartenden Sachverhalts waren bereits seit Mitte 1993 Gespräche zwischen Industrie und dem öffentlichen Auftraggeber über die Übernahme einer so genannten »Blockgarantie« geführt und die Durchführung einer Studie mit dem Titel »Betriebssimulation Logistik PzH 2000« bei der Fa. ESG durch das BWB beauftragt worden.

Unter »Blockgarantie« verstand man die Durchführung aller Materialerhaltungs-Leistungen durch die Hersteller-Industrie während der ersten Jahre nach Beginn der Auslieferung und Nutzung der Geschütze, ein völlig neuer und unüblicher Ansatz. Aufgaben und Pflichten der Hersteller-Industrie während einer Blockgarantie waren im Einzelnen:

- die Durchführung aller Wartungsarbeiten und Instandsetzungen durch Firmenpersonal mit Unterstützung durch Truppenpersonal, die Bereitstellung der notwendigen Materialgrundlagen (TDV),
- die Ausbildung und Einweisung von Truppenpersonal,
- die Definition, Entwicklung und Erprobung der notwendigen Sonderwerkzeuge sowie der Mess- und Prüfgeräte für die spätere Truppenausstattung,
- die Bereitstellung aller benötigten Ersatzteile,
- die Sicherstellung einer vertraglich festgelegten Verfügbarkeit der ausgelieferten Geschütze,
- die Sicherstellung einer vertraglich festgelegten Zuverlässigkeit auf Baugruppenebene,
- die konstruktive Verbesserung von Baugruppen, wenn diese die zugesicherten Zuverlässigkeits- Werte nicht erreichen,
- die Qualifikation, Serieneinbringung und Nachrüstung der vorgenannten Verbesserungs- Maßnahmen in die ausgelieferten Geschütze.

Die beschriebenen Leistungen waren von Vertragsbeginn bis ein Jahr nach Auslieferung der letzten Serien-Haubitze aus dem parallel-laufenden Beschaffungsvertrag zu einem Festpreis zu erbringen.

Insbesondere mit den letzten vier Punkten der Strichaufzählung war für die Industrie ein Risiko verbunden, da die Leistungen nur schwer kalkulierbar waren. In Anbetracht der Erfahrungen und Erkenntnisse aus dem vorangegangenen Stufen 1 und 2 zum Leistungsvermögen und Ausfallverhalten der PzH-2000-Baugruppen und -Komponenten war man aber Industrie-übergreifend bereit, das Risiko zu tragen.

Die Blockgarantie-Leistungen wurden nach Abstimmung einer detaillierten Leistungsbeschreibung mit Festlegung der zu erreichenden Verfügbarkeits- und Zuverlässigkeitswerte angeboten und zusammen mit der Serienfertigung von 185 Geschützen PzH 2000 am 12.03.1996 bei Wegmann in Kassel beauftragt.

Als Auslieferertermin für das 1.Seriengeschütz wurde der 01.07.1998 festgelegt, das letzte der 185 Geschütze war Ende 2002 an die Bundeswehr zu liefern. Damit war gleichzeitig das Ende der Laufdauer des Blockgarantievertrags auf Ende 2003 festgelegt.

Das Vertragsvolumen des Serien-Beschaffungsvertrags belief sich auf rund 1,35 Mrd. DM; das des Blockgarantie-Auftrags betrug knapp 400 Mio. DM.

WACHSTUMSPOTENZIAL

Bereits während der Entwicklungsstufe 2 zeigte sich reges internationales Interesse an der PzH 2000. In den USA lief parallel die Entwicklung des Crusader-Programms für ein Rohrartillerie-Geschütz mit ähnlichen Anforderungen wie für die PzH 2000. Auch hier waren hohe Feuergeschwindigkeiten, die »*shoot & scoot*«-Fähigkeit, ein Bordvorrat von 60 Geschossen, eine hohe Beweglichkeit und ein möglichst hoher Schutz für die Besatzung gefordert. Hauptunterschied war aber die Forderung, ein so genanntes »*continous zoning*« zu realisieren. Dies sollte mit einer beliebig dosierbaren Flüssig-Treibladung »*liquid propellant*« anstelle der üblichen Feststoff-Beutel oder Module erreicht werden. Die Forderung wurde 1998 aufgegeben. Gefordert wurde nun die Verwendung modularer Feststoff-Treibladungen, wodurch das Crusader-Konzept noch näher an das der PzH 2000 heranrückte. Dies wurde auch in den USA erkannt und es gab eine Reihe von Besuchen von US-Regierungsseite und US-Firmen bei Wegmann und auch im BWB.

In diesem Umfeld erarbeitete Wegmann auf Wunsch der Amerikaner einen Vorschlag zur Anpassung der PzH 2000 an die Crusader-Forderungen. Aus dieser Arbeit wurden zwei unabhängige Weiterentwicklungsmaßnahmen für die PzH 2000 abgeleitet:

- Das MRSI-Schießverfahren und
- das Schießen mit 48-Volt-Versorgung für die elektrischen Geschossfluss-Antriebe.

Im gleichen Zeitraum wie die USA zeigte die schwedische Küstenartillerie Interesse an der PzH 2000. Die Küstenartillerie wollte aber im Küstenbereich fahrende feindliche Schiffe bekämpfen

können und verlangte das Schießen auf bewegliche Ziele. Auch diese Forderung wurde in das Weiterentwicklungsprogramm bei Wegmann aufgenommen, noch 1996 realisiert und in Ravlunda/ Schweden im Schießen auf ein Schlepp-Ziel vor der Küste präsentiert.
Einige Jahre später, im Sommer 2002, wurde die Integration eines PzH-2000-Turms auf einem Marineschiff von den Howaldtswerken Deutsche Werft AG (HDW) angeregt. Das daraufhin eingeleitete Industrievorhaben wurde unter der Abkürzung MONARC bekannt.
Im gleichen Jahr stellten die USA die Entwicklung ihrer Crusader-Haubitze ein und begannen mit der Entwicklung eines wesentlich leichteren, möglichst in C130-Hercules-Transportflugzeuge verlastbaren Rohrartillerie-Systems. Dies war der Anlass, auch bei der Firma KMW, zu der sich Krauss-Maffei und Wegmann 1999 zusammengeschlossen hatten, über eine Leichtversion der PzH 2000 nachzudenken.

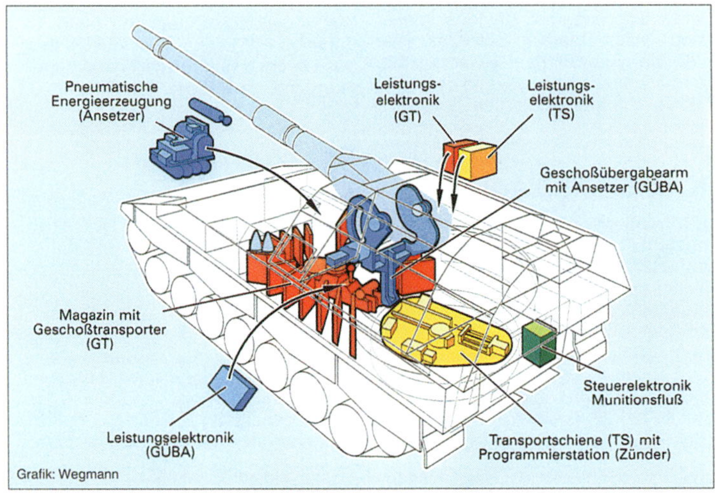

Umrüstumfang für das Versuchsschießen mit 48-Volt-Spannungsversorgung. (KMW)

MRSI-Schießen

Eine der Forderungen des Crusader-Programms war das MRSI-Schießverfahren. Die Abkürzung MRSI steht für *Multiple Round Simultaneous Impact* (mehrere Geschosse, gleichzeitiger Einschlag). Das Verfahren wird im Kapitel *Einsatzkonzept* beschrieben.
Da die PzH 2000 über alle notwendigen Einrichtungen verfügte, ein solches Schießverfahren durchzuführen (Waffenrichtanlage, Ballistikrechnung, automatischer Geschoss-Lader für schnelle Schussfolgen, Nutzungsmöglichkeit der Teilladungen oder unterschiedlicher Modul-Zahlen) war lediglich eine Zusatzfunktion Software-seitig zu entwickeln und in das Geschütz zu integrieren. Letztendlich war neben der Berechnung der möglichen Flugbahnen auf die gewünschte Entfernung mit Ermittlung der zugehörigen Flugzeiten nur eine zusätzliche Bedingung für die Schuss-Freigabe einzubringen, nämlich eine Zeitfunktion mit den Abfeuer-Zeitpunkten der Folgeschüsse. Je schneller der Folgeschuss geladen und mit der korrekten Rohrerhöhung verschossen werden kann, je mehr Schüsse sind auf die Entfernung möglich; ein weiteres Beispiel für die Richtigkeit der Auslegung der PzH 2000 auf schnellstmögliches Richten und Laden.

48-Volt-Schießen

Eine weitere Forderung aus dem US-amerikanischen Crusader-Programm war die Forderung einer Feuergeschwindigkeit von zwölf Schuss/Minute. Die PzH 2000 hatte am Ende der Entwicklungsstufe 2 Ende 1995 eine Feuergeschwindigkeit von zehn Schuss in der ersten Minute und 20 Schuss in zwei Minuten und zehn Sekunden nachgewiesen. Dabei erfolgen die ersten drei Schuss als Feuerschlag in 9,2 Sekunden; die Folgeschüsse wurden kontinuierlich alle sieben Sekunden abgefeuert.
Die Energieversorgung der elektrischen Antriebe erfolgt aus einem Fahrzeug-üblichen 24-V-Bordnetz. Die erforderliche Leistung wird über entsprechend große Ströme erreicht. Mit einer höheren Spannung lässt sich bei gleichen Strömen eine höhere Leistung erreichen. Es lag daher nahe, die benötigte Mehrleistung der Geschossfluss-Antriebe durch eine Erhöhung der Bordnetz-Spannung zu gewinnen. Nach Rücksprache mit dem Hersteller der elektrischen Antriebe, der Firma Moog, war dieser Ansatz ohne größere Änderungen an den Motoren und zugehörigen Leistungselektroniken kurzfristig umsetzbar; lediglich bei den beiden Drehantrieben von der Transportschiene und dem Geschosstransporter wurde die Verwendung von Schnittstellen-kompatiblen, aber mit speziellem 48 Volt-Aufbau versehenen Motoren empfohlen. Diese gehörten zum Produkt-Portfolio der Fa. Moog und konnten schnell geliefert werden.
Sechs der sieben elektrischen Geschossfluss-Antriebe befinden sich im Fahrgestell, lediglich der Antrieb des Geschoss-Übergabearms im Turm. Zur Vereinfachung wurde für den Demonstrations-Versuch und dessen Aufbau entschieden, nur die sechs Antriebe im Fahrgestell mit 48 Volt zu versorgen. In diesem Fall brauchte lediglich die 24-Volt-Versorgung der Leistungs-Elektroniken für den Geschoss-Transporter und die Transportschiene abgetrennt und durch eine externe 48-Volt-Versorgung ersetzt zu werden. Zusätzlich wurden die beiden

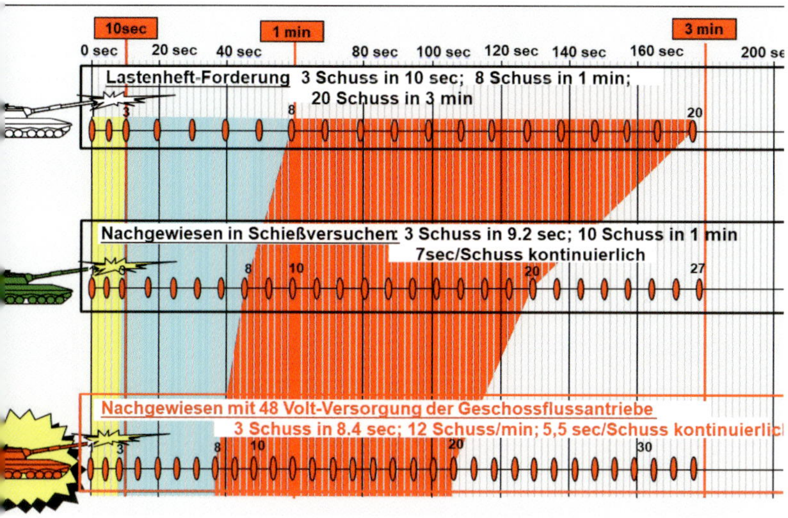

Vergleich der Forderungen Feuergeschwindigkeit mit nachgewiesenen Prototyp-Leistungen und nach Umstellung auf 48-Volt-Versorgung der sechs Geschossfluss-Antriebe im Fahrgestell. (KMW)

Drehantriebs-Motoren getauscht. Der Umbau und die Versuchsvorbereitung waren nach wenigen Stunden abgeschlossen.

Mit dem so umgerüsteten Prototypen PT 01 wurden am 27.10.1997 bei einem Versuchsschießen in Meppen bei der WTD 91 folgende Zeiten erreicht:

- 3 Schuss in 8,4 Sekunden
- 10 Schuss in 49,7 Sekunden
- 12 Schuss in 59,7 Sekunden
- 20 Schuss in 1 Minute und 47 Sekunden

Die sich einstellende Taktzeit nach dem Feuerschlag konnte von rund sieben Sekunden auf 5,5 Sekunden verringert werden.

Schießen auf bewegliche Ziele

Die schwedische Küstenartillerie zeigte Anfang 1996 Interesse an der PzH 2000, weil diese die wesentlichen Forderungen im Hinblick auf Reichweite, Munitionsvorrat, Feuergeschwindigkeit und Schutz bereits erfüllte. Eine Zusatzforderung war aber die Möglichkeit, sich bewegende Seeziele bekämpfen zu können.

Da die Waffenrichtanlage der PzH 2000 zusammen mit dem an der Waffenwiege montierten Kurs/Lage-Gerät in der Lage ist, auf eine gewünschte Rohrlage raumbezogen zu richten und diese Lage auch bei Abweichungen regeltechnisch auszugleichen, waren die Voraussetzungen für ein Schießen auf bewegliche Ziele gerätetechnisch vorhanden. Aufgabe war, aus den Zieldaten (Position, Fahrtrichtung und -geschwindigkeit des zu bekämpfenden Schiffs) eine Rohrlage zu berechnen, die sich durch die Bewegung des Ziels kontinuierlich ändert und damit eine sich ändernde Sollwert-Vorgabe für die Waffenrichtanlage erzeugt. Diese Abweichung regelt die Waffenrichtanlage in der gleichen Weise aus, wie sie es bei einem möglichen Versatz des Geschützes beim Schießen auf schlammigem oder vereistem Untergrund tut. Letztendlich entsteht eine kontinuierliche Richtbewegung in Höhe und Seite.

Grundlage für die Rohrlage ist die Ballistikrechnung. Diese muss anhand der sich stetig ändernden Zielposition in kurzen Zeitintervallen immer wieder neu berechnet werden. Dazu müssen die für die Ballistikrechnung notwendigen Zieldaten nicht nur die augenblickliche Position des Ziels, sondern auch dessen Fahrtrichtung und -geschwindigkeit enthalten.

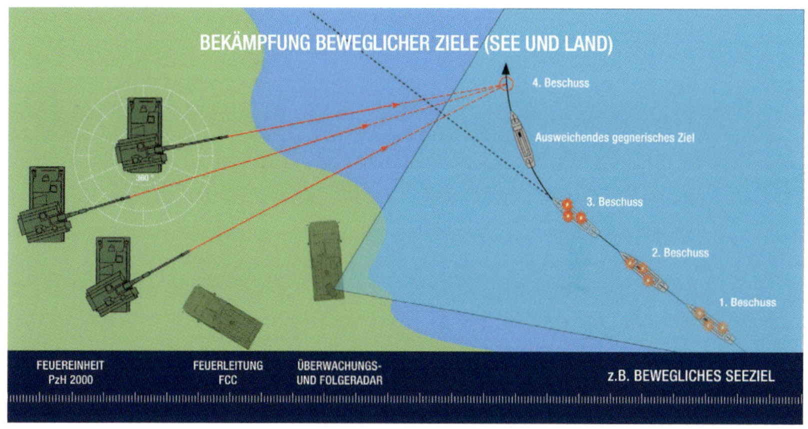

Schießen auf bewegliche Seeziele. (KMW)

Wesentliche Aufgaben in Vorbereitung einer Schießvorführung und damit der Realisierung der Schießmöglichkeit auf bewegliche Ziele waren also die Schaffung einer Kommunikationsmöglichkeit mit einer schwedischen Feuerleitstelle für die Übermittlung der Zieldaten und die Erweiterung der Ballistik-Software in der PzH 2000 um eine Vorhalt-Berechnung, die die Flugzeit des Geschosses und die damit verbundene zwischenzeitliche Änderung der Zielposition berücksichtigt. Beide Voraussetzungen konnten relativ schnell gemeinsam mit der schwedischen Küstenartillerie erfüllt werden.

Vom 16.05. bis zum 30.05.1996 wurde das neue Schießverfahren in Ravlunda in Schweden getestet und einer größeren, international besetzten Besuchergruppe vorgestellt. Genutzt wurden die aus der Entwicklungsstufe 2 stammenden Prototypen PT 01

Prototyp 01 in Schweden beim fordernden Mobilitätstest in den Schären.

und PT 03. Aufgabe war, ein relativ kleines Schleppziel, das in einer bestimmten Entfernung vor der Küste vorbeigezogen wurde, mit mehreren Schüssen zu treffen oder zumindest die Schüsse so nah neben dem Schleppziel einschlagen zu lassen, dass ein Schiff getroffen worden wäre.
Geschossen wurde mit nicht explosiver Üb-Munition. Die Einschläge wurden anhand der Wasser-Fontänen geortet, vermessen und video-technisch dokumentiert. Die Ergebnisse waren durchweg sehr positiv. Die Trefferquote war sehr hoch. Die Funktion und Leistung des Schießens auf bewegliche Ziele konnte eindrucksvoll nachgewiesen werden.
Neben der Erprobung des neuen Schießverfahrens wurden die beiden Prototypen auch für Mobilitäts-Tests im Gebiet der schwedischen Schären genutzt, einem typischen Einsatzgebiet der Küstenartillerie.
Die beiden Prototypen gaben insgesamt 80 Schuss ab und fuhren über 330 Kilometer, überwiegend auf schwedischen Landstraßen.

MONARC

Im Rahmen der Konzeptarbeiten für die neue Fregatte 125 im Jahr 2002 überlegte die Howaldtswerke Deutsche Werft AG (HDW), eine großkalibrige Rohrwaffe mit großer Reichweite an Stelle der bis dahin gebräuchlichen 76-mm-Marinegeschütze des italienischen Herstellers Oto Melara einzusetzen. Hier bot sich aus logistischen Gründen und wegen der schnellen Verfügbarkeit die Untersuchung eines beim Heer vorhandenen Geschützturmes an. Aus diesem Grund nahm HDW Verbindung mit der zuständigen Heeres-Industrie auf.
Nach Abklärung der grundsätzlichen Möglichkeit, einen PzH-2000-Turm auf dem Vordeck einer Fregatte zu installieren, wurde eine Arbeitsgemeinschaft der Firmen HDW, Rheinmetall und KMW gegründet, um die technischen Fragen und Herausforderungen für eine solchen Ansatz zu klären.
Die erste Aufgabe der Arbeitsgemeinschaft war, die grundsätzliche Idee einem größeren Kreis von Experten näher zu bringen. Dazu sollte ein Probeeinbau eines unveränderten PzH-2000-Serienturms auf das Vorderdeck einer Fregatte erfolgen und präsentiert werden. Für das Vorhaben stand nur ein kurzes Zeitfenster im Fertigungs-Terminplan der gerade bei HDW in Kiel befindlichen Fregatte F124 »Hamburg« zur Verfügung. Das Fenster konnte genutzt werden: Am 11.12.2002 wurde der Turm von einer per Tieflader angelieferten PzH 2000 aus Heeresbeständen mit einem Werftkran auf das vorbereitete Vorderdeck der Fregatte gehoben, dort verschraubt und mit elektrischer Energie versorgt. Am gleichen Tag konnten noch eindrucksvolle Richtbewegungen in Höhe und Seite vorgeführt werden. In der Folge wurden noch Versuche zur schiffstechnischen Integration und der Funktion des Geschossladers bei größeren Verkantungswinkeln durchgeführt.
Bei den Versuchen im Werk konnte gezeigt werden, dass der automatische Lader der PzH 2000 in unveränderter Form auch bei Verkantungswinkeln betrieben werden kann, die größer sind als für das Heeres-Geschütz gefordert. An die Leistungsgrenzen kommen zuerst die beiden Drehantriebe von Transportschiene und Geschoss-Transporter durch die stark zunehmenden Unbalancemomente mit eingelegten bzw. gegriffenen Geschossen »gegen den Hang«.
Bei den Versuchen auf See im bewegten Bezugssystem der fahrenden Fregatte »Hessen« waren keine Einschränkungen bei der Geschosslader-Funktion erkennbar. Die Versuche wurden auch genutzt, um erste Erkenntnisse zum Korrosions-Verhalten der Geschosslader-Baugruppen zu gewinnen.

Probemontage eines PzH-2000-Turms auf der in Bau befindlichen Fregatte F 124 »Hamburg« der deutschen Marine.

Funktionsversuche Geschossfluss bei Fahrgestell mit extremer Verkantung.

PzH 2000 auf dem Hubschrauberdeck der Fregatte F 124 »Hessen«.

Übergabeveranstaltung bei der Fa. Wegmann unter Beisein des Ministers Volker Rühe, des Inspekteurs des Heeres Generalleutnant Helmut Willmann, des Präsidenten des BWB Detlev Petry und des Parlamentarischen Staatssekretärs im BMVg Bernd Wilz. (KMW)

SERIENFERTIGUNG

Der Serien-Konstruktionsstand entsprach in den wesentlichen Bereichen dem der vier Prototypen am Ende der Technischen Erprobungen und der Truppenversuche. Technologiestands-Anpassungen im Bereich der Elektronik-Baugruppen folgten. Das bisher vorhandene Kurs-Lage-Gerät, das zusammen mit dem GPS-Empfänger für die Navigation eingesetzt war und gleichzeitig als Sensor für die Lage des Waffenrohres genutzt wurde, wurde nach umfangreichen Tests durch die Inertiale Referenz-Einheit MAPS von Honeywell ersetzt. Das Triebwerk der Seriengeschütze wurde mit einer Flammstartanlage zur Verbesserung des Tieftemperatur-Startverhaltens des Motors ausgerüstet.
Zwei Jahre und drei Monate nach der Serienbeauftragung konnte das erste Seriengeschütz am 1.Juli 1998 im Rahmen einer öffentlichen Vorstellung (Ausrollfeier, »*roll-out*«) von Wegmann an die Bundeswehr übergeben werden.
Die Lieferung der insgesamt 185 PzH 2000 erfolgte mit einer Lieferquote von vier Geschützen pro Monat von Juli 1998 bis Ende 2002 kontinuierlich und pünktlich gemäß Lieferplan.

Blockgarantie

Der Ausliefertermin der ersten Serien-PzH 2000 war auch der Beginn der Blockgarantie. Diese endete ein Jahr nach Auslieferung des letzten Seriengeschützes, also Ende 2003.
Während der insgesamt 5½ Jahre laufenden Blockgarantie wurden die oben beschriebenen Aufgaben durch die Industrie übernommen und am Ende ein optimaler Start für die Übernahme der Materialerhaltungsarbeiten durch die Truppe erreicht.
Eine Reihe der beim Standardverfahren zur Herstellung der Versorgungsreife üblichen Probleme bei komplexeren Waffensystemen (in der Regel bei Beschaffungsbeginn von Ersatzteilen und Sonderwerkzeugen noch nicht festgelegter Konstruktionsstand des Waffensystems, Definition von Ersatzteilbedarf ohne Nutzungserfahrungen, erhöhter Änderungsaufwand an Materialgrundlagen und Sonderwerkzeugen und -Prüfgeräten in der Anfangszeit der Nutzung, etc.) konnten vermieden werden.
Am Ende der Blockgarantie wurden in der Nutzung überprüfte und verbesserte Materialgrundlagen, langjährig erprobte Sonderwerkzeuge- und Prüfgeräte und noch vorhandene Ersatzteilbestände an die Truppe übergeben. Auch die vertraglich vereinbarten Verfügbarkeitswerte der Geschütze und die Zuverlässigkeits-Werte auf Baugruppenebene wurden erreicht.

Hessische Allgemeine

D 3713

SCHON MIT BERTI GESPIELT? HEUTE GROSSES GEWINNSPIEL.

DONNERSTAG, 2. JULI 1998

Ruf (05 61) 203-00 · Anzeigen 203-03 Vertrieb 203-07

PREIS 1,50 DM

Lobte High-Tech aus Kassel: „Sie können stolz sein auf das, was Sie hier produzieren“, sagte Verteidigungsminister Volker Rühe. Im Hintergrund die neue Panzerhaubitze. (Foto: Herzog)

Modernstes Geschütz der Welt kommt aus Kassel

Das erste von 185 Geschützen vom Typ Panzerhaubitze 2000 wurde gestern in Anwesenheit von Bundesverteidigungsminister Volker Rühe vom Kasseler Wehrtechnikunternehmen Wegmann an die Bundeswehr ausgeliefert. Der Auftrag hat ein Volumen von 1,7 Milliarden Mark, und weitere Bestellungen scheinen sicher: Ein Vertrag mit Italien über die Lieferung von 70 Haubitzen ist so gut wie unterschrieben, und auch Polen ist stark an der modernen Waffe aus Kassel interessiert. Am Festakt in der Wegmann-Werkhalle nahm gestern auch der Vize-Verteidigungsminister Polens teil.

Die neue Panzerhaubitze gilt als weltweit modernstes Geschütz. Die Reichweite der mit neuester Computertechnik ausgerüsteten schnellen Panzerhaubitze beträgt bis zu 40 Kilometer. Das Waffensystem ist so mobil, daß es, bevor die Geschosse einschlagen, seine Stellung schon wieder verlassen hat. (tho)

WIRTSCHAFT SEITE 6

Titelseite einer lokalen Zeitung am nächsten Tag.

ALTERNATIVE WAFFENTRÄGER

In den 1990er-Jahren wurde in den USA ein neues Rohrartilleriesystem mit der Bezeichnung »Crusader« entwickelt, dessen Anforderungen der PzH 2000 ähnelten. 2002 stellten die Amerikaner das Projekt jedoch ein und riefen ein Entwicklungsprogramm für ein leichtes, mit kleineren Transportflugzeugen verlegbares 155-mm-Rohrartilleriesystem mit der Arbeitsbezeichnung NLOS-C ins Leben.

Da die Abkehr der USA von einem schweren »*cold war system*« zu einer schnell verlegbaren Leicht-Haubitze auch in potenziellen weiteren Nutzerländern der PzH 2000 zu neuen Überlegungen führte, untersuchte KMW im Rahmen der Weiterentwicklung ab 2002 auch eine Leichtversion der PzH 2000. Vorgabe war, die Leistungsmerkmale Feuerkraft (Schussweite, Feuergeschwindigkeit) und Autonomie (u. a. «*shoot & scoot*«-Fähigkeit) der PzH 2000 beizubehalten.

Als zulässiges Gewicht wurden 31.500 kg definiert, um einen Lufttransport im neuen, seinerzeit noch in Entwicklung befindlichen Transportflugzeug A 400M zu ermöglichen.

Ergebnis war das vollautomatische und besatzungslose »Artillerie-Geschütz-Modul« (AGM), das 2006 auf einem modifizierten Fahrgestell des Mehrfachraketenwerfers MARS erstmals bei einer Schießvorführung an der Artillerieschule in Idar-Oberstein/Truppenübungsplatz Baumholder »im scharfen Schuss« vorgestellt wurde.

In Zusammenarbeit mit der spanischen Firma General Dynamics European Land Systems (GDELS) wurde das AGM zwei Jahre später auf ein Schützenpanzer-Fahrgestell Ascod-2 gesetzt und erprobt.

Mittlerweile wird das modifizierte AGM als RCH 155 auf dem GTK Boxer getestet.

Dieses selbstfahrende, geschützte Artilleriegeschütz ist unter der Bezeichnung »Donar« bekannt geworden.

Auch die Verbringung des Artillerie-Geschütz-Moduls (AGM) auf einem 8 x 8 Iveco-Lkw wurde geprüft.

Der erste Einbau des Geschützmoduls erfolgte auf dem MARS-Fahrgestell.

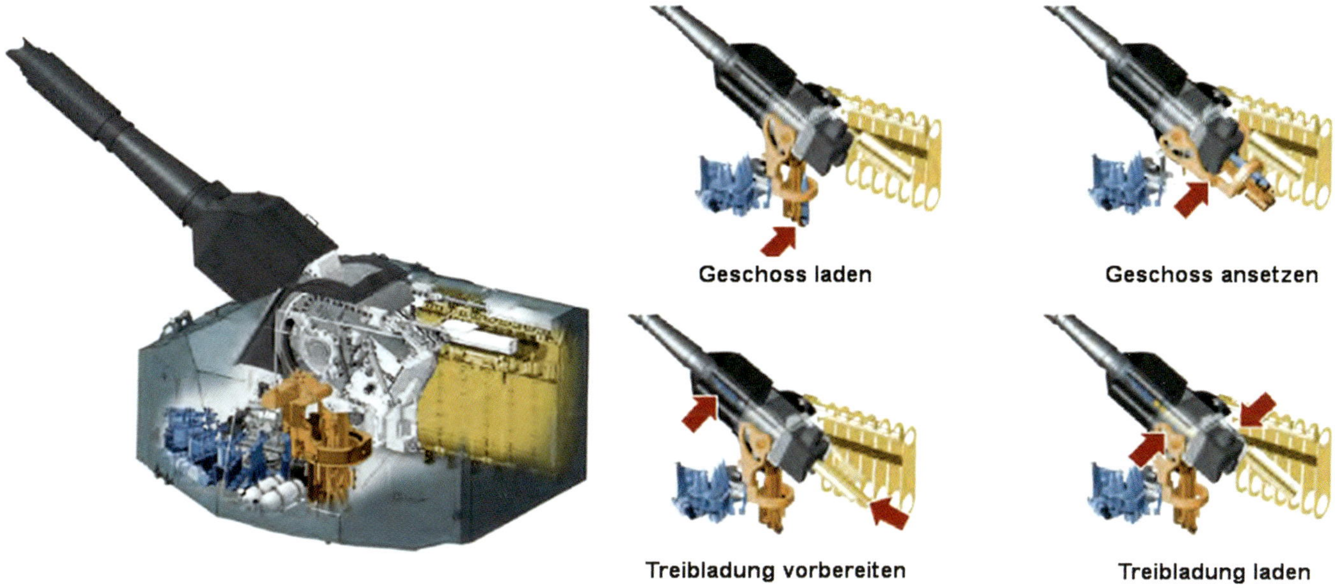

Prinzipdarstellung des veränderten Ladesystems und der zusätzlichen Treibladungs-Ladefunktion. (KWM)

Hier die Ausführung auf Boxer-Fahrgestell. (KWM)

Aufgaben der Besatzung und Bedienung

Von Wolfgang Schneider

Das Gesamtfahrzeug - bestehend aus Fahrgestell und Turmanteil - unterteilt sich in verschiedene Baugruppen und Bedienplätze.

AUFGABEN DER BESATZUNG

Die Besatzung besteht aus fünf Soldaten.
Der **Geschützführer** (GF) ist der Kommandant. Er überwacht die Tätigkeiten der Besatzung, die Kommunikation und feuert das Geschütz ab. Sein Platz befindet sich hinten rechts im Turm. Rechts neben ihm befindet sich sein Bediengerät mit Monitoranzeige. Es ermöglicht die Abarbeitung von Feuerkommandos, die Aktivierung des Waffeneinlaufs auf Richtwerte, und es zeigt die V_0-Werte sowie die aktuelle Rohrtemperatur an. Ferner schaltet es die Kommunikation mit der Feuerleitung und überwacht die Navigation. Daten lassen sich darüber hinaus auch manuell eingeben. Menü-gesteuert lassen sich alle übermittelten Daten sowie Anzeigedaten aufrufen (z. B. Munitionsbestand, Anzeige von Schwenkbereichen). Der Richtkanonier überwacht das indirekte Richten werteseitig.

Der **Richtkanonier** (RK) überwacht im Normalbetrieb die Waffenanlage und ist stellvertretender Geschützführer. Er kann bei Bedarf, besonders im direkten Richten in der Selbstverteidigung, die

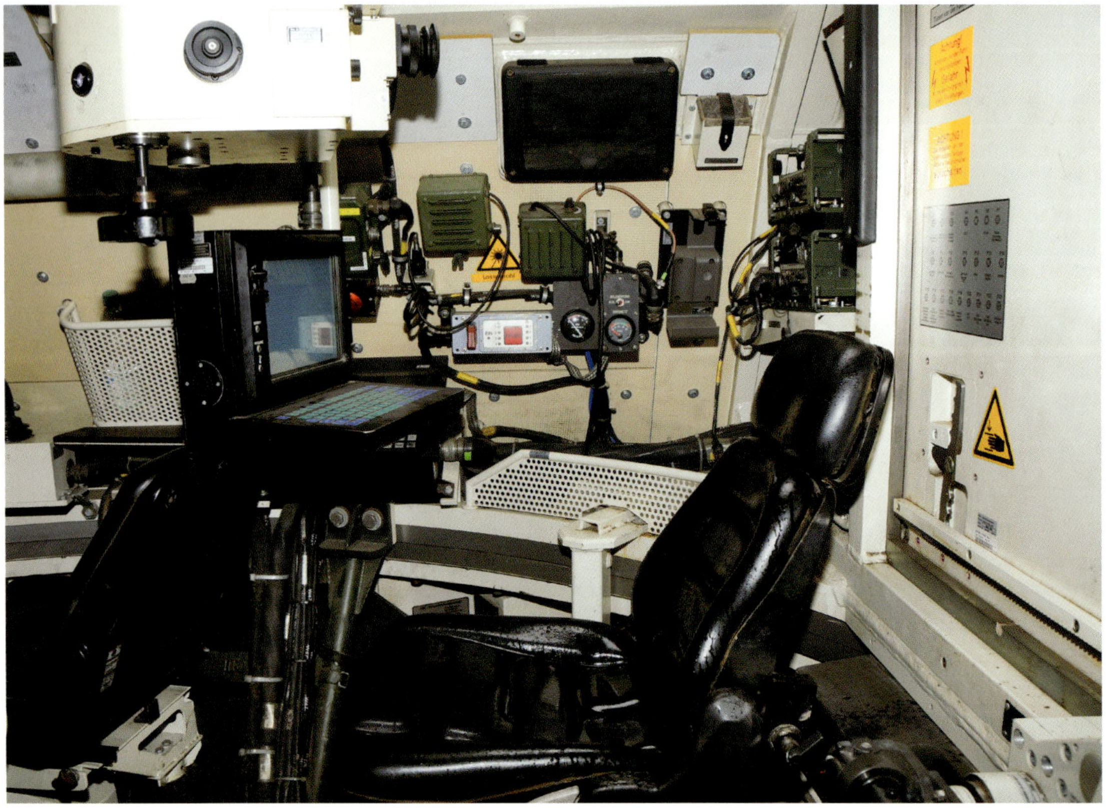

Platz des Geschützführers (GF) rechts hinter dem Richtkanonier (RK). Vor dem GF-Sitz befindet sich das Bediengerät GF, darüber das PERI RTNL-80, seitlich rechts ein Sichtblock (hier verschlossen), darunter das (alte) BV-Bediengerät, darunter das Bediengerät für die Nebelmittelwurfanlage sowie zwei Anzeigen (Spannungsmessgerät und Raumüberdruckmesser). In der Nische neben dem Treibladungsraum befinden sich die beiden Funkgeräte. Die Trittfläche auf der umgeklappten Sitzlehne nutzt der GF beim Beobachten oben aus seiner Luke als Standfläche. (RZ)

Waffenanlage manuell richten. Zusammen mit dem Munitionskanonier 2 (MK 2) ist er auch für das Beladen zuständig. Die Funktionen steuert er mit dem Hauptbediengerät sowie dem Bediengerät RK (schwenkbar vor der Zeigerzieleinrichtung). Letzteres zeigt die Richt-/Ladewerte an, insgesamt den Systemzustand sowie Fehlermeldungen. Ferner können die Wirkungsbereiche und die Deckungswerte kontrolliert bzw. eingegeben werden. Des Weiteren befindet sich am Bediengerät RK die Abfeuertaste beim indirekten Richten.
Rechts auf dem Turmflansch zwischen RK und GF befindet sich das Hauptbediengerät, das von beiden bedient werden kann, über wesentlich mehr Bedien- und Anzeigeelemente verfügt und somit der vorbereitenden Bedienung und Kontrolle der Waffenanlage dient. Damit werden die Betriebsstufen und -arten angewählt, u. a. das interne Prüfsystem bedient sowie der Ansetzvorgang freigegeben. Beim indirekten Richten gibt der GF die Abfeuerung frei.

Der **Munitionskanonier 1** (MK 1) überwacht und bedient das pneumatische System und sichert während des Marsches aus seiner Luke mit dem Fliegerabwehr-MG. Auch er verfügt über ein Bediengerät sowie Geräte für das Beladen (innen an der

Vor dem GF-Platz befindet sich – ebenfalls rechts im Turm – der Platz des Richtkanoniers (RK) mit seinem Bediengerät. Rechts davon das PzF TN-80, darunter dem Handrad für das Turmrichten in der Seite, rechts davon das Höhenrichtrad. Rechts der Richtgriff für das manuelle Kraftrichten. (RZ)

rechten Hecktür angebracht), überwacht die Freigabe, den manuellen Betrieb/Betrieb Geschosstransporter sowie den Sicherheitsschalter Magazin. An seinem Hauptbediengerät steuert er den automatischen Munitionsfluss und das Anfahren von GÜBA und Waffe in die einzelnen Positionen. Ferner überwacht er den Magazinspeicher und die Ladewerte für das jeweilige Feuerkommando. An der linken Hecktür befindet sich das Freigabebediengerät für den Start der gewünschten Ladevorgänge.
Mit dem Bediengerät »Manueller Betrieb« an der Wannendecke des Magazinraums wird der Vorgang gestartet und die Transportschiene ein- bzw. ausgefahren. An der linken Seitenwand unter dem Sitz des MK 2 befindet sich der Sicherheitsschalter Magazin. Dieser zeigt an, ob die Durchgänge frei sind.

Der **Munitionskanonier 2** (MK 2) überwacht und bedient die Ladeautomatik und übernimmt deren Tätigkeit bei Ausfall. Er bedient bei Bedarf die Bediengeräte des MK 1.

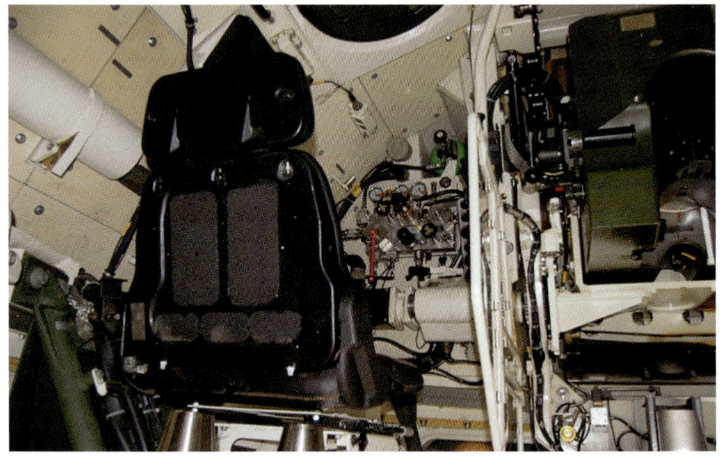

Platz des Munitionskanoniers 1 (MK 1) mit den Bedienelementen für die pneumatische Anlage, rechts darüber eine Reserve-Druckflasche (grün). Auch die MK-1-Rückenlehne hat eine Trittfläche, da der Kanonier aus der geöffneten Dachluke heraus u. a. das Fla-MG bedient.

Mit dem Hauptbediengerät werden alle schießrelevanten Funktionen überwacht und gesteuert.

Der **Kraftfahrer** (MKF, Militärkraftfahrer) fährt das Fahrzeug und überwacht das Triebwerk. Zusätzlich bedient er bei Bedarf einen Sicherheitsschalter sowie das Bediengerät für den manuellen Geschosstransport.

Rechts oben an der linken Hecktür das Freigabebediengerät, rechts davon innen der Sicherheitsschalter Magazin.

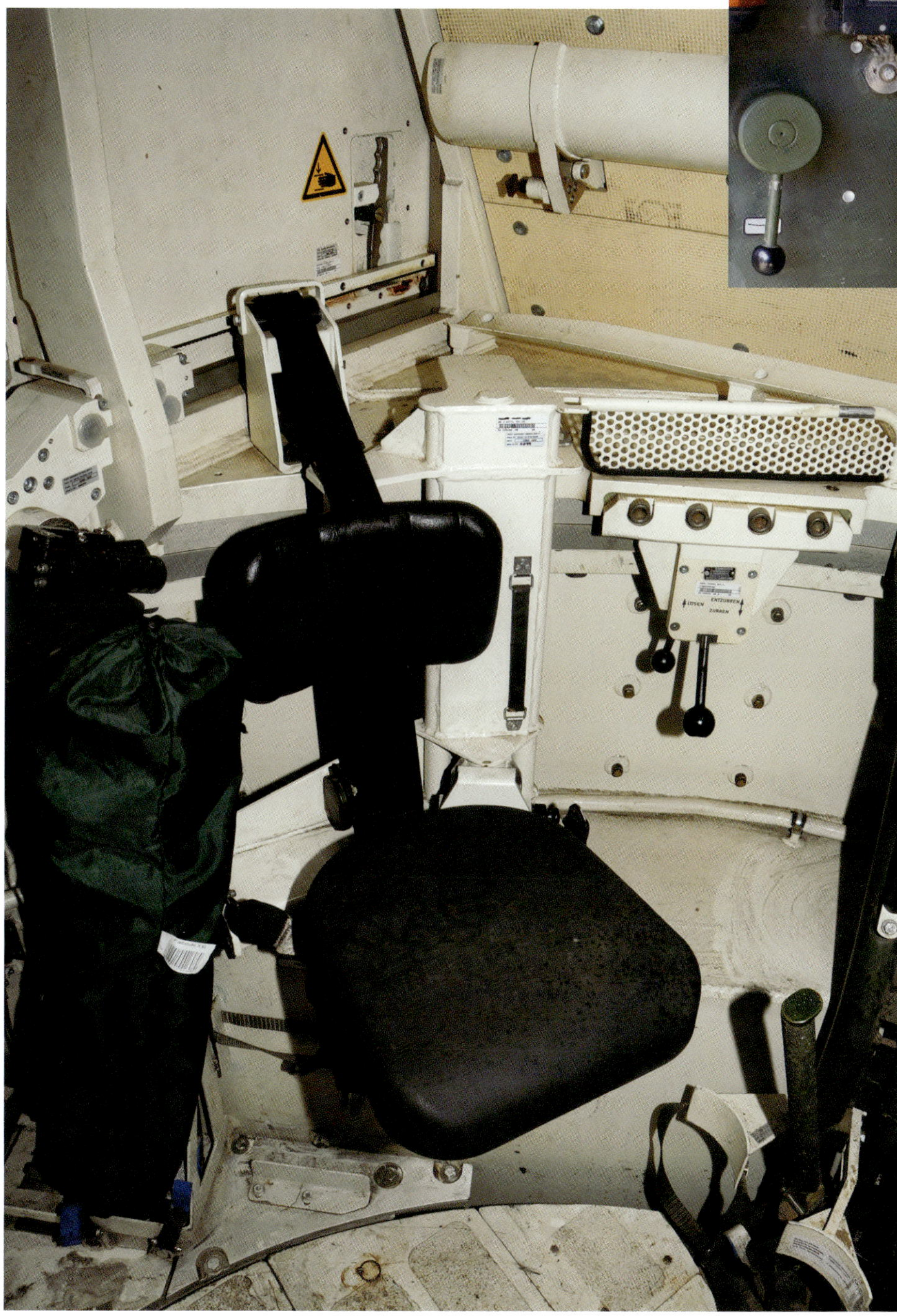

Platz des Munitionskanoniers 2 (MK 2). Rechts an der Wand zwei Bereitschaftsschalen (obere hochgeklappt) für Treibladungen. Darunter die Turmzurrung. Hinter dem Sitz die linke Tür zum Treibladungsraum 3.

Zu den weiteren gemeinsamen Aufgaben der gesamten Besatzung gehören Wartungsarbeiten (Technischer Dienst). Weitergehende Arbeiten führt das Wartungs- und Instandsetzungspersonal durch. Dieses verfügt zur Fehleranalyse über so genannte Daten-Aquisitionssysteme in Laptop-Form sowie fahrzeuggebundene Kontroll- und Diagnostiksysteme.
Die Haubitze ist – wenn erforderlich – auch mit nur drei Soldaten kampffähig. Der Kraftfahrer, der Geschützführer und der Munitionskanonier 2 müssen auf jeden Fall vorhanden sein, der Richtkanonier und der Munitionskanonier 1 üben zusätzliche Aufgaben nur beim Ausfall automatischer Systeme aus.

Blick von außen auf den Fahrerplatz mit Fahr- und Bremspedalen sowie Lenkgriff. Rechts an der Seitenwand das Bedien- und Anzeigegerät, davor der Gangwahlschalter.

Das Wannenheck mit den beiden Türen. Der Öffnerhebel oberhalb des Kennzeichens muss von innen entriegelt werden. Unterhalb der Hecktarnleuchte befindet sich die Klappe für die Ausfahröffnung der Munitions-Beladeanlage. An beiden Seiten je ein Schlepphaken.

Die Besatzung kann das Fahrzeug über eine zweiteilige Hecktür im Wannenheck betreten und verlassen; dem Fahrer steht eine eigene Dachluke zur Verfügung.

BETRIEBSSTUFEN

Das Gesamtsystem wird in drei Betriebsstufen eingesetzt:
- Turm aus
- Bereitschaft
- Gefecht

Diese werden durch die Besatzung geschaltet und überwacht. Sie liegen an, wenn beim Kraftfahrer der Hauptschalter auf Stellung I steht.
Auch in Stufe **Turm aus** werden Baugruppen mit Spannung versorgt oder können bei Bedarf geschaltet werden. Es handelt sich dabei u. a. um Beleuchtungen (z. B. Turmstellungsanzeiger, Strichplatten der Optiken, Funktion der Nebelmittelwurfanlage sowie der Fm/BV-Anlage).
Das Herstellen der beiden anderen Betriebsstufen erfolgt durch den GF oder den RK durch Betätigen der jeweiligen Leuchttaster.
In der Stufe **Bereitschaft** ist die Turm-Zentralelektronik in Funktion, damit die relevanten Bediengeräte für den waffenseitigen Einsatz betätigt werden können und die Anzeigen ablesbar sind. Auch die Navigationsanlage kann eingeschaltet werden. Alle prozessorgesteuerten Baugruppen führen automatisch einen Funktions-Selbsttest durch. Sollten Störungen vorliegen, wird dies durch die Funktionsüberwachung (FÜ) per Leuchtmelder in roter (statt routinemäßig in grüner) Farbe dargestellt. Festgestellte Fehler lassen sich nun gezielt auslesen.
Nach Anwahl der Stufe **Gefecht** werden alle Leistungselektroniken für den scharfen Waffeneinsatz eingeschaltet. Die Fahrerluke muss geschlossen sein, damit die Rohrentzurrung und die Freigabe des Munitionsflusses erfolgen können. Die Hauptwaffe kann nun zur Ausführung eines Feuerkommandos oder auch zum Feuerkampf im direkten Richten genutzt werden, da der automatische Munitionsfluss sowie alle Teilsysteme des Turmes funktionsfähig sind, einschließlich der elektrischen Abfeuerung.
Im Falle von Störungen und Beeinträchtigungen gibt es eine Vielzahl von Möglichkeiten, das Geschütz dennoch einzusetzen und manuelle oder Notbetriebsvorgänge vorzunehmen.
Im »Normalfall« ist das System - zumeist im Verbund mit anderen Haubitzen - hochgradig autonom einsetzbar, d. h. die rein manuellen Bedienanteile nach Herstellen der (Gefechts-) Bereitschaft sind eher »minimal« (z. B. Laden der modularen Treibladungen).
Verglichen mit der Geschützbedienung ist die Systembedienung Fahrgestell absolut vergleichbar bzw. identisch mit anderen

Rechts oben am Anzeige- und Bediengerät – oberhalb der Drucktaste für den Motorstart – befindet sich der mit einem Schlüssel zu betätigende Hauptschalter. Darunter vier Warnleuchten für Motor- bzw. Getriebestatus/Notbetrieb.

Laufwerk (Kettenblenden hochgeklappt) mit sieben Lauf- und vier versetzt angeordneten Stützrollen. Die drei vorderen und die beiden hinteren Laufrollen sind mit zusätzlichen Teleskop-Schwingungsdämpfern sowie Endanschlagsdämpfern zur Begrenzung des Schwingungswegs versehen. Die Kettenspannung wird über je einem – auf beiden Seiten unmittelbar hinter dem Leitrad angebrachten – mechanischen Druckschieber mit einem Kurbelwerkzeug eingestellt.

Kettenfahrzeugen. Das betrifft die Arbeiten am Laufwerk, die Überwachung und Bedienung der Einzelkomponenten sowie den Fahrbetrieb selbst.
Am Laufwerk sind die Routinekontrollen zumeist wenig anspruchsvoll und bestehen aus Sicht- und (Temperatur-)Tastüberprüfungen.
Die Kettenspannung ist bei der PzH 2000 ein sehr wichtiges Kriterium. Wegen der hohen Federwege der vorderen Schwingarme kommt es bei der frontgetriebenen PzH 2000 bei starker Einfederung, z. B. bei längerer schneller Geländefahrt, zu einer Kettenbauchbildung, die an einigen Laufwerksteilen Schäden verursachen kann. Deshalb muss die Kettenspannung regelmäßig manuell gemessen werden. Dazu wird ein mit Gewichten beschwertes Band über die erste und die letzte Stützrolle gelegt und dann der Durchhang zur Kette gemessen. Die Kettenspanner werden dann mittels einer Spannvorrichtung manuell nachgespannt.
Starken Verschleiß oder gar Überbelastungsanzeichen meldet der Geschützführer, damit erforderliche Instandsetzungen (Austausch von Teilen) oder Wartungsarbeiten angestoßen werden, die teilweise durch die Besatzung selbst oder durch Fachpersonal (bzw. unter dessen Aufsicht) ausgeführt werden.
Auch das Bedienen bzw. Überprüfen von Luken, Klappen, Deckeln und Winkelspiegeln sowie der Bordverständigungs- und der Fernmeldeanlage sind ständige Routine. Sie bedürfen an dieser Stelle keiner ausführlichen Erläuterung, weil nicht »Haubitzen-typisch«. Dasselbe gilt für das Einstellen von Sitzpositionen, Innen- und Gerätebeleuchtungen und dergleichen.
Deutlich komplexer sind die Überwachungs-, Kontroll- und Bedienaufgaben der einzelnen Besatzungsmitglieder.
Dies betrifft im Feld »Fahrgestell«

- Getriebe/Motor- und thermische Überwachung der jeweiligen Anzeigen
- ABC-Anlage
- Tiefwateinrichtung, Bodenventile und Lenzpumpen
- Vorwärm-, Kühl- und Heizungsanlage
- Energieerzeugungsanlage
- Agieren auf Störungsmeldungen
- Funktions- und sonstige Kontrollen
- Kettenspannung (Durchhang)

Der Antriebsblock lässt sich – nach Lösen der innenverzahnten Schiebemuffen des Seitenvorgelege-Antriebs durch Drehen jeweils einer Gewindespindel und Abnehmen der Anschlüsse – mittels Krans herausheben und in kurzer Zeit austauschen, hier z. B. durch einen Bergepanzer.

EINRICHTUNGEN

Das Triebwerk befindet sich auf der linken Seite der Wanne und saugt die benötigte Luft über Einlassöffnungen auf der Oberseite der Wanne an. Die Abgase werden seitlich an der linken Seite der Wanne ausgestoßen. Motor und Getriebe sind in einem Block zusammengefasst, was den Austausch wesentlich erleichtert.
Für die Motor- und Getriebeölergänzung befindet sich je ein Wartungsdeckel vorn auf der Triebwerkraum-Abdeckung.
Die Warnanzeigen befinden sich auf dem Bedienanzeigefeld des MKF. Der Wartungsdeckel für die Heizgeräte befindet sich links vorn oberhalb der Kettenabdeckung.
Für die beiden Kraftstoffbehälter in den linken bzw. rechten Nischen befindet sich jeweils ein Einfüllverschlussdeckel darüber. Der Kraftstoffbestand beläuft sich auf insgesamt 1000 Liter. Da beide Seiten miteinander verbunden sind, reicht es, von der linken Seite aus zu betanken.
Die Haubitze verfügt über eine Feuerwarn- und Löschanlage mit vier Behältern (je 500 l Stickstoff N_2), automatisch ausgelöst durch Warndrähte bei über 180^0 C oder auch per Hand. Der Schaltkasten befindet sich links vor dem Fahrerplatz.
Der Wartungsdeckel für die ABC-Anlage befindet sich rechts hinten an der Rückseite der Kettenabdeckung (unterhalb der Klappe für die Außenbordsprechstelle). Davor befinden sich das ABC-Gebläse und das Filtergehäuse mit der Luftansaughutze darüber und – von innen bedienbar – der Umschalthebel ABC- oder Normalbelüftung.
Rechts vor der Turmbühne befindet sich der Drucküberwachungssensor. Die Anlage besteht aus drei Filteradaptern für Gas-/Schwebstoff-Einsätze mit einem Luftdurchsatz von 3 oder 6 m^3/min.
Bei Betrieb der Tiefwateinrichtung wird die Luftdirektversorgung Motorbrennluft, Belüftungen und Abgase Motor, Heizung usw. verschlossen und umgeleitet über Zufuhr über den Geschützturm (MK-Luke). Eventuell eingetretenes Wasser lässt sich über Bodenventile sowie Lenzpumpen im Triebwerk- und Kampfraum entfernen. Mit eingeschalteter Tauchhydraulik können Gewässer bis zu einer Tiefe von 1,5 m durchfahren werden, ansonsten 1,1 m.
Die Vorwärm- und Heizanlage besteht aus zwei Ölbrenner-Wasser-Aggregaten mit je 9500 W Leistung. Die Generator-Kühlanlage (GKA) hat eine Leistung von maximal 7 kW. Aktuell wird eine neue GKA verbaut. Zusätzlich gibt es eine Kühlanlage für den Treibladungsraum.

Blick auf die linke Seite des Triebwerkraums mit dem Motorraum-Verteilerkasten neben der Schiebemuffe. Der Verteilerkasten verbindet die elektrischen Verbraucher (Heizung, Pumpen, Beleuchtung) mit der Energiehauptverteilung. Links davon am Boden die vordere Lenzpumpe. Bei den beiden schwarzen Rohren auf dem Boden handelt es sich um die Drehstäbe für die Federung der beiden vorderen Laufrollen.

Blick auf die rechte Seite. Unten die Abdeckplatte für die Ansaugung der Motorbrennluft durch den Kampfraum (bei Betrieb der Tiefwatanlage), links neben den Drehstäben das vordere Bodenventil. An den Thermoblechen sind die Sensordrähte für die Feuerlöschanlage zu erkennen. Dank Schnellverschlüssen lassen sich die abgelegten Kabelverbinder bei der Triebwerkentnahme rasch von den Anschlüssen abkoppeln.

Öffnung für den Motor-Brennluftauslass an der Wannenseite. Links im Bild der Einlass für die Brennluft auf dem Wannenbug.

Geöffneter Wartungsdeckel zum Nachfüllen von Getriebeöl und zur Überprüfung des Füllstandes.

Die Energieerzeugung erfolgt bei laufendem Motor mit einer Generatorleistung von 22,4 kW. Ansonsten sind acht 100-Ah-Batterien (je zwei 12 V in Reihe geschaltet) vorhanden. Zusätzlich gibt es einen 400 W leistenden Notstromgenerator. Im linken Heck wurde ein Stromerzeugungsaggregat mit einer Leistung von 1,9 kW verbaut, um die Stromversorgung in der gedeckten Aufstellung aufrechtzuerhalten.
Auch extern erzeugter Strom kann zugeführt werden über einen Fremdstromanschluss rechts vorn in der Kettenabdeckung.

Für den Betrieb aller hydraulischen Verbraucher im Fahrgestell sorgt eine hydraulische Anlage rechts vom MKF.
Das Fahrzeug verfügt über ein Internes Prüfsystem (IPS) mit zahlreichen Mess- und Trennstellen, u. a. für die Energie-Haupt-

Kraftstoff-Einfüllstutzen für die routinemäßige Gesamtbetankung.

Feuerlöschflaschen links neben dem Fahrersitz; links darüber der Hebel für die Drehantriebskupplung.

Links vom Lenkgriff ist der Bedienkasten für die Feuerlöschanlage angebracht mit dem Schalter für die Handauslösung (Schutzklappe), den Warn- und Anzeigeleuchten, einem Testschalter (jeweils rechts untereinander) und einem Teststecker (mit Schutzdeckel).

verteilung, die Getriebeelektronik, die Heizgeräte, das Motorkontroll- und Diagnostiksystem sowie Verteilerkasten und wichtige Trennstellen. Die Bedienung des IPS erfolgt am Hauptbediengerät. Das Management wird durch einen Bordrechner (BR; in einer Nische rechts neben dem Fahrer) gesteuert und wird mit Hilfe eines Anzeige- und Bediengeräts (ABG) auf Anzeigefeldern und einem Bildschirm dargestellt.
Mit Prüfmodulen lassen sich relevante Informationen abrufen. Des Weiteren befindet sich auf dem Lenkgriff des Fahrers eine rote Zentralwarnanzeige; außerdem gibt es eine externe Schriftfeldanzeige. Zusätzlich gibt es zwei Not-Aus-Schalter. Ein Messgerät zeigt den potenziell entstandenen Raumüberdruck an. In den Spannungsverteilern befinden sich üblicherweise Sicherungsautomaten.
Während der Fahrt ist die Waffe mittels einer hydraulisch betätigten Klappvorrichtung vorn auf dem Wannendach (hintere Triebwerkabdeckung) zu zurren, damit die ansonsten starken Stoßkräfte deutlich verringert werden. Vom Turm aus lässt sich das Rohr zurren und entzurren, ohne dass ein Besatzungsmitglied das Fahrzeug verlassen muss.
Das Symbol »Rohrzurrung aufgestellt« erscheint auf der Anzeigeeinheit des ABG. Die hydraulische Energie für die Rohrzurrung wird der hydraulischen Anlage entnommen. Die Rohrzurrung liegt bei nicht gezurrtem Rohr mit entriegelten Klemmbacken waagerecht nach rückwärts auf der Triebwerkraum-Abdeckung. Zum Zurren schwenkt ein doppeltwirkender Druckzylinder die Rohrzurrung in die senkrechte Zurrstellung. Wird das Rohr zwischen den entriegelten Klemmbacken abgelegt, rastet ein durch eine Druckfeder vorgespannter Verriegelungsbolzen zwischen beiden Klemmbacken ein. Dadurch werden die Klemmbacken über dem Rohr geschlossen und das Rohr gezurrt. Diese Rohrzurrung sowie eine Turmzurrung werden auch nach Außerbetriebnahme und bei Transportmaßnahmen (z. B. per Eisenbahn, Lkw oder Schiff) betätigt.
Über eine Reihe von Wartungsklappen und Deckel sind alle Baugruppen- und Stauräume zugänglich für Überprüfungen bzw. Beladen oder Entnahme von Ausrüstung.

Geöffnete Abdecktüren für die Außenbordsprechstelle (oben) und die ABC-Anlage mit Filtergehäuse.

Herausgezogene Stromerzeugungsanlage (Abdeckgehäuse angehoben) mit Abluftrohr. Links an der Seitenwand das Bedienfeld für den Fremdstromanschluss und die Steckdose.

Schaltfeld für die ABC-Schutzanlage mit Kontroll-Leuchten für die Anlage, die hydraulische Abdichtung und die beiden Lenzpumpen sowie den entsprechenden Schaltern (mit Klappe verdeckt der Schalter für den Kontaminationsvorgang).

Der Bordrechner befindet rechts neben dem Anzeige- und Bediengerät (ABG) des Fahrers. Darüber die Handkurbel für die Betätigung des Lukenantriebs, darunter die Wandhalterung für die Maschinenpistole.

Beidhändiger Lenkgriff mit Geschwindigkeits-, Drehzahl- und Betriebstemperatur-Anzeigen sowie mehrere Warnleuchten (in Rot sichtbar für festgebremst).

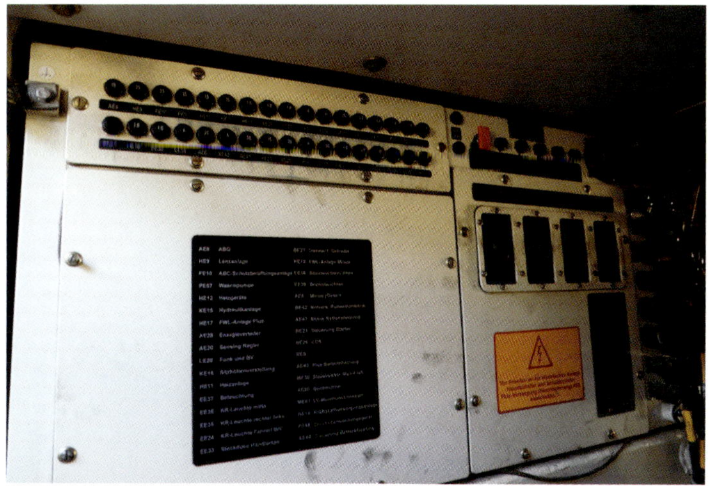

Auf der rechten Wannenseite befindet sich die Energiehauptverteilung mit den relevanten Sicherungsautomaten. Rechts daneben die Handbetätigungen für die Hydraulikpumpe, den Geschosstransport, die Transportschiene und die Hauptsicherung.

Notausschalter rechts neben dem Geschützführer (roter Knopf), rechts die beiden Anzeigen für Raumüberdruck und Bordnetzspannung. Darüber befinden sich (weiß) das neue digitale BV-Bediengerät und rechts ein Lautsprecher. Dazwischen der Bedienkasten für die Nebelmittelwurfanlage.

Die abgelegte Rohrzurrung mit geöffneten Klemmbacken im Bereitschaftsgrad »Gefecht«.

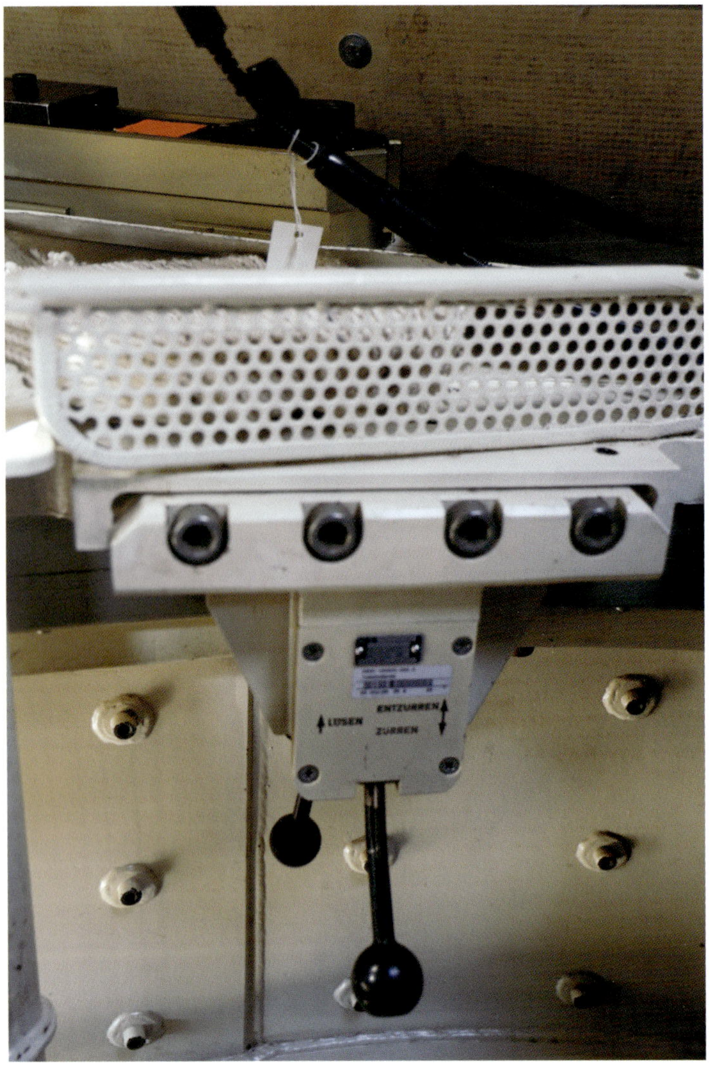

Die manuell zu betätigende Turmzurrung mit dem Löse- und dem Zurrhebel.

Aufgrund des begrenzten Stauraums im Fahrzeuginneren sind zusätzliche Außenbehälter vonnöten.

TURMANTEIL UND BEWAFFNUNG

Der Turmanteil besteht aus den Baugruppen:

- Bewaffnung
- Waffenrichtanlage
- Automatische Munitionszuführung
- Geschützinterne Feuerleitmittel, Ziel- und Beobachtungsgeräte, Sensoren
- Elektrische Anlage
- Mechanische Baugruppen
- Bediengeräte
- Funk- und Bordverständigungsanlage

Bewaffnung

Hauptbewaffnung ist die 155-mm-Haubitze mit Kaliberlänge 52 (L52) von Rheinmetall, mit der sich gemäß dem *Joint Ballistics Memorandum of Understanding* (Ballistikabkommen) alle Arten von 155-mm-NATO-Munition verschießen lassen. Das Waffenrohr war zunächst direkt vom L39-Rohr abgeleitet und gefertigt worden. Um die Abnutzung der Zugfeldprofile zu verringern, wurde die Zahl der Felder und Züge von 48 auf 60 erhöht. Zwecks Optimierung des Ansetzvorgangs wurde am Beginn des Zugfeld-Profilbereiches eine kegelförmige Ausfräsung vorgenommen. Ferner brachte man dort eine hochfeste Chromschicht auf und nahm im Rohr davor eine Laserhärtung vor.

Mit der Haubitze können mehrere Geschosstypen verschossen werden.

Nur mit einer ausgewogenen Munitionsmischung mit hohem Wirkungsgrad für unterschiedliche Szenarien ist eine moderne Artillerie in der Lage, ein breites Zielspektrum abzudecken. Eine Reihe von Herstellern bietet innerhalb der 155-mm-Munitionsfamilie eine Vielzahl Munitionsarten für maximale Reichweite und Wirkung auf unterschiedliche Ziele an.

Entsprechend der Standardisierung der 155-mm-Munition verschießen die Nutzerländer zwar überwiegend vom Waffenhersteller Rheinmetall produzierte Munition, zum Teil jedoch auch Munitionen anderer Hersteller. Einzelheiten sind dem Abschnitt »Munitionsarten« im Kapitel *Waffenseitige Systemanteile und Munition* zu entnehmen.

Rohr der Haubitze in höchster Erhöhung. Ein Teil der Rohrwiege ist außen sichtbar, das Gros befindet sich im Turminnern. Die Rücklaufstrecke des Rohres lässt sich an der Gummiverkleidung erkennen.

Blick durch das Waffenrohr ins Turminnere. Die Reinigung (mit aneinander geschraubten Reinigungsrohren sowie entsprechenden Bürsten) nach dem Schießen gehört zu den wichtigen gemeinsamen Arbeiten der Besatzung. Rückstände – besonders im Ansetzbereich und in der Drallzone – können zu Beschädigungen des Rohrinneren führen.

Fertigungstechnisch ebenfalls sehr aufwändig ist die so genannte Mündungsbremse, die Abschussqualm zur Seite ableitet und die Rücklaufenergie abbremst.

Ohne den Rauchabsauger würde eine große Menge des Treibladungsqualms in den Kampfraum gedrückt werden – mit drastischen Folgen für die Besatzung.

Blick auf die Ringliderung bei geöffnetem Verschlusskeil. Links die kleine federbetätigte Sicherung in Funktion.

Das Bodenstück als hinterer Rohrverschluss mit dem nach oben geöffneten Verschlusskeil. Auf die drei Kreisadapter lässt sich zum Überprüfen der Richtgenauigkeit ein Feuerleitquadrant aufsetzen.

Die **richtbare Masse** der Haubitze besteht aus den Baugruppen:
- Rohr mit Bodenstück
- Rücklaufbrems- und Vorholbaugruppen
- Wiegenkörper mit Walzenblende
- Waffenrichtanlage für das Höhenrichten

Für das Seitenrichten
- der Seitenrichtantrieb

Für den gesamten Richtvorgang
- Leistungselektronik
- Richtgriff
- pneumatischer Höhenausgleicher

Am Rohrende befindet sich die 12-Kammer-Schlitzmündungsbremse, im Mittelteil der Rauchabsauger. Dieser baut während der Geschossbewegung im Rohr in einer Kammer Druck auf. Sobald das Geschoss das Rohr verlässt, entweicht der Druck über nach vorn geneigte Abluftbohrungen und drückt die Pulvergase vorn aus der Mündung. Mündungsbremse und Rauchabsauger verringern also die Abschussenergie und verhindern weitgehend das Eintreten von Abschussgasen in den Kampfraum.
Eine Ringliderung mit einem Bodenring hinten am Rohr dichtet die Kammer ab und verhindert das Austreten von Verbrennungsgasen in den Kampfraum. Zum Reinigen nach dem Schießen sowie zur Begutachtung - auch bezüglich möglicher Abnutzung - lässt sich die Ringliderung vom Rohr abziehen. Eine Klappsicherung (»Banane«) sichert sie gegen Herausrutschen. Der schließende Verschlusskeil betätigt die Klappsicherung ebenfalls.

Mittig an der Keilrückseite befindet sich die Schiene für das eingesetzte Treibladungsanzünder-Magazin mit bis zu 32 Anzündern.

Auf der linken Seite des Bodenstücks befindet sich der Handöffnerhebel (wird im Notbetrieb oder zum manuellen Entladen betätigt). Links vom Drehzapfen der Keilschließhebel. Dieser wird nach dem Laden der Treibladung betätigt und gibt damit den Abschuss frei.

Am hinteren Rohrende, im Turminneren, befindet sich das Bodenstück mit dem Verschlusskeil, das ein Bajonettgewinde mit dem Rohr verbindet. Das Bodenstück wird beim Schuss in einer Gleitbuchse geführt. Der Rücklaufimpuls wird durch die Mündungsbremse (ca. 40 %), dem Rohrvorholer und maßgeblich durch die Rohrbremsen aufgenommen. Der Verschlusskeil öffnet vertikal nach oben.

Vorn ist das Treibladungsanzünder-Magazin eingesetzt. Nach Auslösen der anstehenden Ladung strömt die Anzündenergie durch einen Zündkanal nach innen und initiiert das Zünden der geladenen Treibladung. Der *Primer* (Treibladungsanzünder) befindet sich in einer vorn offenen Metallhülse und wird nach Schließen des Keils leicht nach vorn geschoben (»angesetzt«).

Nach dem Rücklauf (Abschuss) öffnet sich der Verschlusskeil erneut. Dieser Vorgang lässt sich bei Bedarf mittels eines Handöffnerhebels an der linken Seite auch manuell durchführen. Unten am Verschlusskeil befindet sich eine Rückfallklinke, die ein eventuelles Zurückrutschen des angesetzten Geschosses ins Turminnere blockiert.

Der Rohrrücklauf wird durch zwei Rohrbremsen beiderseits stark verlangsamt, das Rohr wird dann durch den links unten an der Wiege befestigten Rohrvorholer wieder in die Abfeuerposition vorgezogen. Erst dann ist das erneute Laden freigegeben.

Zwei an der Turmdecke angebrachte pneumatische Ausgleicher gleichen das Unbalance-Moment der höhenrichtbaren Masse aus.

Der Wiegenkörper besteht aus den üblichen Baugruppen, wie Schildzapfen, Blende, Auflaufkurve, Führungsschiene, einem Rücklaufanzeiger mit Messschieber sowie einer Reihe von Sensoren mit einem Steuergerät für die Anzeige- und Bediengeräte.

Einer der beiden pneumatischen Ausgleicher mit Druckanzeiger.

Nach Betätigung des Tasters »Richtbetrieb« am Hauptbediengerät (HBG), kann der Richtkanonier (RK) den Richtgriff betätigen. Er umfasst den Griff, drückt den Handballenschalter und betätigt kurz mit dem Daumen oben die Taste »Direktes Richten«. Durch Drücken zu den Seiten bzw. nach vorn oder hinten wird der Turm seitlich geschwenkt bzw. das Waffenrohr gehoben oder gesenkt. Hat der RK mit der Zieloptik ein zu bekämpfendes Ziel korrekt angerichtet, warnt er die Besatzung und betätigt mit dem Zeigefinger die rote Abfeuertaste.

Der rechts angebrachte Rücklaufanzeiger zeigt über einen Schieber die Rücklaufstrecke an, damit bei Überlastung der Rohrbremse eine Feuerpause veranlasst wird.

Vor dem RK befinden sich der Drehteller mit Handgriff für das manuelle Seitenrichten des Turms (darunter zu sehen ist der Antriebsblock) sowie rechts davon die Handkurbel für das manuelle Höhenrichten der Kanone.

Der Feuerleitrechner (links im Bild) wird sensorseitig angesteuert und vom Geschützführer mittels Bediengerät überwacht. Eingehende Feuerleitdaten und -kommandos übermittelt der Rechner an alle für den Schießvorgang relevanten Baugruppen.

Abb. oben und unten: Am Bedienplatz des Richtkanoniers befindet sich – neben der Zieloptik – die Höhenrichtanzeige, darunter (orangene Beleuchtung) der Seitenrichtgeber. Damit lassen sich übermittelte Richtdaten bei Bedarf mit den jeweiligen Handantrieben manuell einstellen.

Die **Waffenrichtanlage** besteht aus den Höhen- und Seitenrichtantrieben, der Leitungselektronik sowie einen pneumatischen Höhenausgleicher. Angesteuert wird die Waffenrichtanlage automatisch durch die übermittelten Feuerleitdaten oder bei Bedarf per Hand durch den Richtgriff des RK. Auch können Turmstellung sowie Rohrerhöhung im Notfall manuell mittels Handantrieben gesteuert werden.

Der **Richtvorgang** der Hauptwaffe erfolgt in der Regel automatisch nach Eingang und Verarbeiten der Feuerleitdaten. Unabhängig von der zahlenmäßigen Größe der schießenden Einheit und der jeweiligen Individualposition im Gelände stellen diese von der Feuerleitstelle generierten Daten sicher, dass eine koordinierte, d. h. gemeinsame, zeitgleiche Wirkung im Zielgebiet erfolgt. Manuelle Richtvorgänge seitens der Besatzung sind nicht erforderlich.

Das Waffensystem der PzH 2000 verfügt über eine hohe Genauigkeit. Die Abweichung beträgt lediglich eine Bogenminute. Diese Genauigkeit wird durch die Kombination verschiedener Systeme erreicht. Durch die Daten eines Wettertrupps, der Temperatur, Luftfeuchtigkeit, Luftdruck und Windgeschwindigkeit misst, sowie über die Pulver- und Rohrtemperatur lässt sich eine sehr präzise Feuerleitlösung berechnen.

Eine Navigationsanlage zeigt nicht nur die GPS-Position sowie die Nordrichtung an, sondern ebenfalls die Höhendaten und die Nick- und Kantwinkel des Fahrzeugs (»Lage im Raum«).

Außer dem GPS-Empfänger gibt es ein Kurs-Lagegerät, bei dem es sich um ein Trägheitsnavigationsgerät mit drei Laserkreiseln und einem Weggeber handelt. Dieser misst die Entfernung, die das Geschütz bis zum Stellungshalt zurückgelegt hat. Die Anlagen übertragen über Schnittstellen ihre Daten an den Feuerleitrechner und die Waffenrichtanlage, so dass kontinuierlich die augenblicklichen Werte der Geschützposition in Azimut und Elevation sowie Neigung und Verkantung anliegen. So können alle angesteuerten Haubitzen unabhängig ihrer individuellen Schrägstellung und auch bei hoher Verkantung feuern.

Zusätzlich befindet sich außen auf der Rohrwiege ein V_0-Messgerät, bestehend aus einem Doppelradar, das die Geschwindigkeit des Geschosses nach Verlassen des Rohres misst. Diese Daten werden in die Berechnungen für den Folgeschuss einbezogen.

Aus all diesen Daten errechnet das Artillerieführungssystem ADLER oder auch der Feuerleitcomputer MICMOS der Panzerhaubitze selbst ein digitales Feuerleitkommando.

Selbstverständlich lassen sich Ziele auch mittels manuellem Seiten- und Höhenrichtgebern bekämpfen, z. B. bei Störungen des Zieldateneingangs seitens der Feuerleitstelle. Die erforderlichen Seitenwerte und Höhenrichtwerte lassen sich also auch manuell

Das Zielfernrohr TN-80 nutzt der Richtkanonier ausschließlich zur Bekämpfung von Zielen im direkten Richten. Der Ausblickkopf des TN-80 befindet sich auf der rechten Turmseite.

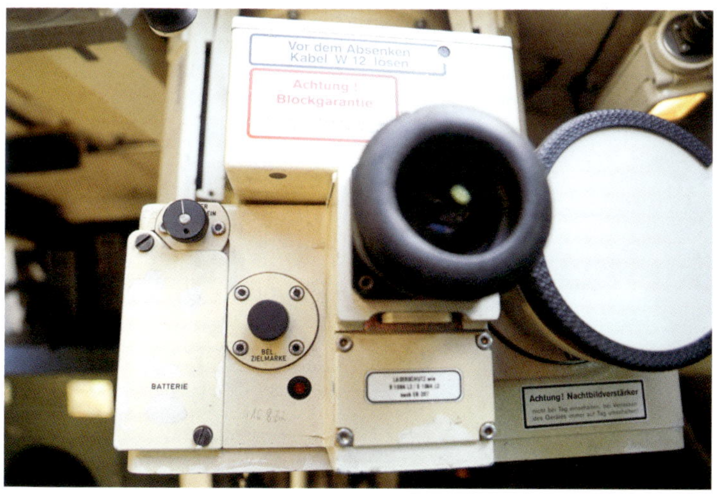

Das schwenkbare Kommandantenperiskop dient nicht zur Zielbekämpfung. An seiner linken Seite befindet sich der Umschaltdrehknopf von Tag- auf Nachtbetrieb. Links der Drehknopf für die Strichplattenbeleuchtung, darunter die Kontrollanzeige für den Nachtbetrieb, an der Unterseite die Azimuth-Handkurbel. Daneben der Einblick für das BiV-Gerät (mit Klappe verschlossen). Das zweite Foto zeigt den Ausblickkopf des Periskops.

eingeben und so der Seiten- oder der Höhenrichtantrieb betätigen. Beim Ausfall der Waffenrichtanlage kann der Richtkanonier auf das Rundblickperiskop PERI-R19 mod zum indirekten Richten zurückgreifen. Es wird nur bei Bedarf in die Deckenhalterung vor dem Periskop eingesetzt. Damit erfolgt die Festlegung auf die Grundrichtung und das Einrichten beziehungsweise Einstellen auf das Ziel in Strich. Die auf der Turmoberseite neben der Waffenwiege angebrachte Optik verfügt über eine vierfache Vergrößerung. Manuell ist auch die Zielbekämpfung im direkten Richten (z. B. gegen Ziele, die die Haubitze unmittelbar bedrohen, wie feindliche Kampf- oder Schützenpanzer). Beim direkten Richten nutzt der Richtkanonier das etwas weiter nach unten versetzte Panzerzielfernrohr TN 80 mit achtfacher Vergrößerung. Die Sichtlinie des fest eingebauten Zielfernrohrs entspricht dem der Hauptwaffe; das Zielfernrohr verfügt über einen Restlichtverstärker für den Nachteinsatz. Für den Kommandanten steht das Rundblickperiskop PERI-RTNL 80 zur Verfügung. Die nichtstabilisierte Optik dient zur Gefechtsfeldbeobachtung und beim direkten Richten über den integrierten Gallium-Arsenid-Laser zur Entfernungsmessung. Das von Carl Zeiss Optronics – aufgrund des knappen Etats des Auftraggebers – als kostengünstige Variante entwickelte PERI verfügt über zwei- und achtfache Vergrößerung für Tag- und Nachtsicht mit monokularem Einblick, oder über 1,2- und 4,8-fache Vergrößerung in der Nachtsicht bei Verwendung des binokularen Aufsatzes (zur Rundumbeobachtung). Die nutzbare Reichweite des Lasers beträgt 2800 m.

Technisch herausragend ist der Ladevorgang mittels der **automatischen Munitionszuführung**. Ansonsten wären diese unerreicht schnellen Feuerfolgen nicht möglich!

Die Geschosse werden durch eine Ladeautomatik zugeführt und angesetzt. Nur die modulare Treibladung setzt der MK 2 manuell in den geöffneten Verschluss ein. Danach veranlasst er das Schließen des Verschlusses. Auch die Treibladungsanzünder werden automatisch nach Schließen des Verschlusses zugeführt. Sie befinden sich in einem 32er-Magazin oben im Verschlussblock.

Damit ist die Waffe feuerbereit. Die Feuerrate beträgt drei Schuss in zehn Sekunden, zehn Schuss in einer Minute, 20 Schuss in zwei Minuten oder 24 Schuss in drei Minuten (bei acht

Blick auf die mit Übungsgeschossen befüllten Geschossplätze hinter der Motorraumrückwand bzw. (rechts) hinter dem Platz des Kraftfahrers. (RZ)

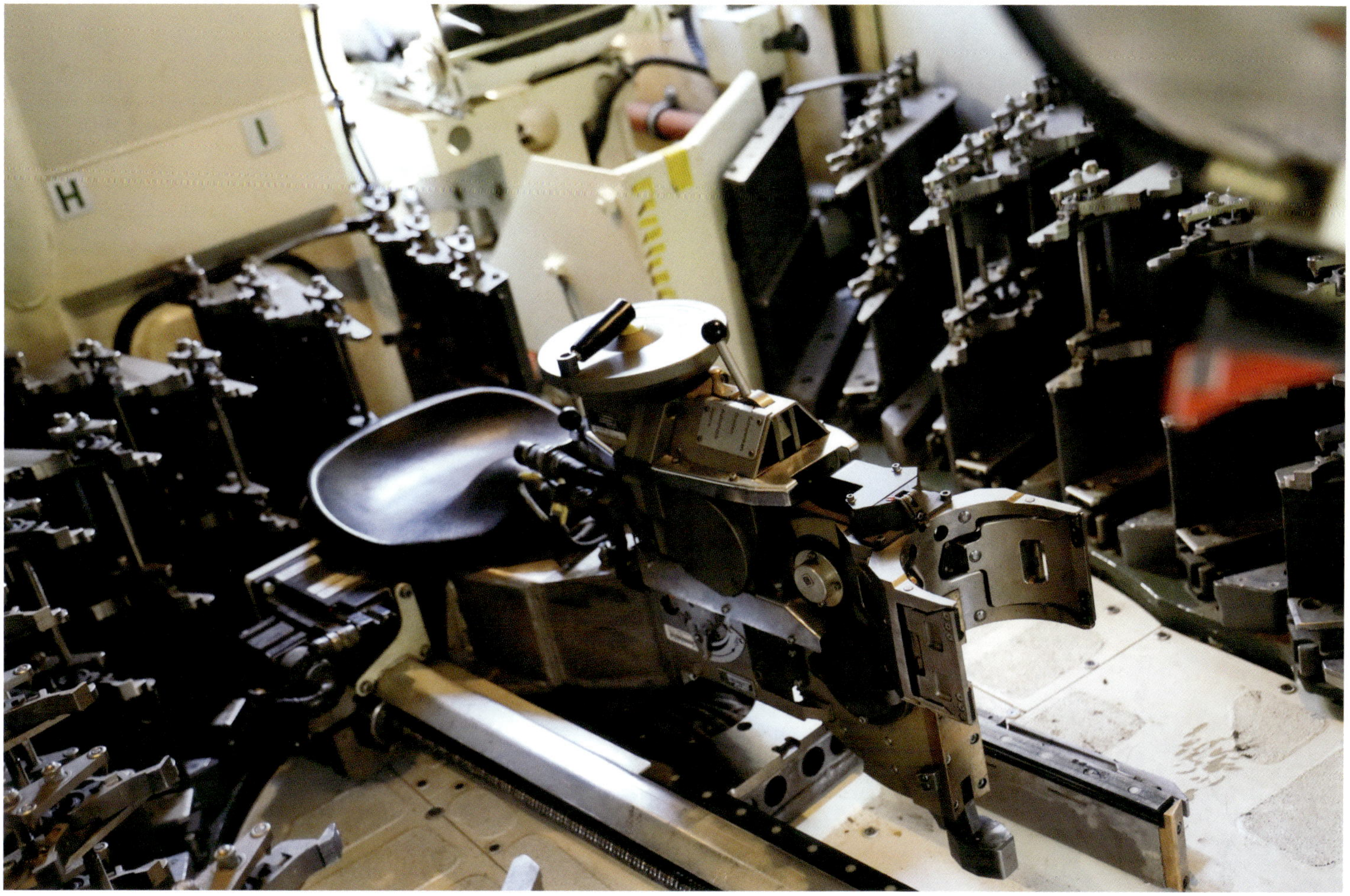

Die leeren Stellplätze mit jeweils vier aufgestellten Geschossen. Der Greifer im Vordergrund (darunter der Greiferschuh, der die Greiferarme öffnet oder schließt) entnimmt die von der Besatzung zugeführten neuen Geschosse und platziert sie in die zugeteilten Stellplätze. Der Stellhebel hinter dem Greifer steht routinemäßig auf »Automatik«. Im Notbetrieb betätigt der auf dem Sitz platzierte MK 2 die Greif- und Schwenkvorgänge manuell.

Schuss pro Minute). Bei einem längeren Feuerauftrag wird die Feuerrate durch die thermische Belastung des Rohres auf knapp drei Schuss je Minute begrenzt. Der gesamte Geschossvorrat kann bei Bedarf ohne Unterbrechung verschossen werden, da die kritische Temperatur von 160° C, bei der sich die Treibladungen selbst entzünden könnten, nicht erreicht wird.

Die Kampfbeladung umfasst 60 Artilleriegeschosse Kaliber 155 mm in unterschiedlicher, je nach Auftrag wechselnder Sortierung. Die Geschosse werden in einem sternförmigen Munitionsmagazin im vorderen Teil der Wanne links und rechts im Turm sowie unterhalb der Waffenanlage senkrecht aufbewahrt und computergesteuert so sortiert, dass immer ein Geschoss jeder Sorte erreichbar ist.

Der komplexe Lademechanismus besteht aus der unabhängig drehbaren Transportschiene unter der Turmbühne, dem Geschosstransporter im Magazin und dem Geschossübergabearm (GÜBA). Die Geschoss-Stellplätze sind überwiegend als Schiebeschächte angelegt. Das jeweils vierte Geschoss steht bereits in einer Schwenkeinheit.

Beim Ladevorgang aus dem Magazin greift der Geschosstransporter mit seinem Greifer das Geschoss, dreht es und übergibt es an die Transportschiene. In dieser werden, wenn benötigt, durch die Tempiereinrichtung Zeiteinstellungen und Ausstoßhöhe am Geschoss vorgenommen. Über den Geschossübergabearm gelangt das Geschoss in Ladeposition, wo es ein Pneumatikzylinder beschleunigt und in den Übergangskegel einpresst (»ansetzt«). Der Druck, mit dem das Geschoss angesetzt wird, hängt von der Rohrerhöhung ab, so dass bei jeder Rohrerhöhung eine gleiche Ansetztiefe des Geschosses erreicht wird. Den Betrieb dieser pneumatischen Geschossansetzung stellt

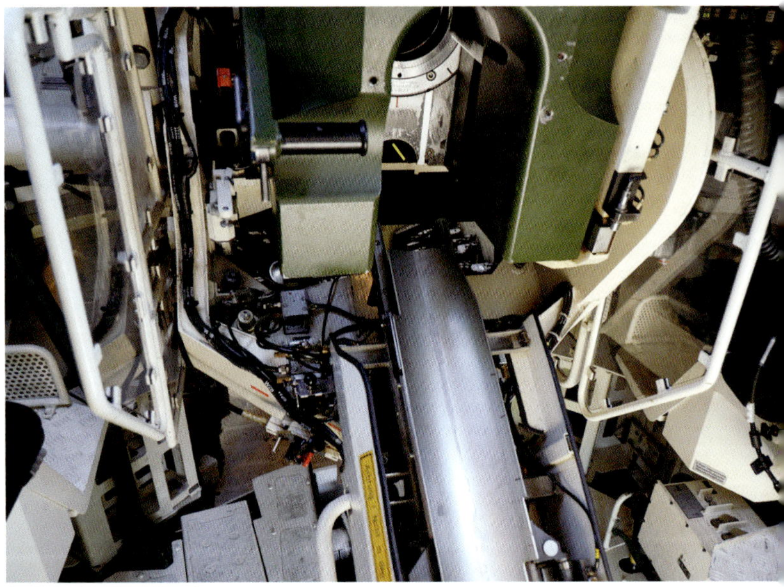

Geschossübergabearm (GÜBA) ohne Geschoss links in Übernahme- und daneben in Ansetzposition.

die zentrale pneumatische Anlage an der Schottwand vor dem MK 1 sicher. Bei Ausfall der Druckregelung lässt sich der Ansetzdruck auch manuell regeln. Dieser beläuft sich auf 13 bar ohne Rohrerhöhung und bis zu 28,5 bar in höchster Elevation. Über den Antrieb wird der GÜBA mit dem im Ansetzer liegenden Geschoss im gesamten Höhenrichtbereich in Ansetzposition geschwenkt. Der Antrieb besteht aus einem Elektromotor 1 und dem Getriebe. Die Warteposition, 25° unter der Waffe, hält den Rücklaufweg frei. Der Geschossübergabearm nimmt den Arbeitsspeicher für den pneumatischen Ansetzer auf. Im Arbeitsspeicher wird die für einen Ansetzvorgang erforderliche Druckluft zwischengespeichert. Beim Auslösen des Ansetzvorgangs durch das Ansetzer-Vorlaufventil 3 wird sie dem Ansetzerzylinder zugeleitet. Gesteuert wird die automatische Ladeeinrichtung durch die hinten rechts in der Wanne eingebaute Steuerelektronik Munitionsfluss (STEM) sowie die Leistungselektronik GÜBA links vom Platz des MK 1. Mit dem Betriebsarten-Steuerventil kann von »Automatik« auf »Manueller Betrieb« umgeschaltet werden. Da die Elektronik das Beladeschema registriert und die Lagerplätze der Geschosse verwaltet, meldet sie ggf. die Nichtausführbarkeit eingegangener Feuerkommandos. Die drei Elektromotoren der Transportschiene werden ebenfalls durch eine entsprechende Leistungselektronik gesteuert. All diese Ladebewegungen werden sozusagen als Bewegungskombination ausgeführt und laufen somit zügig hintereinander ab.

Das Beladen kann schematisch erfolgen, aber auch ohne jedes Schema. Nach Verschuss eines Teils der vorhandenen Munition sortiert das System selbständig die Restmunition und sorgt damit für die effektivere Verfügbarkeit der Munitionssorten.

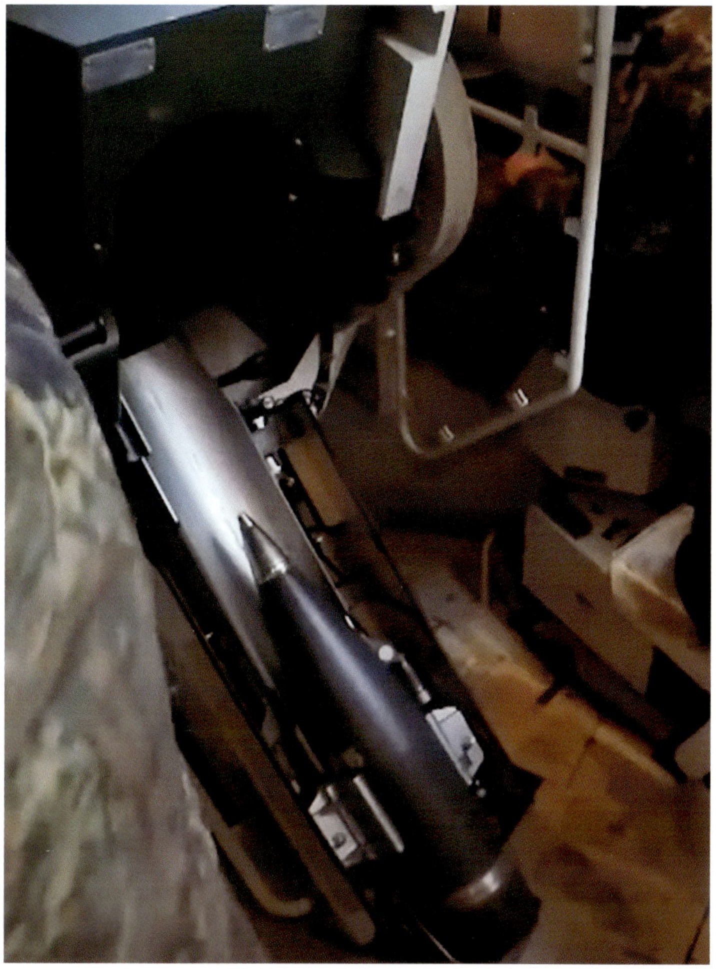

GÜBA nach Übernahme des anzusetzenden Geschosses. Eine Klinke sichert es gegen Wegrutschen.

Das Transport- und Schienensystem des Munitionstransports wird durch diese Steuereinheit beschickt. Zur Systemkontrolle und Überbrückung bei Fehlfunktionen sind weitere Anschlussbuchsen vorgesehen.

Abfolge des Ansetzvorgangs, nach Abschluss fährt der Ansetzer wieder heraus.

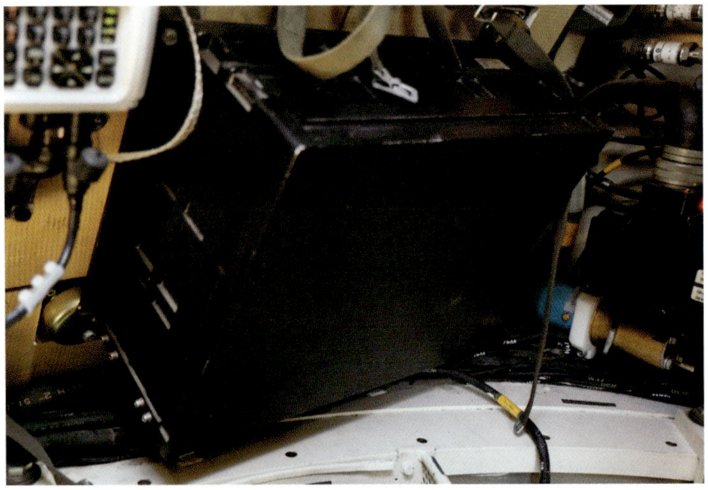

Eine spezielle Leistungselektronik steuert im Besonderen die Kommandos für den Ansetzvorgang.

Sowohl Richtkanonier als auch Geschützführer können mittels eines Bediengerätes die Ladeabläufe und die einzelnen Ansetzpositionen steuern.

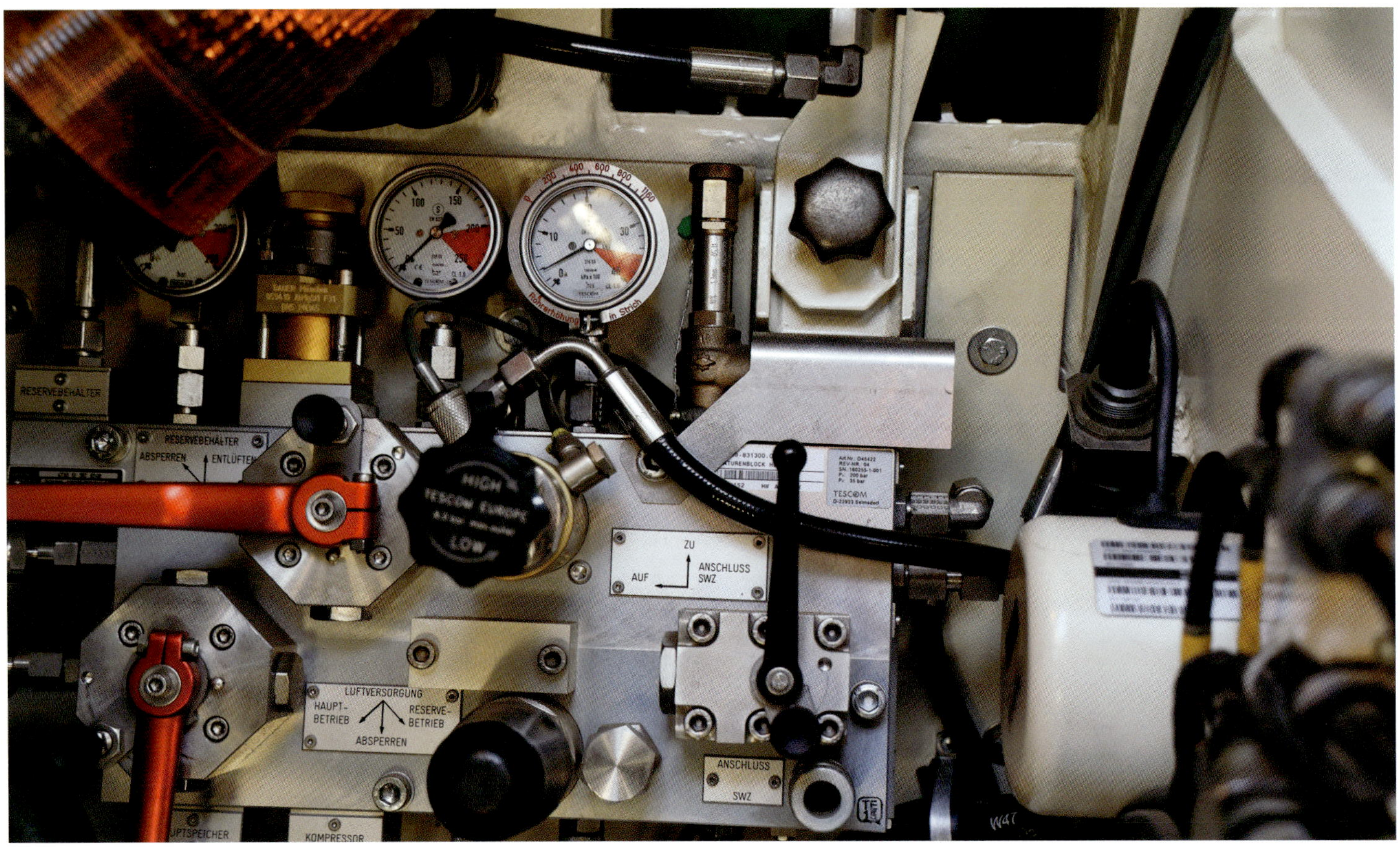

An der zentralen pneumatischen Anlage kontrolliert der MK 1 die Druckanzeigen. Er kann sie bei Störungen regulieren oder auch mechanisch Vorgänge auslösen.

Auch der Drehantrieb für die Seitenrichtbewegung des Turmes erfolgt automatisch. Anders als andere Haubitzen kann die PzH 2000 aufgrund der idealen Gewichtsverteilung in alle Richtungen das Feuer eröffnen. So können bei Bedarf in einer Stellung rasch mehrere (unterschiedliche) Feuerkommandos ausgeführt werden.
Bei Störungen kann der Ansetzvorgang durch Drücken eines Handauslöseventils auch manuell ausgelöst werden (Betriebsart »Durchladen«). Zuvor wird der Hebel »Automatik/Hand« umgelegt.

Abb. oben und unten: Diese beiden Fotos zeigen eindrucksvoll, wie die Haubitze jederzeit in alle Richtungen wirken kann, mit allen Erhöhungswerten und ohne dass sie am Boden festgemacht werden muss.

Abb. rechts: Bei rein manueller Abfeuerung wird der ebenfalls links vom Bodenstück befindliche Umschalthebel von der Normalstellung »Automatik« (rote Blockadesicherung) auf »Hand« geschoben.

Die manuell eingesetzte Rollenbahn mit der klappfähigen Wippe links.

Die übrigen Baugruppen arbeiten weiterhin im Automatikmodus. Bei Ausfall der elektrischen Anlage muss der Geschosstransporter per Hand bewegt werden. Die Transportschiene lässt sich nicht nutzen und muss durch eine Rollenbahn und Wippe ersetzt werden. Der Geschossübergabearm lässt sich ebenfalls per Hand ansetzen, wobei Gasfedern links und rechts sein Gewicht ausgleichen. Für manuelle Richtbewegungen verfügt die Haubitze über eine Turmstellungsanzeige und eine Zeigerzieleinrichtung. Für das Rundblickperiskop gibt es überdies eine automatische Korrektur der Querverkantung durch Horizontieren der Fernrohrhalterung. Die Treibladungen werden in einem Magazin rechts im Turmheck aufbewahrt. Es ist durch drei Schiebetüren vom Kampfraum getrennt, welche die Besatzung bei einem eventuellen Treffer gegen Explosionsdruck schützen. In diesem Fall leiten zwei Austrittsöffnungen entstehenden Druck nach außen ab.

Das im Turmheck links und mittig untergebrachte Treibladungsmagazin enthält 48 Aufnahmerohre. Jedes Rohr kann bis zu sechs Module des Modularen Treibladungssystems aufnehmen. Auch die Lagerung der herkömmlichen Beutel- und Stangen-Treibladungen ist problemlos möglich. Die Entnahme der Treibladungen beim Schießen erleichtert eine einfache Ausziehvorrichtung in jedem Rohr. Die 48 Aufnahmerohre sind in Gestellen aufgehängt. Aus Gewichtsgründen bestehen Gestelle und Aufnahmerohre aus Aluminium. Die Kapazität beträgt somit 48 beu-

Drei Schiebetüren verschließen den Treibladungsraum im Turmheck. Jeweils zur Entnahme wird eine Tür geöffnet. (RZ)

Für den Fall eines Treffers im Treibladungsraum kann Explosionsdruck durch eine so genannte Blast-Öffnung nach außen entweichen.

In drei Stauräumen sind die Lagerungen für die Treibladungen untergebracht mit starren Halterungen und auch einer nach oben abklappbaren Reihe (in der linken Kammer befindet sich noch ein Stauraum für Ausrüstung). Klapphalterungen verhindern, dass Ladungen herausfallen.

tel- oder stangenförmige Treibladungen oder 288 Treibladungsmodule, die zur benötigten Ladung zusammengesteckt werden können, sowie zwei weitere Treibladungsanzünder-Magazine. Während des Ladevorgangs werden die elektronisch einstellbaren Zünder mittels einer elektronischen Programmierstation induktiv programmiert. Die Werte werden an die Steuerelektronik gemeldet, eventuelle Fehler dann angezeigt. Im Hintergrund läuft ein Eigentest.Wird aus festen Feuerstellungen geschossen, kann auch direkt über die Transportschiene von außen geladen werden. Der vorgenannte Geschosstransporter wird dabei nicht genutzt.

Zum Üben der Ladetätigkeiten im Turmtrainer oder Geschütz steht so genannte Exerziermunition zur Verfügung. Ebenfalls verfügbar sind Übungsgeschosse mit einem geringeren Gefah-

Das Foto zeigt eine Ausbildungssituation beim Schulschießen, also nicht unter Gefechtsbedingungen. Je nach Bedarf beladen die Besatzungen ihre Haubitzen mit den benötigten Geschossen bzw. Treibladungen.

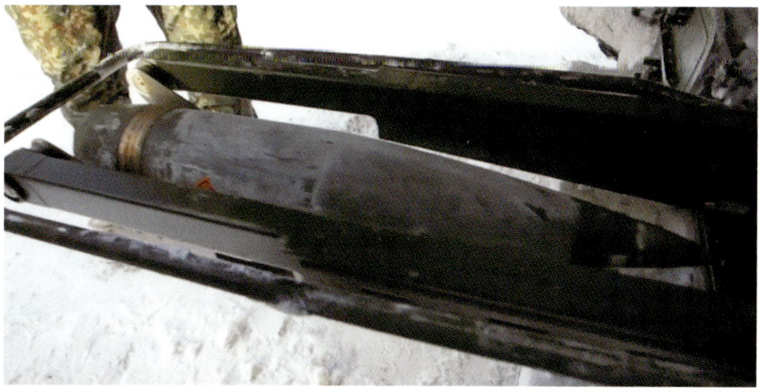

Beladevorgang mit Hilfe der ausgefahrenen Ladeschiene. Nach dem Einlegen fährt das Geschoss manuell gesteuert ein. (WB)

Die Munitionshandhabung üben die Kanoniere zunächst mit inerter Exerziermunition und -zündern.

renbereich. Die lichtblau markierten Granaten sind mit einer zylindrischen Deutladung versehen und entsprechen in der Blitz- und Rauchentwicklung der scharfen Sprengmunition. Beim Aufschlag erzeugen sie einen deutlich geringeren Detonationsknall als die Gefechtsmunition.Mit Hilfe der Munitionszuführungsanlage füllt die Besatzung das Geschossmagazin vom Fahrzeugheck aus wieder auf. Dazu muss die Klappschale auf die Funktion »Beladen« umgestellt werden und fährt nach außen aus.

Das neue Geschoss wird in die Klappschale eingelegt und dabei automatisch verriegelt. Wird jetzt der Leuchttaster «FREIGABE«

am Bediengerät an der rechten Hecktür betätigt, fährt die Transportschiene (TS) ein, bis die Übergabeposition erreicht ist. Die Klappschale stellt das Geschoss auf und der Geschosstransporter (GT) übernimmt das Geschoss mit dem Greifer, wobei er automatisch die Betätigung für den Verriegelungshebel in der inneren Klappschale betätigt. Der GT bringt das Geschoss zum vorgesehenen Geschossplatz. Gleichzeitig klappt die Klappschale ab und die TS fährt zurück zur Übernahme des nächsten Geschosses.
Treibladungen und entleerte Treibladungszünder-Magazine füllt die Besatzung händisch wieder auf.
Nach dem Aufmunitionieren kann die Besatzung ihre Plätze wieder einnehmen und das System in die gewünschte Betriebsart schalten.

Drei Übungsgeschosse bereit zum Beladen. Die Geschosse laufen nach vorn konisch zu, der Kupferring im unteren Bereich dient zur Drallaufnahme in den Führungsrinnen (Züge und Felder). (WB)

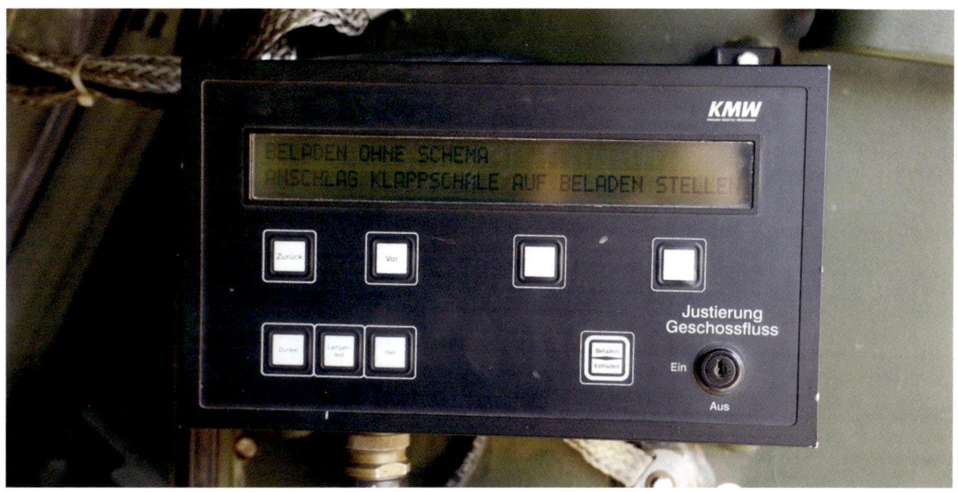

Dieses Bediengerät an der rechten Hecktür steuert den Beladevorgang am Heck.

Detailaufnahme der ausgefahrenen, noch leeren Klappschale. Eine Sperre verhindert ein Herausrutschen des Geschosses; ein Klappmechanismus zur Transportfreigabe wird (erst) nach Einlegen des Geschosses betätigt.

Silhouettenvergleich zwischen der Panzerhaubitze 2000 und dem Kampfpanzer Leopard 2. Bedingt durch den signifikant höheren Rohrerhöhungsbedarf und den in der Wanne senkrecht aufgestellten Geschossen ist die größere Fahrzeughöhe nachvollziehbar. Da das Eisenbahn-Verlademaß in der Breite einzuhalten ist, hat die Haubitze schmalere Gleisketten, um die größere Wannenbreite auszugleichen.

Dieses Seitenfoto verdeutlicht eindrucksvoll die ideale Anordnung der Hauptsystemanteile mit der Waffenlagerung mittig. Da das Triebwerk vorn eingebaut ist, die Geschosse in der Mitte gelagert sind und sich der Besatzungsraum sowie der Laderaum für die Treibladungen im hinteren Drittel befinden, ergibt sich eine besonders günstige Gewichtsverteilung. Eine Heckabstützung in der Stellung ist nicht vonnöten.

Trotz des langen Waffenrohres hält sich der Überstand nach vorn im vertretbaren Rahmen, hier bei einem Fahrzeug des Artilleriebataillons 295 gut zu sehen. Lediglich bei engen Kurvenfahrten im Wald ist Vorsicht geboten. (GO)

Der Turm hat hinten nur einen leichten Überstand, so dass bei Ein- und Ausstieg durch die Hecktüren ein »Bückling« vonnöten ist.

Dieses Heckfoto eines Fahrzeugs des Artillerielehrbataillons 325 während einer Übung 2018 in Norwegen zeigt die Fahrzeugvariante A2. Am hinteren Teil der linken Kettenabdeckung ist das Deckblech der Generatorkühlanlage zu sehen, rechts oberhalb der Rundumwarnleuchte der Ventilator für die Treibladungskühlanlage. (WB)

Heckaufnahme mit gesetzten VHF-Antennen oben am Turm, den beiden Türen zum Treibladungsraum, rechts die Tür zum Elektronikraum. Die beiden Hecktüren können mit je einem Zurrhebel (hinter den Zughaken zu sehen) im geöffneten Zustand festgestellt werden. In einer Halterung ist außen in der Turmmitte der Absperrbügel angebracht, der beim Aufmunitionieren bei Nutzung der Transportschiene zur Absicherung einzuhängen ist.

Y-416 872

Die Blickrichtung aus zwo Uhr zeigt rechts an der oberen Wannenseite die Abschleppstange und die (leeren) Halterungen für die (ausziehbaren) Tarnnetzstützen. Rechts vorn ist die Klappe für den Fremdstromanschluss.

Links: Der Blick aus Richtung elf Uhr zeigt an der linken Turmfront das Gräting für die pneumatische Anlage und an der Seite dahinter das für den Kompressorraum. Markant an der linken Wannenseite ist der geschwärzte Auspuff, davor der Wartungsdeckel für die Heizungsanlage.

Die Halterungen an der linken Wannenseite dienen der Unterbringung des Zubehörs für den Rohranteil sowie zusammenschraubbarer Rohrreinigungsstangen und einer Tasche mit dem Richtstab für manuelles Einrichten der Waffe.

Die Rohrerhöhung lässt den Blick zu auf den runden Wiegenkörper. Links und rechts davon die Nebelmittelwurfanlage, die manuell von außen nach Öffnen des Gummiverschlusses geladen wird.

Die Klappe vor der pneumatischen Anlage kann zu Wartungszwecken nach links geöffnet werden. Auffällig sind das Lüfterrad und die vier Druckflaschen.

Auf der anderen Seite der Rohrwiege ist die Klappe für die Leistungselektronik der Waffenrichtanlage und darüber der Deckel für den Druckspeicher der pneumatischen Höhenausgleicher mit Belüftungsrohr (wurde nachgerüstet).

Weiter hinten an der Wannenseite sind Deckel für Bordausstattung und Werkzeugtaschen, dahinter die ABC-Schutzanlage mit der Luftansaughutze zwischen Turm und Wanne sowie zwei kleine Öffnungen zum Grobstaubauswurf und Wasserablauf.

Blick auf die Zentralelektronik Turm und den Feuerleitrechner darüber.

Rechte Turmseite mit der Klappe zum Elektronikraum und (rechts) der zur Waffenrichtanlage.

An der hinteren linken Wannenseite befindet sich hinter einer Klappe die Bedien- und Anschlusseinheit für die Stromerzeuger-anlage.

Blick auf die Wannenbugunterseite, ohne zusätzlichen Minen-schutz.

Die geöffneten Hecktüren mit den Öffnerhebeln und den beiden Bediengeräten für das Aufmunitionieren.

Blick auf die Wannenbugoberseite. Quer vor der Motorbrennluftansaughutze ist eine Halterung für eine Klemmstütze, mit der bei Bedarf die Abdeckplatte für die Antriebseinheit abgehoben werden kann.

Neben der geschlossenen Fahrerluke ist die abgelegte Rohrzurrung zu sehen, die Klappe davor ist für die Kontrolle der Kühlflüssigkeit, dahinter sind zwölf Schneegreifer in einer Halterung. Bei extremer Glätte werden sie gegen einen Teil der Kettenpolster ausgetauscht.

Rechts vor der Fahrerluke ist die Abdeckplatte für den Batterieraum

Blick auf den rückwärtigen Teil des Turmdachs mit der Abdeckluke für den Stauraum.

Rechts vor der Geschützführerluke befindet sich die Verschlusskappe (mit Zugsicherung im Vordergrund) für die Einbauhalterung des PERI-R19 mod. Dieses wird nur bei Bedarf eingesetzt.

Links: Blick vom Turmdach nach vorn mit dem Abdeckblech für die Rohrwiege und die FlaMG-Lafette.

Mit dem Anzeige- und Bediengerät (ABG) rechts neben dem Fahrer wird eine Vielzahl von Funktionen überwacht und gesteuert, daher bietet sich ein Blick auf die Details an.

In der oberen Hälfte befinden sich fünf Bedienabschnitte. Links oben das für den Heiz- und Belüftungsbetrieb mit drei Kontrollanzeigen und darunter die jeweiligen Schalter für die drei Bereiche im Kampfraum und rechts die für das Heizungssystem. In der Mitte werden Ersatzbetriebe gesteuert (Kraftstoff-Notschalter, dann die Schalter Motor-Notstart, Notglühen, Motor-Stop, Kampfschalter und der ABC-Notschalter). Links von den klappengesicherten Schaltern ist die Leuchte »Kraftstoff-Restwarnung«. Ganz rechts oben das Fahrfunktionsmodul.

Die Bedienfelder in der Mitte bestehen aus dem Funktionsmodul und rechts davon dem Beleuchtungsbedienfeld mit dem roten Taster »Warnblinken«. Rechts daneben dem Drehschalter für die einzelnen Licht- und Tarnlichtstufen, oben der Drehknopf für die Instrumentendimmung, die Anzeige für die Rundumkennleuchte mit An-/Aus-Schalter darunter, rechts das gleiche für die Nebelschlussleuchte. Mit dem linken Schalter betätigt der Fahrer den Lampentest.

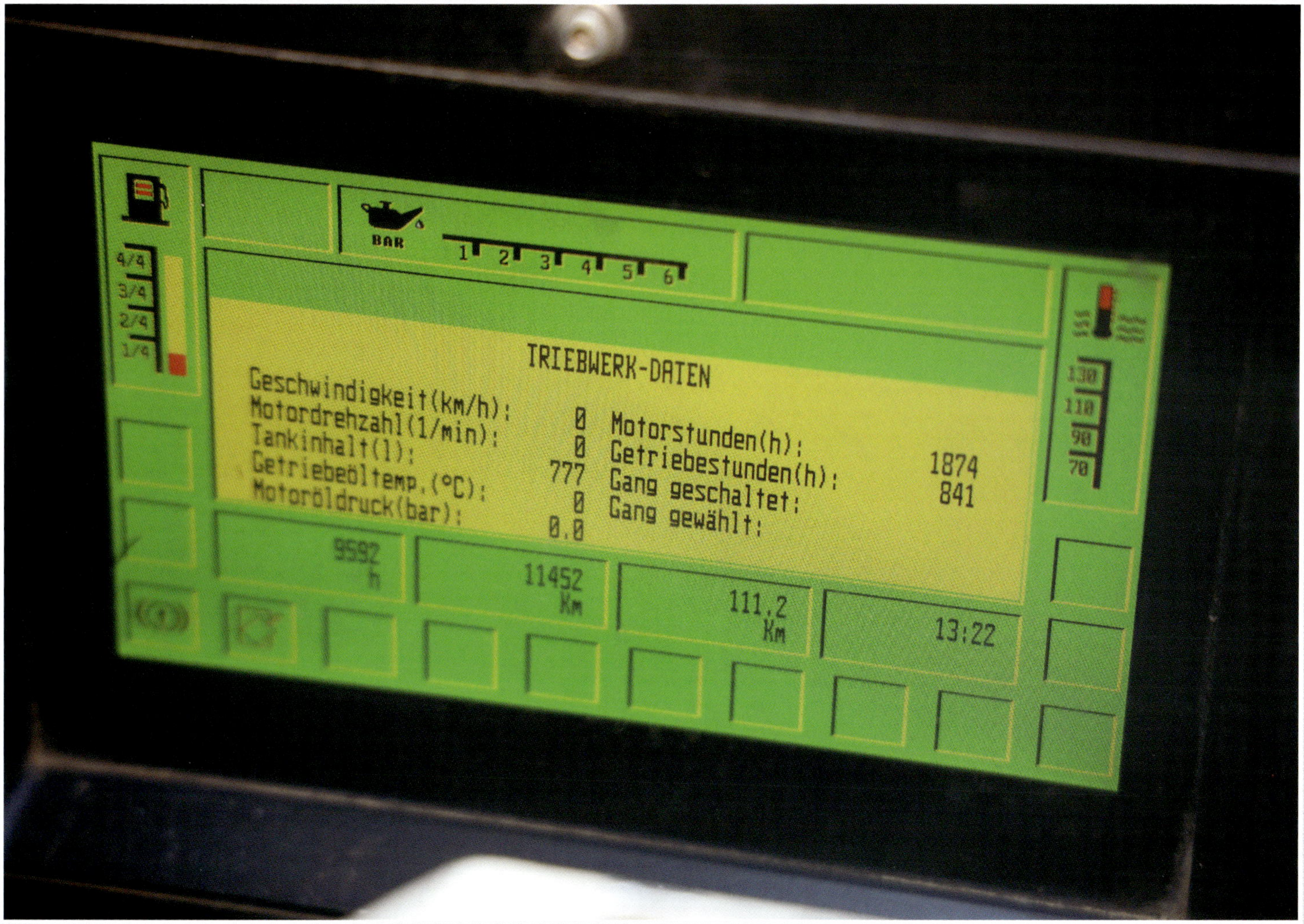

Auf dem Anzeigeschirm werden die Fahr- und Triebwerkdaten angezeigt sowie angesteuerte Kontrollergebnisse, unmittelbar rechts davon befinden sich die Scroll- und Eingabetasten.

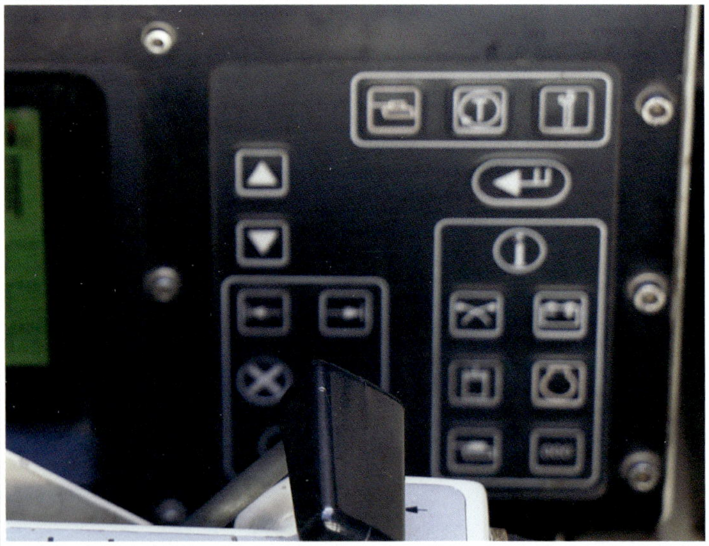

Rechts unten ist die Informationsanzeige, an der per Tastendruck die Daten für die Anteile ABC und Batteriestand, Hydraulik-Normaldruck und Triebwerkdaten, abrufbar sind sowie unten die Turmdaten und das Zurücksetzen des Tageskilometerzählers. Darüber befinden sich die Quittungstasten für die Prüfabläufe.

Hinter der Fahrerluke rechts befindet sich die abklappbare Drehvorrichtung für das Öffnen und Schließen der Fahrerluke, oberhalb der Batterieheizanzeige.

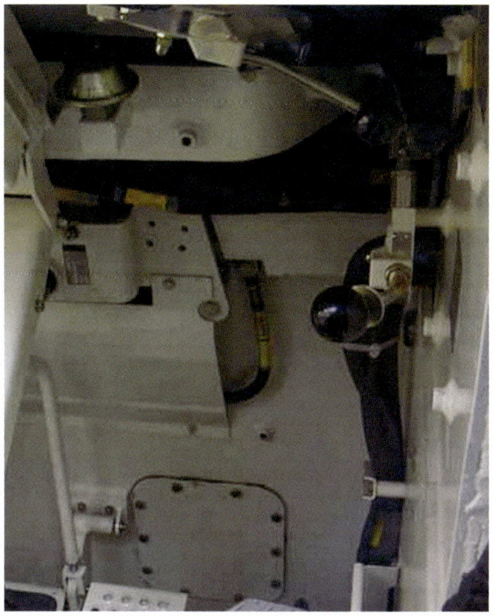

Auf der rechten Vorderseite des Fahrerplatzes befinden sich oben der Notschalthebel und darunter der Feststellbremshebel.

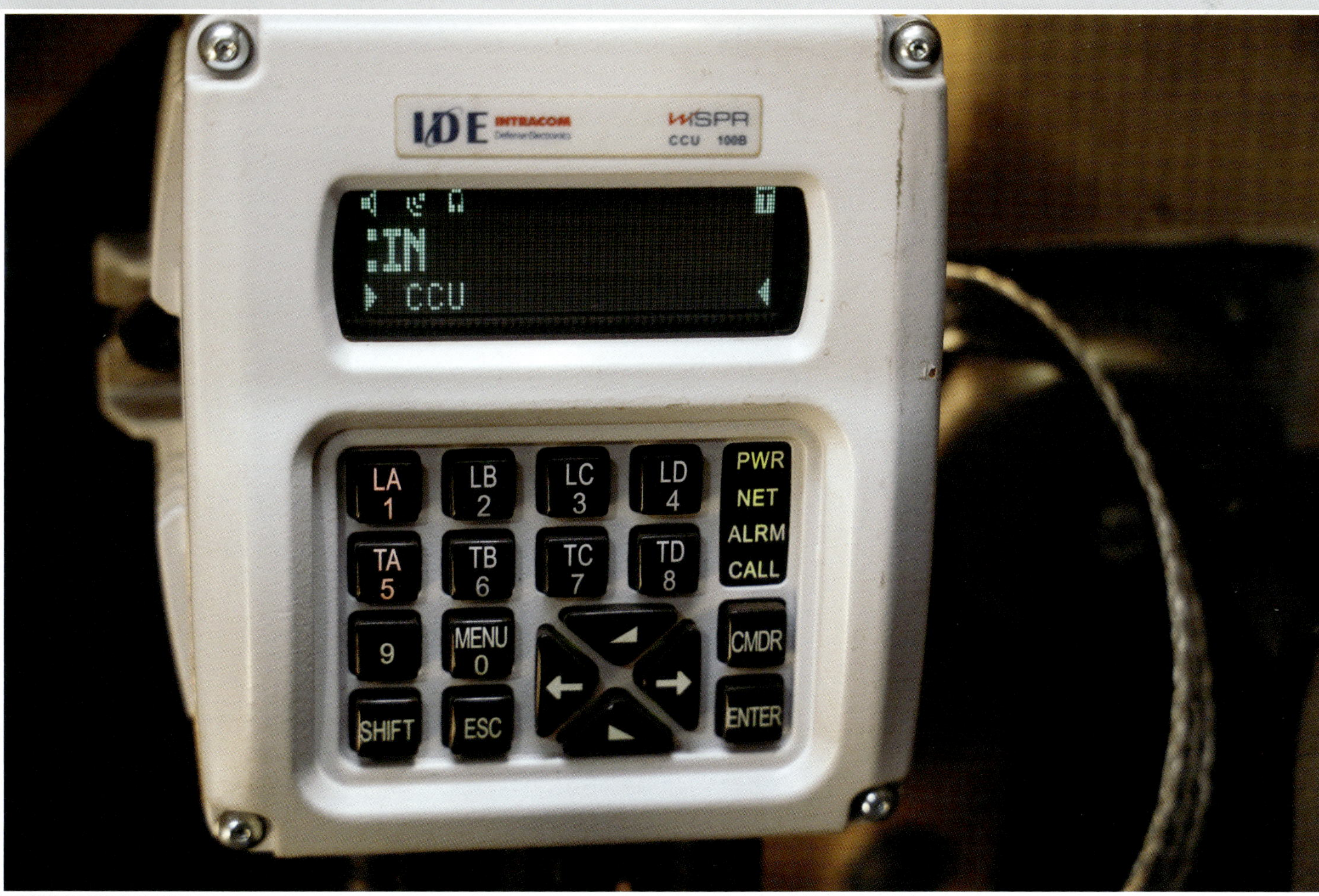

Das neue Bediengerät für die Bordverständigungsanlage, mit dem alle Haubitzen nachgerüstet werden.

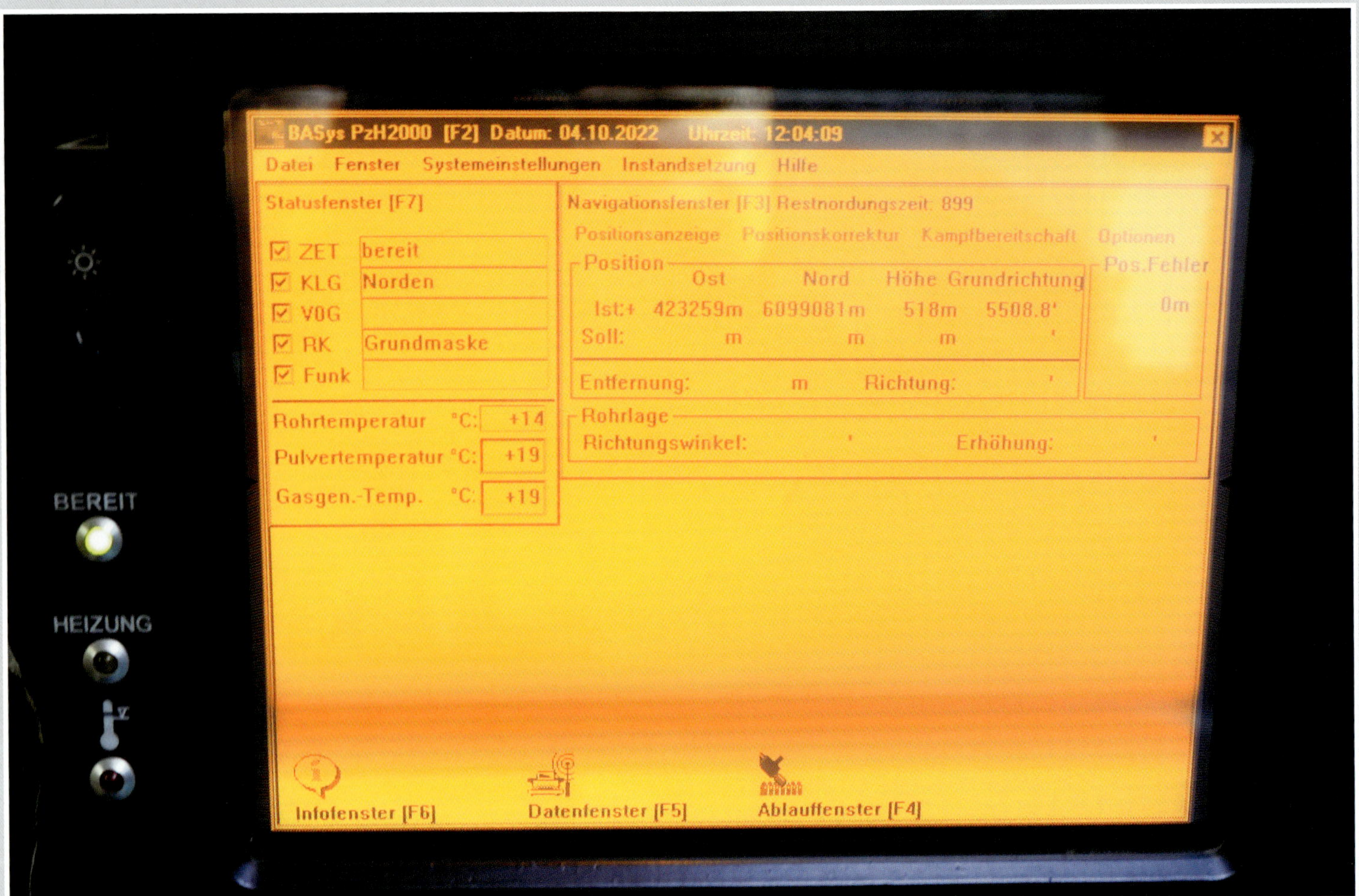

Das BG des Geschützführers ist ähnlich komplex wie das ABG des Fahrers, jedoch weniger mit manuell zu bedienenden Anteilen als vielmehr mit einer Vielzahl von schießtechnisch relevanten Werten mit Anzeigen für Munition, Winkelwerte und natürlich die Daten eintreffender Feuerkommandos. Im Bild die mit der F7-Taste aufgerufenen Waffenpositions- sowie Temperaturdaten.

Das BG des Geschützführers mit Tastatur, rechts davon das Hauptbediengerät, darüber der Notausschalter Kampfraum. Links hinter dem Display ist das Bediengerät des Richtkanoniers zu sehen.

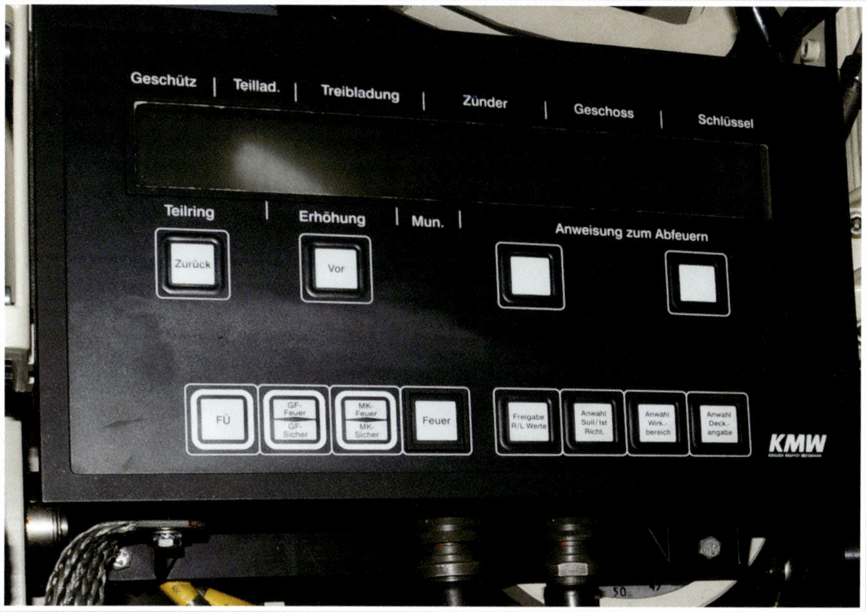

Detailansicht des Richtkanonier-Bediengeräts mit regelbaren Werteanzeigen und deren Anwahl, Freigabetasten und Feuerfreigaben.

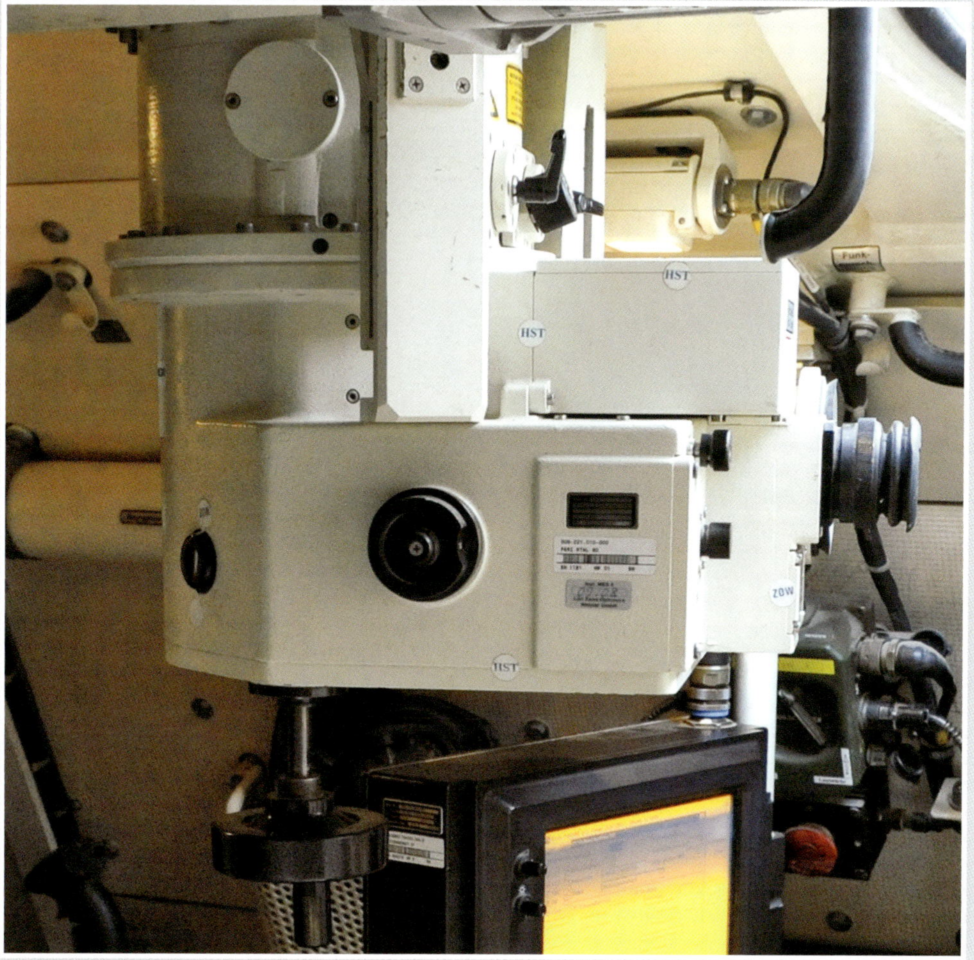

Blick auf die linke Seite des GF-PERI RTNL-80 mit der Azimut-Handkurbel unten und dem Umschaltknopf Tag/Nacht an der Seite.

Hinter dem Geschützführer befinden sich die Funkgeräte, die je nach Nutzernation unterschiedlich sind. Darunter befindet sich der Turmleistungsverteiler.

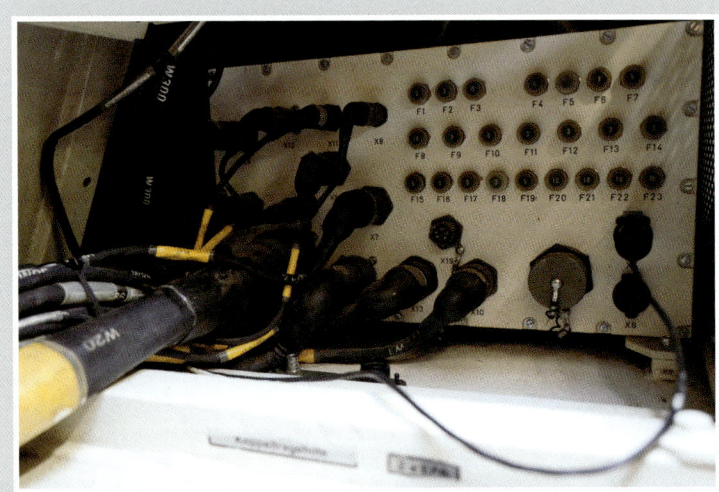

Blick auf den Leistungsverteiler mit seinen Kabelanschlüssen, Drucksicherungen sowie Prüfsteckern.

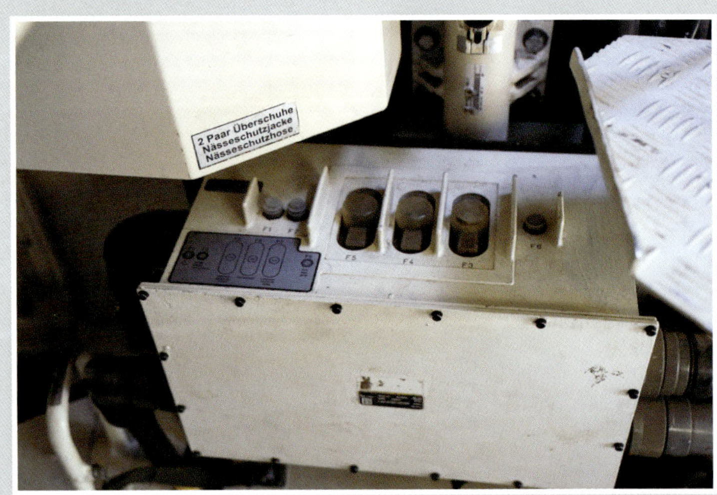

Unten über der Turmbühne befindet sich rechts der Turmspannungsverteiler mit Druckschalter und Sicherungen für die laderelevanten Leistungselektroniken.

Über den Schleifringübertrager werden alle im Turm benötigten elektrischen Versorgungsanteile aus der Wanne übertragen. Fest verlegte Kabelstränge würden sonst die freie Turmrotation begrenzen.

Die zwischen den Aufstellplätzen M und N befindliche Leistungselektronik ist der Impulsgeber für alle Vorgänge des Geschosstransports.

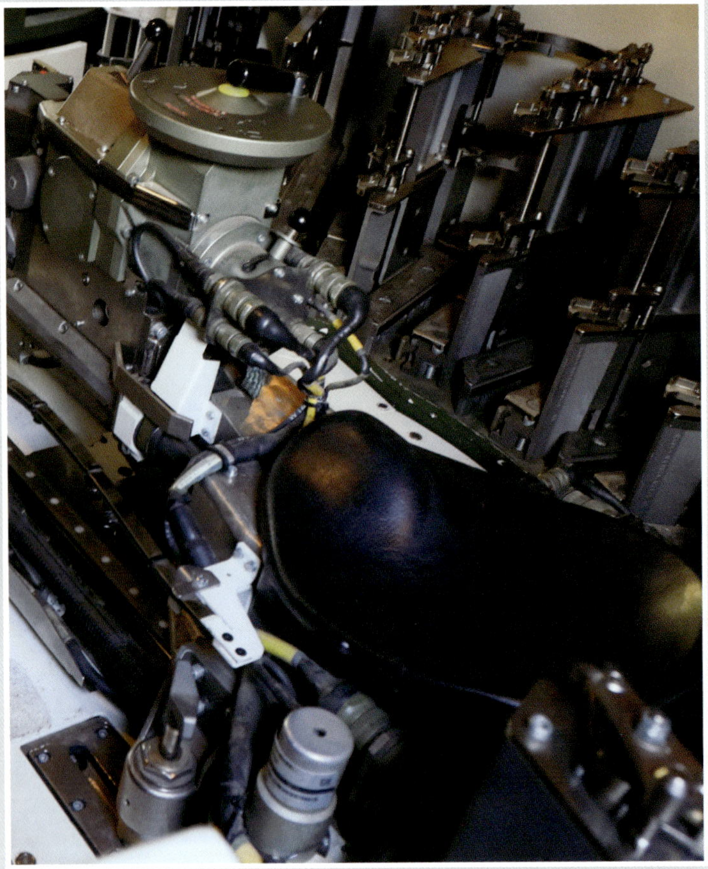

Blick aus Fahrersicht auf die GT-Baugruppe, angetrieben mittels einer Zahnstange (unten). Links vom Sitz ist der Stellungsgeber für den linearen Antrieb, daneben die Arretierung.

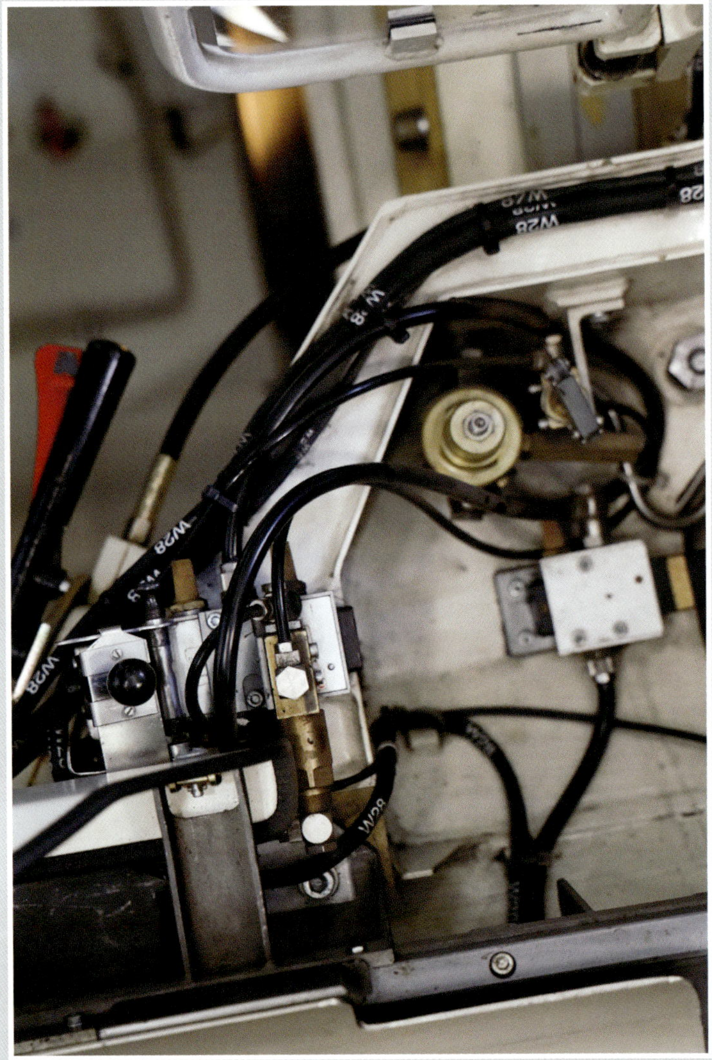

Über dem Umschalthebel (rote Drucksperre) ist der Stellhebel für die Anwahl der GÜBA- Betriebsarten »Automatik«, »Manuell« sowie »Wartung«. Beim Umschalten ist der links befindliche Ziehknopf festzuhalten. Darüber sind die Funktionselemente Rückholdrucksenker (rundes Bauteil), rechts davon ein Steuerventil und dazwischen ein Wegeventil für den manuellen Betrieb.

Wie der GF hat auch der MK2 ein seitliches Ausblickfenster. Unter dem BV-Bediengerät ist der zweite Knopf für die Not-Aus-Funktion, links darüber die Wandhalterung für den Kolben eines Sturmgewehrs.

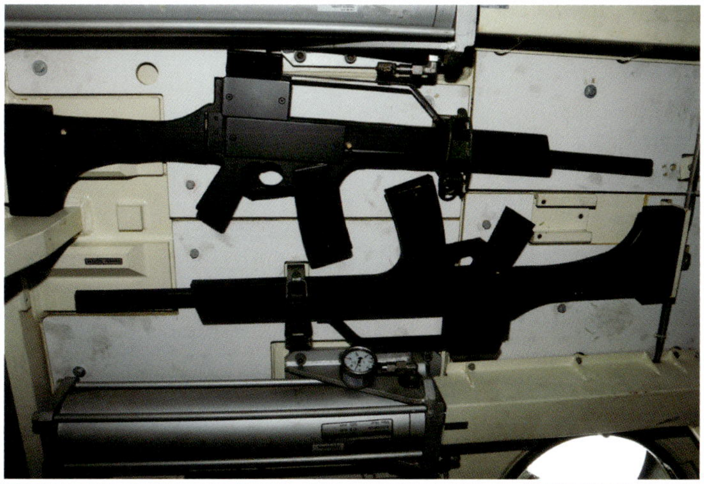

Zwischen den pneumatischen Ausgleichern sind ebenfalls zwei Halterungen für Handwaffen (hier G36-Attrappen). (RZ)

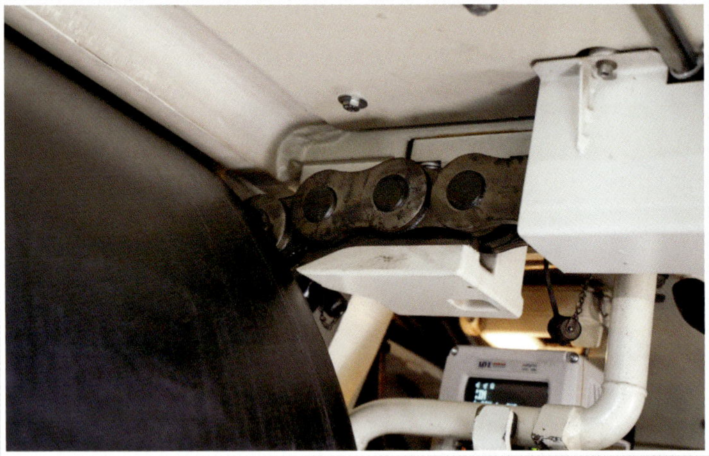

Abb. oben und unten: Zwecks Erhöhung der Präzision im Höhenrichten wird ein Kettenantrieb auf beiden Seiten benutzt.

Die Rohrposition in höchster Erhöhung zeigt oben deutlich die glatte Rundung der Rohrwiege.

Bodenstück in höchster Rohrerhöhung, auf dem geschlossenen Verschlusskeil befindet sich das Treibladungsmagazin mit dem darüber sichtbaren Raststück.

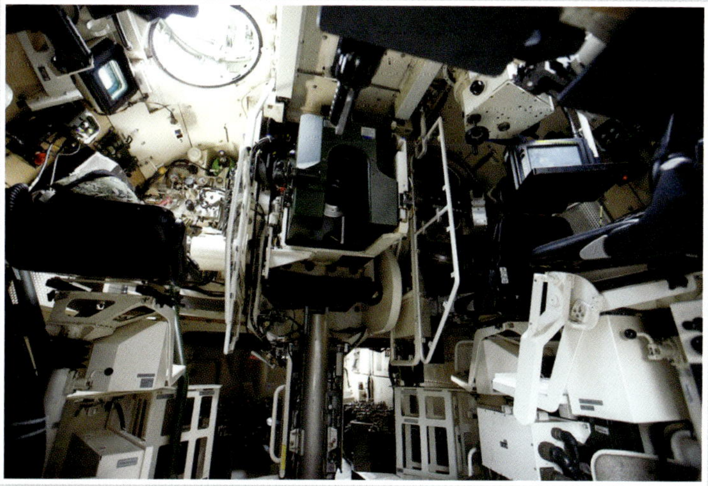

Der Blick auf die Vorderseite des Turmbodens zeigt eine Vielzahl von Verstauorten für die Ausrüstung der Besatzung.

Rechts hinten über der GÜBA Elektronik ist eine wichtige waffenseitige Box für den Zündkanalreiniger, den (manuellen) Primertakter, einen Deckungswinkelmesser, den Feuerleitquadranten sowie Abzugsleinen. Außerdem befindet sich dort ein Ersatz-Liderungsring.

Unter dem zur Seite geschobenen Abdeckblech ist – sozusagen in Ruheposition – der Geschosstransporter zu erkennen

Die Schiebetüren zur den Treibladungsmagazinen werden mit Hilfe eines abklappbaren Handdrehhebels geöffnet und geschlossen.

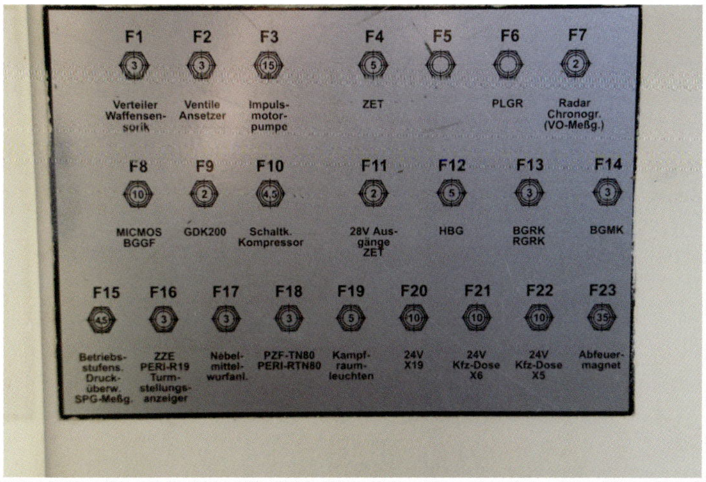

Der Blick auf die Sicherungsübersicht für die turm- und waffenseitigen Leistungselektroniken zeigt eindrucksvoll die Vielfalt der Schalt- und Messeinheiten.

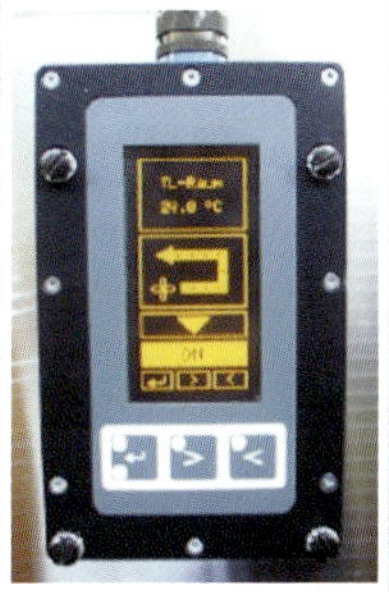

Beim GF an der Turmwand ist bei eingerüsteter Treibladungskühlanlage (TLKA) das dazugehörige Bediengerät angebracht mit Betriebs- bzw. Störungsanzeigen und zwei Funktionstasten

Einsatzkonzept

Von Joachim Schwarz

FEUERKAMPF UND FEUERLEITUNG

Die Panzerhaubitze 2000 des II. Zuges der 4. Batterie/Artilleriebataillon 715 steht in der Gedeckten Aufstellung (GA). Seit Tagen steht die Besatzung im Feuerkampf bei der Unterstützung der Panzerbrigade 71 im Rahmen der Verteidigung der NATO-Ostflanke gegen die Streitkräfte »Rotlands«. Sie widmet sich, Standardabläufen folgend, dem technischen Dienst und der Versorgung, als ein Piepton den Eingang eines Datentelegramms anzeigt.

Der Geschützführer wirft einen Blick auf den Bildschirm des BGGF, prüft kurz die Meldung und ruft laut »Feuerkommando!«. Auf der Stelle sitzen alle Soldaten auf, der Kraftfahrer lässt den Motor an und marschiert auf Befehl des Geschützführers in die erkundete Feuerstellung. Während der Fahrt prüft der Geschützführer das Feuerkommando und ruft der Besatzung die Munitionsdaten zu, damit die Treibladungen vorbereitet werden können. Als die PzH 2000 in Stellung steht, übernimmt der Geschützführer das Feuerkommando, der Turm mit der Waffe schwenkt automatisch in den vom Geschütz errechneten Teilring und die zugehörige Erhöhung ein. Zeitgleich beginnt die Munitionszuführanlage mit der Entnahme der befohlenen Munition aus dem Geschossmagazin. Der Geschosstransporter legt das erste Geschoss in die Transportschiene, die wiederum die Granate dem Geschossübergabearm übergibt. Aus dem GÜBA wird das Geschoss pneumatisch ins Rohr angesetzt. Der Munitionskanonier 2 legt die Treibladung ein, schließt den Verschluss und gibt den Schuss frei. Zeitgleich wird der nächste Schuss in den GÜBA transportiert, ein weiterer Schuss wartet in der TS und ein anderer steht schon im GT bereit.

Da »Feuern sofort« befohlen ist, drückt der Geschützführer den Feuerknopf auf dem Hauptbediengerät (HBG), der erste Schuss bricht. Nach Rücklauf und Vorholen des Rohres ist der Verschluss geöffnet. Der GÜBA setzt das nächste Geschoss an, der Munitionskanonier legt die Treibladung ein, schließt den Verschluss, gibt frei und der Geschützführer feuert ab. Dieser Vorgang wiederholt sich, bis die befohlene Munitionsmenge für das Kommando erreicht ist.

Als der letzte Schuss gebrochen ist, drückt der Geschützführer einen Knopf, der Turm schwenkt automatisch in die Zurrposition und das Rohr wird gezurrt. Nach weniger als 30 Sekunden marschiert die Haubitze in die nächste GA. Das Feuerkommando ist beendet. Bevor das letzte Geschoss im Ziel aufschlägt, ist die Panzerhaubitze 2000 aus der Feuerstellung verschwunden.

Währenddessen blieb der Gegner nicht untätig. Nachdem der erste Schuss gebrochen war, wurde die Geschossflugbahn der PzH 2000 durch ein Radar der Streitkräfte »Rotlands« detektiert. Der Radarbediener meldete die Zielkoordinaten umgehend an seinen Gefechtsstand, worauf ein hoch priorisiertes Feuerkommando an die Artillerie »Rotlands« erging. Dieser Vorgang benötigte zwar nur wenige Minuten, dennoch schlägt das Gegenfeuer in unbesetztem Gelände auf und bleibt wirkungslos.

Dieses kurze fiktive taktische Beispiel zeigt die Qualität des Waffensystems PzH 2000 im Rahmen der artilleristischen Feuerunterstützung. Das Waffensystem mit seinen besonderen technischen Fähigkeiten versetzt Truppenführer in die Lage, Artillerieunterstützung im Gleichklang mit dem hohen operativen Tempo der Kampftruppe zu planen und mit der Beschleunigung des Bekämpfungsvorganges die Verfügbarkeit der Artillerie zu erhöhen. Die bereits zur Zeit des Kalten Krieges entwickelten *»Shoot & Scoot«*-Einsatzgrundsätze konnten mit dem System Panzerhaubitze 2000 zur Perfektion weiterentwickelt werden. Mit *»Shoot & Scoot«* wird das schnelle Aufeinanderfolgen von Feueraufträgen (engl. *to shoot* = schießen) und Stellungswechseln (engl. *to scoot* = abhauen, verschwinden) umschrieben. Die schnelle Abfolge von Feuerkampf und Stellungswechsel machte es möglich, sich feindlichem Gegenfeuer durch aktive Schutzmaßnahmen – Auflockerung und Bewegung – weitgehend zu entziehen. Im Ukrainekrieg 2022/23 führte diese Eigenschaft dazu, dass keine Panzerhaubitzen 2000 durch feindliches Gegenfeuer in der Stellung wirksam bekämpft werden konnten.

Einsatz

Der Einsatz der Artillerie ist grundsätzlich unabhängig von der Operationsart, sei es in der Verteidigung, der Verzögerung oder im Angriff. Besonderheiten gibt es lediglich in der so genannten »Stabilisierungsoperation«, auf die in der Folge noch kurz eingegangen werden wird.

Als wesentliche Trägerin des Feuerkampfes in die Tiefe verbessert die Artillerie die Duellsituation für die Kampftruppe. Sie be-

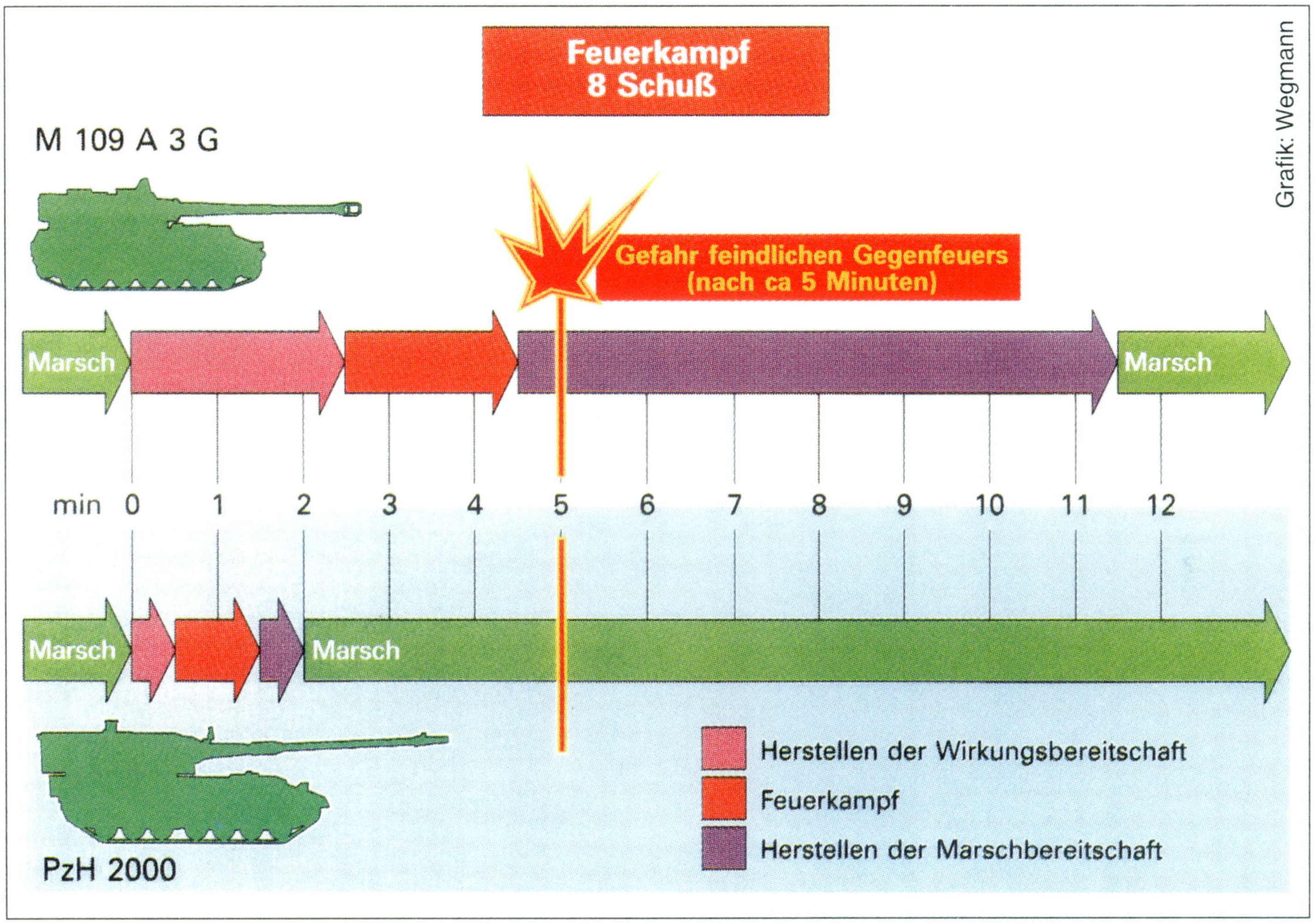

Diese Skizze verdeutlicht die gravierenden zeitlichen Unterschiede bei der Erfüllung von Feueraufträgen bei der alten PzH M 109 A3G und der PzH 2000. (Wegmann)

kämpft Flächen- und Punktziele mit Rohr- und Raketensystemen, sperrt Geländeabschnitte, blendet gegnerische Kräfte und trägt mit Aufklärung und Zielortung zum Lagebild des Truppenführers bei.
Die Planung des Feuerkampfes erfolgt auf der Ebene Großverband. Kern der artilleristischen Feuerunterstützung im unmittelbaren Zusammenwirken mit der Kampftruppe ist das Artilleriebataillon der Brigade. Es bekämpft vorwiegend Ziele, die kurz- und mittelfristig eigene Kräfte bedrohen.
Auf der Ebene Division widmet sich die Artillerie überwiegend gegnerischen Kräften in der Tiefe und bekämpft Ziele, die sich zwar nicht unmittelbar auswirken, aber im weiteren Verlauf des Gefechtes die Duellsituation für die Kampftruppe negativ beeinflussen können. Des Weiteren bekämpft die Panzerartillerie auf Divisionsebene mit Schwerpunkt feindliche Kräfte, die sich indirekt auf das Gefecht auswirken. Dazu zählen zum Beispiel gegnerische Artillerie, Gefechtsstände, Versorgungseinrichtungen und Stellungen der Flugabwehr. Zunehmend werden auch Drohnenstellungen hierzu gezählt werden müssen.

Bedrohung

Die Erfordernis für die »*Shoot & Scoot*«-Taktik, die den Forderungen an Beweglichkeit der PzH 2000 zugrunde lag, ergibt sich aus der Art und Weise, wie gegnerische Kräfte die Feindartillerie-Bekämpfung durchführen. Ausgehend von Zielortungsdaten einer Vielzahl von Sensoren gilt die gegnerische (also unsere) Artillerie als primäres Ziel und wird mit allen zur Verfügung stehenden Mitteln bekämpft. Dabei wird regelmäßig mit massivem Munitionseinsatz auch unter Verwendung von Streumunition ge-

Instellungfahren aus einem geschützten Raum heraus, hier Haubitzen des Artillerielehrbataillons 325.

Panzerhaubitze 2000 des Artillerielehrbataillons 345 eröffnet das Feuer. (ArtS)

feuert. Zum Einsatz kommen hierbei unter anderem so genannte *Counter Battery Radars* (CBR) des Typs ZOOPARK-2. Sie sind in der Lage, 120-mm-Mörser bis auf 15 km, 155-mm-Geschütze bis auf 10 km und Raketen bis auf 20 km Entfernung zu orten.
Eine überaus tödliche Bedrohung auf dem modernen Gefechtsfeld stellen weiterhin die immer weiter entwickelten Drohnen dar, seien sie autonom operierend (oft als »Selbstmord-Drohne« benannt, vergleichbar der israelischen HAROP) oder durch Steuerer gelenkt, wie die russische DOZOR 100. Haubitzen in Feuerstellung bilden für derartige Systeme grundsätzlich bevorzugte Aufklärungs- und Bekämpfungsziele.
Dieser Bedrohung kann vorzugsweise durch weitgehende Auflockerung und Minimierung der Verbleibzeit in der Feuerstellung begegnet werden. Durch die bekannt wirksamen Maßnahmen Tarnung – Deckung – Auflockerung – Bewegung kann es gelingen, sich der gegnerischen Artilleriewirkung vollständig zu entziehen.
Die PzH 2000 ist mit einer gut ausgebildeten Besatzung dazu jederzeit in der Lage.

Einsatzzyklus

Der Einsatzzyklus der PzH 2000 dauert im Idealfall und abhängig vom geplanten Munitionseinsatz bis zu drei Minuten. Nach dem Anmarsch aus der GA sind für die Phase des Instellunggehens ca. 30 Sekunden zu veranschlagen, der Feuerkampf nimmt je nach Munitionseinsatz bis zu zwei Minuten in Anspruch. Es dauert im Höchstfall 30 Sekunden, bis die Haubitze wieder marschbereit ist und in die nächste GA wechselt.

Joint Fire Support Team (JFST; Gemeinsamer Feuerunterstützungstrupp) auf Spähwagen Fennek in der Boden-Boden-Version. (KMW)

Zieldatengewinnung

Wie jedes Waffensystem benötigt die PzH 2000 Zieldaten. Diese werden, analog zur Vorgehensweise eines potenziellen Gegners, aus einer Vielzahl von Sensoren auf dem Gefechtsfeld gewonnen. Hierfür stehen in der Artillerie die technischen Zielortungsradare, Gefechtsfeldradare und Drohnen zur Verfügung. Weiterhin generieren die *Joint Fire Support Teams* (JFST; Gemeinsame Feuerunterstützungstrupps), die unmittelbar mit der Kampftruppe gekoppelt sind, Zieldaten unterschiedlicher Genauigkeit, jedoch mindestens mit einer Zielortungsgenauigkeit von 50 Metern im Umkreis.

Das JFST verfügt über verschiedene Fahrzeuge. Da wäre zum einen der Fennek JFST zu nennen, eine Spezialausführung des Spähwagens Fennek. Im JFST dient er als Zweifahrzeuglösung in der Ausführung Boden-Boden und Luft-Boden. Für die schweren Kräfte soll es das GTK Boxer werden, bis dahin stellt der Spz Marder das JFST-Transportfahrzeug. Und für die leichten Kräfte wird noch entschieden.

FÜWES ADLER

Die gewonnenen Zieldaten werden in den Systemverbund FÜWES ADLER (Führungs-, Waffen- Einsatzsystem Artillerie Daten-Lage-Einsatz-Rechnerverbund) eingegeben und stehen dann dem Artillerienetzwerk zur Verfügung. Sie werden auf den Führungsebenen ausgewertet, priorisiert und an die Waffensysteme übermittelt. Hierzu werden Aufträge aus den Operationszentralen (OPZ) der Artillerie an die Feuerleitstellen der PzH-2000-Züge per Datenfunk gesendet und stehen damit auf Ebene der feuernden Teile zur Verfügung.

Abschließend werden an die Geschütze entweder Kommandodaten mit Teilring und Erhöhung oder Zieldaten mit Zielkoordinaten übermittelt. Im letzteren Fall berechnet die PzH 2000 den zugehörigen Teilring und die Rohrerhöhung aufgrund der programmierten ballistischen Daten im bordeigenen Rechner. Dies ist zugleich auch der Standard.

Unverändert besteht jedoch die Möglichkeit, bei Ausfall oder dauerhafter Störung der ADLER-Anlage die Zieldaten im Sprechfunkbetrieb zu übermitteln und manuell in den Bordrechner der PzH 2000 einzugeben.

Bedienung des FüWES ADLER II (oberes Bild), darunter die neue Bedienoberfläche von ADLER III

Wetter

Um präzise gegen Ziele wirken zu können, benötigt die PzH 2000 aktuelle Wetterdaten. Diese werden durch die Wettergruppen der Artillerie ermittelt und in den ADLER-Verbund eingegeben. Sekunden später stehen sie allen Teilnehmern im Verbund zur Verfügung. Zwar können die Wettermeldungen auch per Sprechfunk übermittelt und per Hand eingegeben werden, die Hauptbetriebsart ist jedoch der Datenfunk mit seinen fehlerfreien und damit überlegenen Übertragungen.

Einsatzmöglichkeiten während des Marsches

Grundsätzlich kann jede PzH 2000 aus dem Marsch anhalten und im gewohnten 30-120-30-Sekundenzyklus feuern. Zudem ist sie in der Lage, 360 Grad rundum zu schießen. Damit ist sie ideal geeignet, auch während eines Marsches kurzfristig Feuerunterstützung zu leisten.

Vorstellbar sind darüber hinaus der begleitende Einsatz und der Einsatz entlang einer Marschstraße.

Die Geschütze sind nicht – wie etwa bei der Panzertruppe – mit Turmnummern gekennzeichnet, sondern traditionell mit Kennbuchstaben. Im Bild die Haubitze »H«, also das achte Geschütz einer Batterie, das zum zweiten Geschützzug gehört. (WB)

Einsatzraum Planung

Die Planung der Feuerstellungsräume für die PzH 2000 erfolgt grundsätzlich im Rahmen der Planung des übergeordneten Großverbandes. In der *Joint Fire Support Coordination Group* (JFSCG; Gemeinsame Gruppe zur Abstimmung der Feuerunterstützung) werden die Einsatzräume der Artillerieverbände in Abstimmung mit der OPZ geplant und für die ersten zwei Phasen der Operationsführung als Vorgabe festgelegt; insbesondere um Raumkonflikte mit der Kampftruppe zu vermeiden. Neben der Abbildung des Einsatzes der PzH 2000 im *Battle Management System* (BMS) ist die Raumordnung mit der Luftraumordnung (*Airspace Management,* ASM) abzustimmen.

In den zugewiesenen Einsatzräumen des Artilleriebataillons planen die Panzerartilleriebatterien für ihre Geschützzüge die Feuerstellungsräume, in denen später die Feuerstellungen, Ladeplätze und gedeckten Aufstellungen erkundet und vorbereitet werden. Die Züge rotieren im Feuerkampf durch die Stellungen und ihre zugehörigen GAs. Die Feuerstellungen werden grundsätzlich zugweise bezogen.

Grundsätzlich wird der Geschützzug nach Aufnahme der befohlenen Munition auf dem Ladeplatz eine GA beziehen und dort auf den Feuerauftrag warten. Dann beginnt der Einsatzzyklus der bereits beschriebenen »*Shoot & Scoot*«-Taktik: Feuerauftrag – Marsch in die Feuerstellung – Feuerkampf mit der befohlenen Munitionsart und -menge – Marsch in die befohlene GA – Warten auf Folgeauftrag.

MRSI

Mit dem Verfahren »*Multiple Round Simultaneous Impact*« (MRSI) kann ein Geschützzug die Feuerkraft einer Geschützbatterie entwickeln, da er bis zu fünf Schuss gegen ein Ziel in unterschiedlichen Erhöhungen abfeuern kann, die im Ziel aufgrund der mit steigender Schussanzahl abnehmenden Flugzeit nahezu zeitgleich (maximal binnen einer Sekunde) einschlagen. Somit gelingt es, überraschend hochintensives Feuer auf Ziele zu leisten oder mit weniger Waffen einen gewünschten Effekt zu erreichen. Voraussetzung für ein erfolgreiches MRSI-Schießen ist eine im scharfen Schuss ausgebildete und eingespielte Besatzung, da sowohl Geschoss als auch Treibladung in einem vergleichsweise kleinen Zeitfenster zwischen zwei Schüssen in den Ladungsraum der PzH 2000 angesetzt bzw. eingelegt werden müssen.

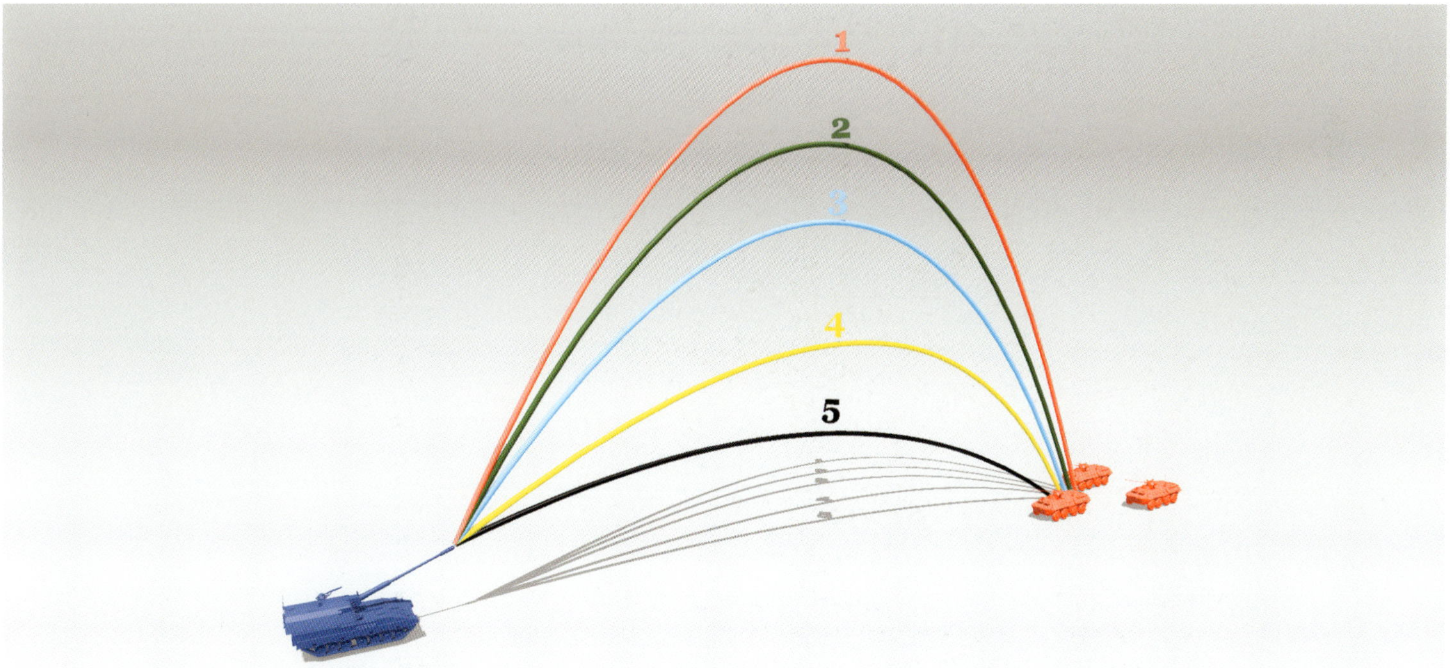

Prinzip des MRSI-Feuerschlages (Multi Round Simultaneous Impact = Mehrere Geschosse, gleichzeitiger Einschlag). (J. Schwarz)

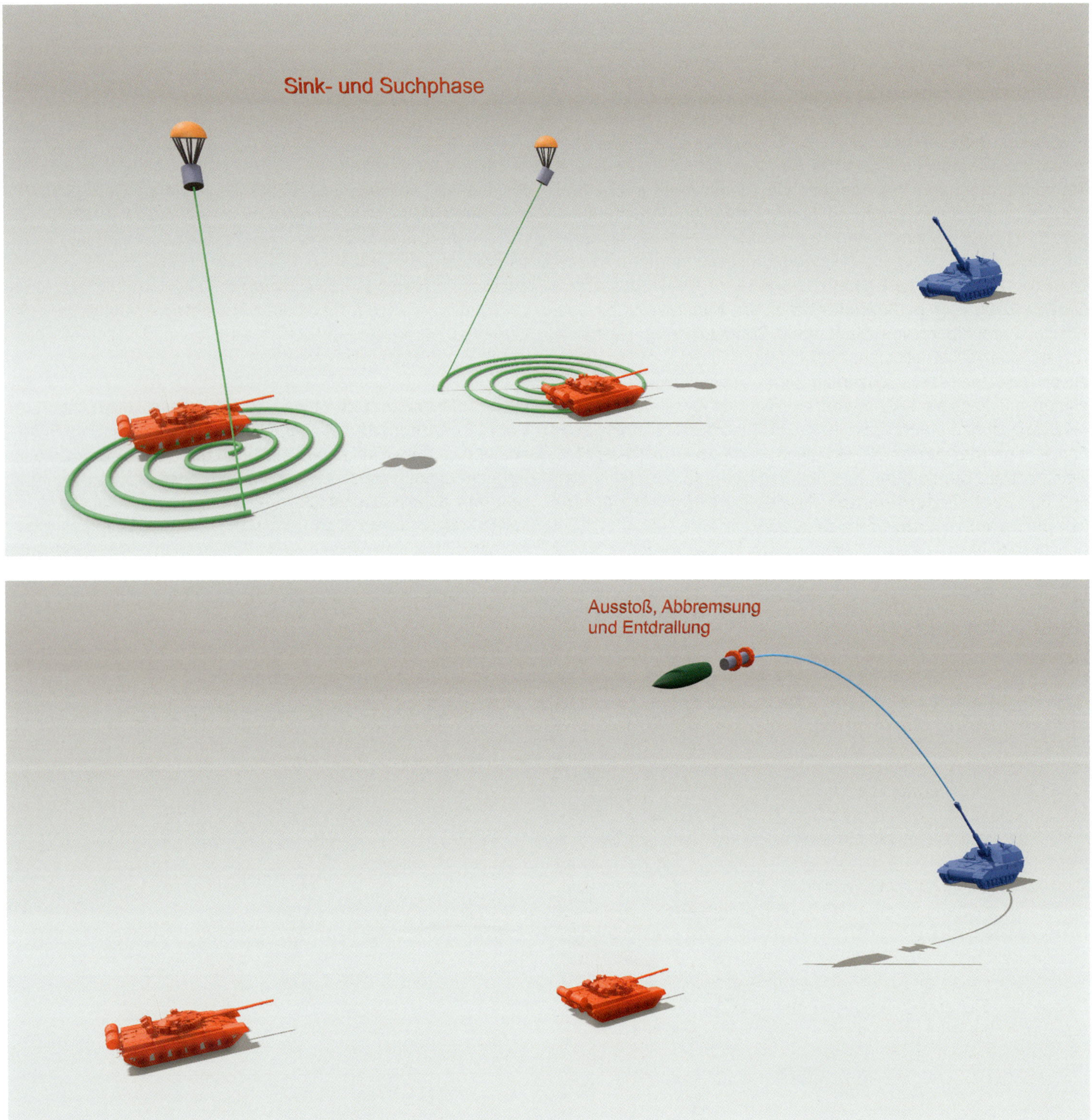

Funktionsprinzip der Suchzündermunition Artillerie (SMArt). (J. Schwarz)

Direktes Richten

Das Schießen im direkten Richten dient der Verteidigung der Feuerstellung oder der Verstärkung der Sicherung der Panzerartilleriebatterie, beispielsweise in Verfügungsräumen. Hierbei wird die Waffe ähnlich einem Kampfpanzer gegen Bodenziele in Sichtentfernung zur Wirkung gebracht. Damit steht in der PzH 2000 ein mächtiges Mittel zur Selbstverteidigung oder Raumsicherung zur Verfügung.

Munitionsversorgung

Die PzH 2000 verschießt grundsätzlich vier Munitionstypen.
Für das Zerschlagen von Zielen steht ***Sprengmunition*** zur Verfügung, von Artilleristen kurz HE (*High Explosive)* genannt. Der zugehörige Multifunktionszünder kann sowohl als Aufschlagzünder mit oder ohne Verzögerung, als Zeitzünder oder als Annäherungszünder verschossen werden. Der Annäherungszünder löst in einer definierten Höhe über dem Ziel aus und bring das Geschoss zur Detonation.
Mit der **Suchzündermunition Artillerie** (SMArt) ist das Bekämpfen von gepanzerten Fahrzeugen einschließlich Kampfpanzern möglich. Dieses Geschoss stößt über dem Ziel zwei Tochterladungen aus, die mit ihrer Multisensorik das unter ihnen liegende Gelände spiralförmig abtasten und bei Übereinstimmung der Programmierung mit der Zielsignatur ein detonativ geformtes Projektil von oben auf das Ziel abfeuern. Die Wirkung ist besonders bei Panzern russischer Bauart für die Besatzungen verheerend, wie der Ukrainekrieg gezeigt hat[1].
Nebelmunition wird verwendet, um Geländeteile der Feindsicht zu entziehen oder um die Gefechtsführung eigener Truppen zu verschleiern.
Leuchtmunition ermöglicht das Beleuchten von Geländeteilen bei Dunkelheit. Sie wird stets so eingeschossen, dass die maximale Beleuchtungszeit von einer Minute bestmöglich ausgenutzt werden kann.
Der Einsatz jeglicher Munitionsart bedingt eine enge Zusammenarbeit mit der Kampftruppe und eine ständige Abstimmung von Feuer und Bewegung.
Für die Versorgung mit Artilleriemunition werden **Ladeplätze** feuerstellungsnah eingerichtet. Die Ladeplätze werden von der Munitions-, Sicherungs- und Austauschgruppe (MSA) betrieben. Auf Befehl beziehen die Geschützzüge ihre Ladeplätze und ergänzen ihre Kampfbeladung. Für das vollständige Aufmunitionieren benötigt eine eingespielte Besatzung maximal 15 Minuten. Dabei werden insgesamt 60 Geschosse mit einem Gesamtgewicht von etwa 2,6 Tonnen pro Geschütz von Hand bewegt.

Stellungswechsel

Auf Befehl des Artilleriebataillons wechseln die Geschützbatterien mit den Geschützzügen die Feuerstellungsräume. Stets sind dabei mindestens 60 Prozent der Waffensysteme für den Feuerkampf verfügbar zu halten. Alternativ kann aus dem Marsch verzugslos in Stellung gegangen werden. Das Bataillon entscheidet, ob vor dem Marsch in den neuen Feuerstellungsraum über den Ladeplatz marschiert werden muss, um die Kampfbeladungen der PzH 2000 zu ergänzen.

Besonderheiten in der Stabilisierungsoperation

Bei so genannten Stabilisierungsoperationen zeigte sich insbesondere in Afghanistan, dass sich der Einsatz der PzH 2000 auch bei Unternehmungen vermeintlich niedriger Intensität gewinnbringend für die zu unterstützende Kampftruppe auswirkte. So konnten die Panzerhaubitzen im Jahr 2010 mit ihrer Feuerkraft die unter Druck geratenen Einsatzkräfte in Afghanistan wirksam unterstützen[2].
Anders als in klassischen Szenarien ist davon auszugehen, dass die PzH 2000 vielfach aus stationären Feuerstellungen innerhalb von Feldlagern oder Befestigungen eingesetzt wird, um einen größtmöglichen Schutz für die Besatzung und das Hochwertwaffensystem zu bieten. Dieses »Firebase« (Feuerstellung od. Feuerstützpunkt) genannte Prinzip ermöglicht es, den Einsatzkräften innerhalb des Wirkungsbereiches der PzH 2000 wirksam Feuerunterstützung zu leisten. Bei Stabilisierungsoperationen ist stets die Vermeidung von Kollateralschäden anzustreben.

1 https://soldat-und-technik.de/2022/07/streitkraefte/32095/analyse-des-artilleristischen-feuerkampfes/

2 https://www.spiegel.de/politik/ausland/krieg-in-afghanistan-bundeswehr-setzt-schwere-artillerie-gegen-aufstaendische-ein-a-705848.html

Geschützte Feuerstellung für Dauereinsatz im OP North in Afghanistan (RZ)

Ausbildung

Offiziere werden im Rahmen des fachlichen Teils ihres Offizierlehrgangs an der Artillerieschule am System PzH 2000 ausgebildet, der Schwerpunkt der Ausbildung liegt jedoch auf den Tätigkeiten und Aufgaben des Geschützzugführers in Vorbereitung auf die Folgeverwendung in der Truppe.

Die Ausbildung der Geschützführer erfolgt auf dem militärfachlichen Teil (MFT) des Feldwebellehrgangs. Dieser fünfeinhalbmonatige Lehrgang an der Artillerieschule in Idar-Oberstein befähigt den Geschützfeldwebel zum selbstständigen Führen und Bedienen der PzH 2000. Die Ausbildung findet in erheblichen Teilen Simulator-gestützt statt.

Die Ausbildung der Mannschaften an der PzH 2000 erfolgt in den Verbänden der Artillerie im Rahmen der Truppenausbildung.

Zusammenfassung

Die Einsatzgrundsätze der PzH 2000 nutzen die herausragenden technischen Fähigkeiten des Waffensystems. Mit dem »*Shoot & Scoot*«-Prinzip gelingt es, die Haubitzen wirksam feindlicher Waffenwirkung zu entziehen. Die hohe Beweglichkeit und der kurze Einsatzzyklus ermöglichen dem Artillerieverband eine Lage-angepasste und schnelle Feuerunterstützung mit unterschiedlichen Munitionsarten. Unter diesen Gesichtspunkten nimmt die PzH 2000 weltweit eine Ausnahmestellung ein.

Panzerhaubitze 2000 bei Übungen und im Einsatz

Von Wolfgang Schneider

ARTILLERIETRUPPE IM WANDEL

Im Laufe der Kriegsgeschichte spielten weitreichende Waffen eine zunehmend wichtigere Rolle und entschieden viele Schlachten. Spektakulär waren z. B. die Erfolge der technisch überlegenen deutschen Artillerie (erste Hinterlader) im deutsch-französischen Krieg 1870/71.

Folgerichtig kam der Truppengattung eine immer größere Bedeutung zu unter Berücksichtigung von ständiger Kaliber- und damit Reichweitensteigerung, noch einmal entscheidend verstärkt durch die Beistellung von motorisierten Selbstfahrlafetten in den 1940er-Jahren. Damit wurde es möglich, die Artillerie im engen Verbund mit den zu unterstützenden Kampftruppenverbänden einzusetzen.

Darüber hinaus gab es zunächst auch auf Divisionsebene geführte Artilleriekräfte mit weiter reichenden Rohr- und Raketenartilleriesystemen, bei der Rohrartillerie auch in Kaliberbereichen von 175 bis 203 mm.

Basierend auf den Erfahrungen des 2. Weltkriegs agierte auch die Bundeswehr von Beginn an im so genannten »Gefecht der Verbundenen Waffen«. Der Kampfbrigade mit ihren Panzer- und Panzergrenadierbataillonen – als Kern der taktisch-operativen Kräfte – war unmittelbar, d. h. in der Großverbandsgliederung, ein Panzerartilleriebataillon mit mehreren Batterien fest unterstellt. Im zunächst analog geführten Gefecht forderte die Kampftruppe mittels speziell ausgebildeter Vorgeschobener Beobachter (VB) oder auch mittels Standortdaten per Funk die benötigte Unterstützung an. Auch luftgestützte Aufklärungs- sowie Schallmessdaten wurden zunehmend genutzt, bald auch radarseitige.

Verglichen mit den heutigen Abläufen (zeitnahe Aufklärung gegnerischer Schussabgaben auch auf große Entfernungen), dauerte es signifikant länger, Steilfeuerunterstützung zur Wirkung zu bringen, auch mit der Folge, dass schießende Batterien oft über längere Zeiträume in Stellung standen. Dies hätte in heutigen Zeiten unter Umständen verheerende Folgen!

Durch den traditionellen Einsatz von Vorgeschobenen Beobachtern (VB) waren auch die Phasen der Zielbekämpfung sehr lang. Es mussten erst die Schussablagen im Gelände beobachtet und mühselig durch Korrekturkommandos (»5 Strich rechts, 200 m kürzer« usw. usw.) berichtigt werden. Erst danach startete das so genannte Wirkungsschießen aller Geschütze.

Führten verstärkte Kampfbataillone wichtige taktische Aufträge unter klarer Schwerpunktbildung durch (z. B. Einnahme von Schlüsselgelände oder Bilden von Brückenköpfen, oder nadelstichartige Gegenangriffe in Defensivoperationen), wurden zum Teil auch einzelne Haubitzen-Batterien diesen direkt unterstellt. Dies war auch ihren damals deutlich niedrigeren Wirkungsreichweiten geschuldet. Auch gab es zu diesen Zeiten Aufgabenverteilungen zwischen der Brigade- und der Divisionsartillerie.

Letztere wurden nur schwerpunktseitig auf unteren taktischen Ebenen eingesetzt. Ihre sonstigen Hauptaufgaben waren die Bekämpfung feindlicher Artilleriestellungen, Ausschalten von Führungs- und Aufklärungskräften des Feindes, Abriegeln von Folgekräften sowie Zerstören von logistischen Einrichtungen.

Die krassen Weiterentwicklungen auf diesem Gebiet wurden in den vorangegangenen Abschnitten eindrucksvoll geschildert.

Nach dem vorschnellen Abbau der Bundeswehr gab es nicht nur einen drastischen zahlenmäßigen Abbau. Vielmehr verabschiedete man sich von der Gattung »Panzerartillerie«. Von den derzeit (2022) nur vier Artilleriebataillonen ist das ArtBtl 295 direkt der deutsch-französischen Brigade unterstellt, die drei anderen Verbände der 1. bzw. der 10. Panzerdivision. Ausbildungsseitig arbeitet das Lehrbataillon 345 in Idar-Oberstein eng mit der dortigen Artillerietruppenschule zusammen.

Im Zuge der Umgliederung und damit einer unumgänglichen Vergrößerung wird es demnächst weitgreifende Um- und Neugliederungen auch in der Artillerietruppe geben. Einzelheiten sind noch nicht festgelegt.

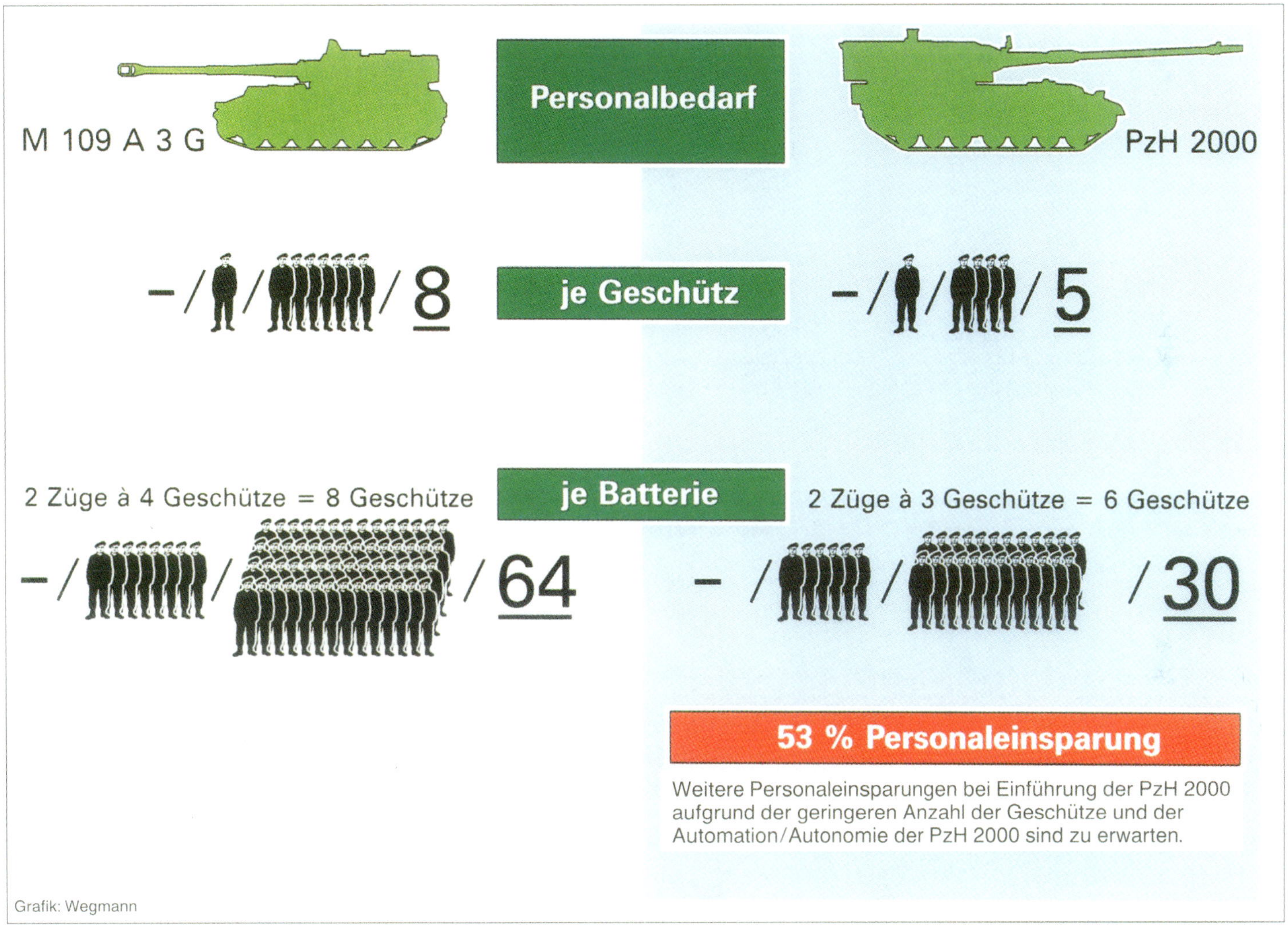

Die großen Unterschiede in der Besatzungsstärke der M109 im Vergleich zur PzH 2000 haben vor allem zwei Gründe: Zum einen müssen die von der Feuerleitung eingegangenen ballistischen Zieldaten manuell eingegeben werden (außer bei moderneren Versionen), zum anderen besteht keine automatische Geschosszuführung und auch -ansetzung.
Daher gibt es zwei Richtkanoniere bei der M109: Der eine sitzt vorne links im Kampfraum und richtet den Turm mit dem Rundblickperiskop hydraulisch, der andere steht rechts im Kampfraum und bedient die Rohrerhöhung. Die beiden Ladekanoniere entnehmen die Geschosse, bezündern sie und laden sie manuell, danach die Treibladung. Dies dauert auch deutlich länger als in der PzH 2000.

Artillerie Daten-Lage-Einsatz-Rechnerverbund (ADLER) im MTW M113A3 und dahinter das Trägerfahrzeug Rechnerverbund Artillerie M113 G3 EFT GE A0 Führungs- und Feuerleitstelle (RZ)

Einbindung in der C4-Umgebung und in den Aufklärungsverbund

Das »System Artillerie« trägt mit seinen Aufklärungsmitteln sowie den Feuerunterstützungs-Organen zur Lage-, Ziel- und Wirkungsaufklärung bei, bzw. es nutzt entsprechende Informationsdaten anderer »Lieferanten«, und dies im nationalen wie im multinationalen Umfeld.

Die Aufgabe des FÜWES ADLER wurde bereits im Kapitel *Einsatzkonzept* erläutert. Datenseitig angebunden an das FüInfoSys H (Führungs- und Informationssystem Heer), ist die gegenseitige Datenverarbeitung gegeben. Stetig weiterentwickelt, ist mittlerweile die 3. Generation (ADLER III) in Nutzung. In der Gefechtsstandsorganisation wird ein Lkw 5 t mit ADLER-Kabine genutzt, auf dem Gefechtsfeld gepanzerte Fahrzeuge. Ein Austausch von Daten mit anderen Nationen ist über eine Schnittstelle *Artillery Systems Cooperation Activities* (ASCA) möglich. Darüber hinaus gibt es weitere Taktische Datenlinks (TDL).

Im Zuge der Einführung der »Streitkräftegemeinsamen takti-

Transportpanzer Fuchs A4A5 mit ADLER-Ausstattung. (RZ)

schen Feuerunterstützung« (STF) wurde für die *Joint Fire Support Teams* (JFST), die den gepanzerten Brigaden zugeordnet sind, eine modifizierte Ausführung des Spähwagens Fennek beschafft, bei dem u. a. die bisherige Beobachtungs- und Aufklärungsausstattung I (BAA I) – entsprechend der höheren Anforderungen – leistungsgesteigert wurde. Die BAA II ist nunmehr mit dem gekühlten Wärmebildgerät (WBG) der 3. Generation ATTICA ausgestattet. Mit Hilfe eines Bildfusionsmodus´ lassen sich die Daten mit denen der Tagsichtkamera kombinieren. Damit kann der Beobachter zunächst nicht sofort sichtbare Details analysieren und auf Grundlage der optimierten Abbildung eine qualifiziertere Zielauswahl treffen. Darüber hinaus sind eine hochauflösende CCD-Kamera (bei Bedarf als elevierbare Zielvermessungsanlage), ein augensicherer Laser-Entfernungsmesser sowie ein Laser-Zielbeleuchter (zur Zielmarkierung z. B. von gelenkten Wirkkörpern für die finale Trefferphase) verfügbar. Sowohl das WBG als auch die

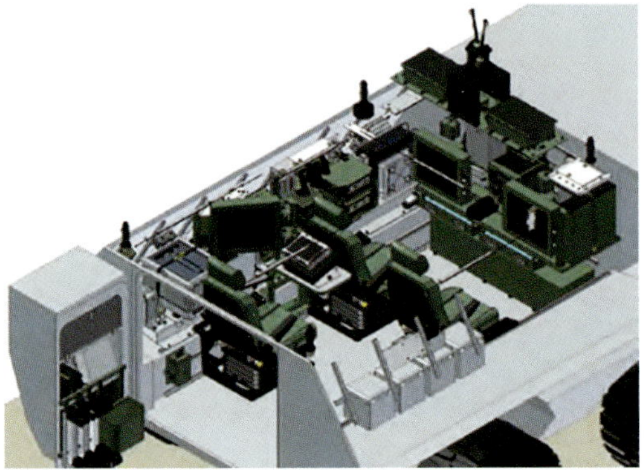

Blick ins Innere der ADLER-Kabine. (ESG)

Joint Fire Support Team (JFST) mit Spähwagen Fennek. (KMW)

Bei der Gebirgstruppe soll das extrem geländegängige BV 206 zum JFST-Träger werden.

JFST-Projekt auf GTK Boxer. (ARTEC)

Für den abgesessenen Einsatz sind die Feuerunterstützungstrupps mit der Beobachtungsausstattung NYXUS ausgestattet, einer mobilen Führungsanlage auf Grundlage des FüWES ADLER und einem Video-Downloadlink-System ROSETTA. (BW)

Das Artillerie-Ortungsradar COBRA (Counter Battery Radar) wird zur Ortung feindlicher Steilfeuerpositionen mittels Projektilverfolgung genutzt, so dass sowohl Abschuss- als auch Aufschlagskoordinaten ermittelt werden können. (ArtS)

Die Zielortungs-Drohne KZO hat eine Reichweite von ca. 65 km bei einer Flugzeit von maximal 3,5 Stunden. (Rhm)

Das Artilleriebeobachtungsgerät ABRA auf M112 dient der Raumüberwachung und der Zielaufklärung bei Tag und Nacht.

Kamera zeigen bis zu vier Sehfelder an, für Gesamt- oder Detailausschnitte. Eine automatische Bewegungsdetektion unterstützt den Beobachter besonders bei längeren Überwachungsphasen und warnt ihn bei Annäherungen. Mittels einer Fernbedienung kann die BAA II, beispielsweise auf einem Stativ außerhalb des Fahrzeuges eingesetzt, vom Fahrzeug aus bedient werden. Die Reichweiten betragen 16 km bzw. fünf Kilometer für die Identifizierung.

Diese Trupps bestehen aus zwei Fahrzeugen, das zweite für den Aufklärungsbereich Boden-Luft. Sie sind in Datenverbindung mit dem *Joint Fire Support Coordination Team* (JFSCT) auf Bataillonsebene (ebenfalls auf TPz Fuchs) sowie der übergeordneten *Joint Fire Support Coordination Group* (JFSCG) gekoppelt.

Die Gebirgstruppe ist mit dem BV 206, die Jägertruppe mit dem leichten Lkw Greenliner (Nachfolger des geschützten Geländewagens Wolf) ausgestattet. In Planung ist die Einführung einer GTK-Boxer-Variante für die mechanisierten Kräfte.

Kurz vor der Auslieferung – nicht nur an die Artillerie- sondern auch an die Aufklärungstruppe – steht das neue Bodengebundene Aufklärungs- und Raum-Überwachungsradar (BARÜ). (ELTA)

In allen Phasen der Truppen- und Führerausbildung sowie zum Inübunghalten werden Turmtrainer und Simulatoranlagen für praktische Handhabungen sowie (mit Bildschirmunterstützung und KI-Brillen) zum Durchlaufen von Gefechtssituationen genutzt. (ArtS)

Einen weiteren wichtigen Faktor stellt – neben der Drohnenaufklärung – der Einsatz von Ortungs- und Beobachtungsradargeräten dar. Ein wichtiges Element ist selbstverständlich auch der Faktor Logistik, d. h. die Zuführung sämtlicher Versorgungsartikel per Lkw sowie die Instandsetzung (über die routinemäßigen Wartungsarbeiten hinaus). Im Zuge der politisch angeordneten Reduzierungsmaßnahmen schaffte die Bundeswehr die verbandseigenen Instandsetzungsteileinheiten ab. Damit war eine rasche, effektive Schadensbeseitigung nicht mehr gegeben. Man war auf regionale, auch industrielle Einrichtungen angewiesen. Dies führte zu krassen Wartezeiten und damit zu einem nicht minder langen Absinken der Klarstände! Notgedrungen steuerte man gegen und stattete auch die Artillerieverbände (wieder) mit eigenen Logistikanteilen und entsprechenden Fahrzeugen aus. Für die Instandsetzung marginaler Schäden verfügt der Verband über eine mobile Werkstattausstattung, zunächst bestehend aus einem Lkw 5 t mit einer Kabine und einem Anhänger. Diese wird nun nach und nach ersetzt durch zwei Container – einer für die Werkstattausstattung, der andere beherbergt als so genannter Lagercontainer u. a. das schwere Sonderwerkzeug.

Ausbildung

Im Kapitel *Einsatzkonzept* wurde die Führerausbildung skizziert. Die Basisausbildung der angehenden Kraftfahrer erfolgt ebenfalls in Simulatoren sowie in eigens entwickelten Fahrzeugen – siehe nachfolgenden Abschnitt.

FAHRSCHULPANZER

Von Manfred Kühl

Vorgeschichte

Der Serienauftrag zur Fertigung von 189 Fahrgestellen für die Panzerhaubitze 2000 enthielt auch vier Fahrgestelle, die für Ausbildungszwecke aufbereitet werden sollten. Drei dieser Fahrgestelle sollten eine Fahrschulkabine mit Fahrschulausstattung erhalten. Das vierte Fahrzeug sollte ein so genanntes Wechselfahrgestell werden, das als Austausch bei einer Überbelastung eines der drei Fahrschulpanzer dienen und damit eine schnelle Instandsetzung und eine schnelle Rückführung in den Fahrschulbetrieb ermöglichen sollte.

Der Fahrschulpanzer der PzH 2000, nachfolgend FSP genannt, sollte nach einem vertraglich vereinbarten Lastenheft folgende Ausstattungsmerkmale aufweisen:

- Das FSP-Fahrgestell benötigte keinen Munitionsfluss und brauchte somit auch nicht mechanisch aufwändig bearbeitet werden.
- Auf das Fahrgestell sollte eine trennbare Kabine mit einem unter der Kabine hängenden offenen Kabinenkorb gesetzt werden, beide fest verschraubt mit der Turmzarge des Fahrgestelles. Der offene Kabinenkorb war eine besondere Forderung der Artillerieschule, da ja die Besatzung grundsätzlich durch die hinteren Hecktüren in das Geschütz einsteigt. Diese Forderung sollte in der weiteren Entwicklung noch eine wichtige Rolle spielen und erforderte erhebliche Aufklärungsarbeit.
- Die Kabine sollte eine Rundumverglasung aus Verbundglas erhalten, um dem Fahrlehrer eine optimale Sicht zu gewährleisten.
- Drei bequeme Sitzmöglichkeiten, nach dem neusten Stand der Technik mit Kopfstützen und 3-Punkt-Sicherheitsgurten, sollten nebeneinander auf einer Quertraverse in der Kabine befestigt werden. Der mittlere Sitz als Platz des Fahrlehrers, die beiden Plätze neben ihm für weitere Ausbilder, Fahrschüler, Prüfer usw..
- Die Massen und die Massenlagen der Kabine, des offenen Kabinenkorbs und des Verbindungselements zur Turmzarge, sowie weitere Gewichtselemente im Fahrgestell mussten nahezu den Gewichts- und Schwerpunkts-Daten des Seriengeschützes entsprechen. So sollte sichergestellt werden, dass der auszubildende Fahrer keinen Unterschied zum Fahrbetrieb eines Seriengeschützes feststellt.
- Der Kabinenboden sollte größtenteils offen gestaltet und nur im Fußbereich der drei Sitze mit einer festen, rutschsicheren Bodenplatte versehen werden. Im hinteren offenen Bereich wird zum Ein- und Ausstieg eine Leiter benötigt.
- Das Kabinengehäuse sollte von innen mit einem schalldämmenden Material verkleidet, von außen spritzwassergeschützt und mit einem Schutzanstrich versehen sein.
- Die Fahrschulkabine sollte eine Rohrattrappe erhalten, die den Fahrschüler den Rohrüberhang über die Fahrzeugkontur erkennen lässt. Die Rohrattrappe sollte eine Sollbruchstelle aufweisen, um bei Unfällen bzw. beim Abknicken des Rohrs Schäden an Personen und Gerät zu vermeiden.

- Die Luke des MKF musste auf einen Schwenkbereich von 180° vergrößert werden, um dem Fahrlehrer einen optimalen Blick auf den Fahrschüler zu ermöglichen.
- Zum sicheren Eingreifen des Fahrlehrers im Fahrbetrieb mit einem Fahrschüler musste eine Übersteuerungseinrichtung vorhanden sein.
- Die Einleitung der Bremskräfte vom Fahrlehrer- bzw. Fahrschülerplatz sollte eine gemeinsame Anschlussbox realisieren.
- Die Funktionen des kompletten ABG sollten oben in der Fahrschulkabine dem Fahrlehrer zur Verfügung stehen.

Exakt nach diesen Vorgaben wurde dann der erste Fahrschulpanzer gefertigt. Er lässt sich grob unterteilen in:

Trägerfahrgestell

Aus Zeitgründen wurde für den ersten Fahrschulpanzer das Fahrgestell des PT-02 genutzt, um die gemeinsame Erprobung mit der WTD 41 zeitnah zu ermöglichen.

Fahrschulkabine und Aufwichtungen

Ein massiver Verbindungsring, der aus Gewichtsgründen diese Dimensionen besaß, wurde auf die Turmzarge des Fahrgestelles gesetzt und mit der Fahrschulkabine verschraubt.
Die 13 t schwere Fahrschulkabine wurde aus Gewichtsgründen aus 100–120 mm dicken Stahlplatten zusammengeschweißt und mit ihrem Verbindungsring fest auf das Fahrgestell geschraubt.
Hinzu kamen diverse Gewichtspakete, die auf dem Bodenblech des Trägerfahrzeuges fest verschweißt wurden. Die Masse und die Lage dieser Pakete wurden exakt berechnet, um dem Gewicht und dem Schwerpunkt des Geschützes zu entsprechen.

Fahrschulspezifische Einrichtungen

Der offene Kabinenkorb unter der Fahrschulkabine sollte hauptsächlich zum Ein- und Aussteigen der Kabinenbesatzung dienen.
Eine mechanische und die elektrische Übersteuerungseinrichtung (ÜSE) ermöglichen dem Fahrlehrer schnellstmögliches Eingreifen bei Lenk- und Bremsfehlern des Fahrschülers. Das zweite Bremspedal und das elektrische Gaspedal dienen dem Fahrlehrer für den beschriebenen Eingriff in Gefahrensituationen.
Für die Bedienung und Überwachung einschließlich Anzeigen wurden umfangreiche neue elektronische Bauelemente entwickelt. Die exakte Beschreibung dieser Baugruppen findet sich im hinteren Teil zum letztgültigen Auslieferungsstand des FSP. All diese Baugruppen waren aber fertig entwickelt und voll funktionsfähig schon im ersten ausgelieferten FSP enthalten.
Nach der Erstinbetriebnahme des FSP mit dem allgemeinen Sicherheitscheck und den abschließenden Erprobungsfahrten auf dem Rundkurs der MaK System GmbH in Kiel-Friedrichsort wurde das Fahrzeug im Oktober 1998 dem öffentlichen Auftraggeber übergeben und nach Trier zur WTD 41 verbracht. Die Dienststelle sollte die theoretischen Leistungsdaten überprüfen und neben den statischen Messwerten auch die dynamischen Parameter, wie beispielsweise die Laufwerksleistung, validieren.

Fahrschulpanzer PzH 2000 mit geräuschgedämpfter Fahrschulkabine. Die Abbildung zeigt eine der Abnahme- bzw. Prüffahrten des amtlich anerkannten Sachverständigen (aaS).

Gut zu erkennen die neue Aufstiegsleiter am Fahrzeugbug – hier im Fahrbetrieb-unüblichen, heruntergeklappten Zustand.

Zur Unterstützung der WTD 41 und zur Prüfung der umfangreichen fahrschulspezifischen Funktionen waren auch Fachleute des Kraftfahrausbildungszentrums Baumholder bei den Abnahmen dabei.
Nach relativ kurzer Zeit mussten bereits im Dezember 1998 die Fahrten (überwiegend auf dem Trierer Rundkurs der WTD) aufgrund des immensen Lärmpegels im Fahrzeuginneren immer wieder unterbrochen werden. Diese Pausen waren allein schon zum Schutz der Besatzung erforderlich.
Auch die Verständigung zwischen Fahrlehrer und Fahrschüler - äußerst wichtig, um Kommandos und Anweisungen zu erteilen und umzusetzen - erwies sich aus lärmtechnischen Gründen als schier unmöglich. Immer wieder wurden Versuche zum Abstellen des Mankos durchgeführt, die alle nicht zum erwünschten Ergebnis führten.
Die Ursachen der Lärmentwicklung im Fahrbetrieb lagen im Gleiskettenlaufwerk der PzH 2000. Der dauernde Eingriff der Kettenräder in die Endverbinder, das permanente Überrollen der Laufrollen über die Gleiskettenglieder und das gelegentliche Schlagen des gesamten oberen Kettentrumms auf die Stützrollenböcke verursachten Körperschall, der über die nahezu einen Meter hohen Seitenwände in die fast leere Wannenstruktur geleitet wurde, dort überall reflektierte und bis an die Ohren der Besatzung in der Kabine drang. In manchen Fällen führten niedrige Frequenzen um vier bis sechs Hz zu Unwohlsein und Übelkeit.

Im Dezember 1998 ging der erste Fahrschulpanzer an Mak/ Rheinmetall zurück mit der Aufforderung, die Lärmbelastung zu verringern. Selbstredend mussten rechtzeitig zur Einführung der PzH 2000 ausgebildete Kraftfahrer zur Verfügung stehen. Daher galt es möglichst schnell eine praktikable und akzeptable technische Lösung für einen neuen Fahrschulpanzer zu finden.
Nach Analyse der WTD-41-Ergebnisse entschied MaK, den unter der Fahrschulkabine hängenden Turmkorb zu entfernen und die Kabine mit einer durchgängigen Bodenplatte hermetisch vom Fahrgestell abzuschotten. Zusätzliche Maßnahmen zur Schallisolierung und zur Verhinderung von Schwingungen folgten im weiteren Entwicklungsverlauf. Die Änderung einer wichtigen Lastenheft-Forderung, nämlich das Einsteigen in die Kabine über das Fahrzeugdach, musste Auftraggeber und Nutzern immer wieder erläutert werden.
Mit fortschreitender Entwicklung wurden die Ergebnisse regelmäßig dem Auftraggeber vorgestellt und erläutert. Das immer klarer werdende Konzept einer besonders geräuscharmen Fahrschulkabine überzeugte schließlich selbst die letzten Zweifler.
Der Gewichtsverlust des Kabinenkorbes wurde durch die im Fahrgestell befindlichen Zusatzgewichte teilweise ausgeglichen. Dennoch wurde der Kabinenkorb neu berechnet und schwerpunktgerecht positioniert.
Im Juni 1999, nach nur sechs Monaten Entwicklungszeit, fand die Übergabe des ersten nachentwickelten Fahrschulpanzers an

Fahrschulpanzer der PzH 2000 in vollständiger Ausführung. Die Fahrgestell-Unterschiede zum Seriengeschütz sind hier deutlich zu erkennen: Die Aufstiegsleiter am Fahrzeugbug in hochgezogener Stellung, die auf 180° ausgeschwenkte MKF-Luke und die Rohrattrappe.

Blick auf den Fahrlehrerplatz in der Fahrschulkabine mit Übersteuerungseinrichtung und groß dimensioniertem Lenkrad (große Hebelwirkung). Hinter dem Lenkrad die Anzeige- und Bedienelemente, die in Gestalt eines Armaturenbrettes der Kabinenkontur angepasst sind.

den Auftraggeber statt. Das Fahrzeug kam wiederum nach Trier zur WTD 41, die zusammen mit dem Kraftfahrtausbildungszentrum eine Validierung vornahm.
Die Besonderheit des neuen Fahrschulpanzers war (und ist) die schallgedämpfte Fahrschulkabine mit neuartiger, fest verschraubter Bodenplatte. Um zu verhindern, dass die Platte auch hier als Membran die im Fahrgestell auftretenden Schallwellen weiterleitete, wurde das Bodenblech in Topfform ausgebildet. An die Unterseite schweißte man zahlreiche, extrem verwindungssteife und vibrationsarme U-Profile. In den Freiräumen zwischen den U-Profilen brachte man mit Zweikomponentenkleber so genannte Konterbleche auf, die durchgedrungene Schallwellen in Wärme umwandeln. Des Weiteren wurde im Abstand von ca. 100 Millimeter unter der Bodenplatte eine federnd aufgehängte, lediglich zwei mm starke Blechwanne angebracht, deren Kantenschutz hermetisch abdichtet, aber keine metallische Berührung zur eigentlichen Bodenplatte hat. Die Blechwanne wurde mit Dämmwolle locker ausgefüllt.
Dieses Verfahren war bei einem Kettenfahrzeug völlig neu und stellte sich in späteren Versuchsfahrten als äußerst wirkungsvoll heraus. Sinn und Zweck der beschriebenen technischen Maßnahmen war die Vernichtung der durch das Gleiskettenlaufwerk erzeugten Schallwellen. Der durch Biegewellen-Schwingungen an den Seitenwänden erzeugte Körperschall wird als Luftschall im gesamten Innenraum reflektiert und durch die beschriebene Konstruktion sukzessive abgebaut. Die Firma Rheinmetall reichte die Neuerung zum Patent ein, das wenig später am 18.06.1999 unter der Nr. 19927829 erteilt wurde.
Zusammenfassend werden nochmals die Forderungen und die daraus entwickelten Ergebnisse dargestellt:

Fahrgestell

Das Trägerfahrgestell entspricht in vollem Umfang dem Fahrgestell eines Seriengeschützes der PzH 2000, jedoch ohne Munitionsfluss. Die linke Hecktür dient als Ein- und Ausstieg für den MKF zum Fahrerplatz; die MKF-Luke als Notausstieg. Der Fahrschüler sitzt auf dem Fahrerplatz im Fahrgestell.

Fahrschulpanzer-spezifische Bedieneinrichtung

Der FSP ist mit einer Doppelbedien- und Übersteuerungseinrichtung ausgestattet und erlaubt dem Fahrlehrer ein sofortiges Eingreifen in die Führung des Fahrschulpanzers. Die mechanische Übersteuerung erlaubt dem Fahrlehrer aufgrund günstiger Übersetzungen die Übersteuerung der Bedienkräfte des Fahrschülers. Die Bedien- und Anzeigemodule des Fahrgestells so-

Blick in die Fahrschulkabine. Mittig der Platz des Fahrlehrers, links und rechts die Sitze für weiteres Ausbildungspersonal. Der Boden ist mit Anti-Rutsch-Streifen ausgestattet.

wie die Lenkgriffanzeige des Fahrerplatzes wurden für die Fahrschulkabine übernommen und dort im Anzeige- und Bediengerät des Fahrlehrers integriert. Die elektrische Übersteuerungseinrichtung (ÜSE) dient bei Kommandoübernahme durch den Fahrlehrer zur Umschaltung folgender Bediengeräte:

1. Elektrisches Fahrpedal
2. Gangwahlschalter
3. Weitere Bedienfunktionen

Über einen Softwareschalter in der ÜSE sind in Abhängigkeit der Kommandoübernahme alle Bedienfunktionen des Lenkgriffs und der Motorstart entweder vom Fahrerplatz oder von der Fahrschulkabine ausführbar. Bei der Kommandoübernahme durch den Fahrlehrer kann der Fahrschüler von den Bediengeräten des Fahrerplatzes keine elektrischen Funktionen mehr aktivieren. Die dazugehörigen Anzeigefunktionen werden dem Fahrschüler aber weiterhin an den Kontrollleuchten und an den Anzeigeeinheiten dargestellt. Eine Teilkommandoübernahme durch den Fahrlehrer Vorwärts/Rückwärts/Wenden um die Hochachse kann nur bei stehendem Fahrzeug, eine Teilkommandoübernahme durch den Fahrlehrer bei fahrendem Fahrzeug nur bei eingelegten Vorwärtsgängen erfolgen.

Energieversorgung

Die Fahrschulkabine wird über einen eigens entwickelten Anschlusskasten mit elektrischer Energie versorgt. Die Absicherung der Fahrschulkabine wird in diesem Anschlusskasten vorgenommen. Die Einzelabsicherung der elektrischen Komponenten erfolgt in der Verteilung der Fahrschulkabine.

Dieses Foto zeigt die Aufstiegsleiter am Fahrzeugbug in abgesenkter Stellung, bereit zum Betreten des Fahrzeuges. Im Fahrbetrieb befindet sie sich in angehobener und arretierter Stellung. Deutlich erkennbar sind auch die aufgeklebten Antirutsch-Pads auf der Abdeckung.

Blick auf die Hinterseite der Fahrschulkabine. Die große Ein- und Ausstiegsluke in geschlossener Darstellung. Gut zu erkennen auch die beidseitigen Handläufe auf der linken und rechten Seite, die sich bis hinten zum Ein- und Ausstieg erstrecken und einen sicheren Halt garantieren.

Lenkgriffanzeige- und Bedienfunktionen

In der Armaturentafel der Fahrschulkabine ist die gleiche Rund-LCD-Kombianzeige wie am Lenkgriff des Fahrerplatzes integriert. Der Fahrlehrer kann alle fahrrelevanten Funktionen ausführen.

Anzeige und Überwachung

Die Anzeige- und Bedienmodule des Fahrlehrerplatzes sind in der Armaturentafel integriert, so dass der Fahrlehrer mit seinen Anzeigeeinheiten die Betriebszustände des Fahrzeugs überwachen kann. Für die Armaturentafel in der Fahrschulkabine ist die gleiche Anzeigeeinheit (EL-Display) wie im Fahrgestell vorgesehen. Sämtliche Informationen und Anzeigen des Fahrerplatzes werden gleichzeitig auf den Anzeigeeinheiten der Fahrschulkabine dargestellt. Betriebsstörungen des Fahrzeugs werden in Form von Warn- und Alarmmeldungen gleichfalls dem Fahrlehrer zur Anzeige gebracht.

Kommandowahlmodul

Zum Wechsel des Kommandos sind folgende Bedien- und Anzeigeelemente vorgesehen:

- Taste »Bedienung Fahrlehrer« mit integrierter Kontrollleuchte
- Taste »Bedienung Fahrschüler« mit integrierter Kontrollleuchte
- Leuchte »Übersteuern Fahrpedal«
- Taste »Gangwechsel« mit integrierter Anzeigeleuchte »Gangwechsel möglich«
- Leuchte »Übersteuern Gangwahlschalter«
- Leuchte »ÜSE gestört«
- Leuchte »Gangwahlumschaltung gestört«

Bordverständigungsanlage

Eine übliche Bordverständigungsanlage dient zur Verständigung des Fahrlehrers mit dem Fahrschüler im Fahrgestell sowie mit den mitfahrenden Fahrschülern in der Fahrschulkabine.

Bordrechner

Im Unterschied zum Serienfahrzeug wird beim FSP zusätzlich zum Bordrechner des Fahrgestells die Übersteuerungselektronik (ÜSE) eingerüstet. Diese stellt die Verbindung zwischen dem Bordrechner und der Fahrschulkabine her.

Geschützrohrattrappe

Die Geschützrohrattrappe weist dieselbe Länge wie das Geschützrohr des Serienfahrzeugs auf. Die Position der Rohrmündung entspricht der des operationellen Geschützes. Die zweiteilige Geschützattrappe ist in Längsrichtung teleskopierbar, am

Blick auf die Befestigung der Rohrattrappe. Gut zu sehen die großen Außenspiegel, die der Fahrlehrer durch die beiden Eckscheiben ausgezeichnet einsehen kann.

Kabinengehäuse verschraubt und wird von der vorn auf der Triebwerkraum-Abdeckung befestigten Rohrzurrattrappe gehalten. Die Verbindung der beiden Rohrteile ist so ausgeführt, dass sie mit einfachen Mitteln in kurzer Zeit gelöst bzw. montiert werden kann. Hebeösen ermöglichen eine sichere Montage bzw. Demontage.

Zum Abschnitt Fahrschulpanzer abschließend ein Dank an das Kraftfahrausbildungszentrum Baumholder der Bundeswehr für die zur Verfügung gestellten Fotos.

GEFECHTSDIENST

Unabhängig von diesen Veränderungen lohnt sich ein kurzer Blick auf die ausbildungsseitigen Anforderungen der zunächst in den Grundfähigkeiten ausgebildeten Besatzungen. In der nächsten Stufe werden die Kenntnisse in der praktischen Ausbildung im Gelände unter Einsatzbedingungen vertieft. Dies geschieht zunächst sozusagen intern, nach wenigen Monaten aber auch im Verbund mit der zu unterstützenden Kampftruppe. Besonders eng operieren dabei Züge zu vier Geschützen mit Kampfbataillonen zusammen. Dort entwickelte Routine lässt sich fließend ohne jede Probleme auch auf den Einsatz im größeren Verbund (Batterie oder Bataillon) übertragen. Letztere Ebene ist – in enger Abstimmung mit dem jeweiligen Großverband – auch für die wichtige Raumordnung zuständig, damit der Einsatz Lage-angepasst durchgeführt werden kann und die feindliche Aufklärung erschwert wird.
Die folgende Fotoserie dokumentiert einzelne Aufgaben.

Marschbewegungen im Gelände sind gängige Routine. Der Kraftfahrer fährt mit geschlossener Luke, der Munitionskanonier 1 sichert am Fliegerabwehr-MG, der Kommandant beobachtet die Fahrtstrecke und die Umgebung. Mit dem Tarnnetz wurde Fahrtarnung angelegt, das Rohr ist gezurrt.

Deutlich anspruchsvoller sind Märsche in Kolonne auf zivil befahrenen Straßen. Es müssen Abstände eingehalten und nach rückwärts und vorn gesichert werden. Der Fahrer fährt mit offener Luke. Die Warnblenden sind ausgeklappt, an der Rohrmündung ist eine Warnschutzhülle angebracht. Hinten und vorn warnt je eine gelbe Rundumleuchte. (WB)

Steht nach Verlassen der Straße kein Feuerkampf bevor, wird die auffällige Mündungsschutzhülle umgedreht und ist nun nicht mehr aufklärbar. (WB)

Routinemäßig erfolgt der Einsatz im Zugrahmen mit vier Haubitzen, wie hier bei der Übung »Iron Eagle« 2018. (WB)

Bewegungen über Gewässer mittels Fähren oder Pontonbrücken bedürfen besonderer Aufmerksamkeit. Heftige Lenkbewegungen sind tunlichst zu vermeiden und es darf sich immer nur ein Fahrzeug auf der Brücke befinden. (CS)

Das Befahren einer verlegten Panzerschnellbrücke erfolgt ohne Lenkbewegungen und mit offener Fahrerluke. (BW)

Schmale Gewässer können nach Verlegen einer Schnellbrücke durch den Brückenlegepanzer Biber zügig überwunden werden.

In entsprechenden (Tief-)Watbecken üben die Besatzungen die für diesen Vorgang erforderlichen Maßnahmen. Hier eine niederländische PzH 2000 und ihre Besatzung in der Anlage in Munster. (Foto: Dieter Heck)

Beim Bahntransport werden die Haubitzen mit über Kreuz gespannten Zurrketten sowie mit Metallkeilen vorn und hinten gegen Wegrollen gesichert. (ArtS)

Eine weitere Transportmöglichkeit stellen geeignete Tieflader dar. Es gelten die gleichen Sicherungsmaßnahmen wie beim Bahntransport. (ArtS)

Verlegungen über größere Strecken erfolgen zur Schonung des Fahrwerks und auch aus Kostengründen mit der Eisenbahn. Jedem Transport wird ein Bergepanzer zugeordnet, der beispielsweise eventuell ausgefallene Haubitzen von den Waggons ziehen kann. (ArtS)

Bei anstehenden Verlegungen und Marschbewegungen müssen die Tarnnetze und Äste nicht entfernt werden. (WB)

Bei Marschbewegungen im Gelände, besonders auf dem Weg zu getarnten Verfügungsräumen, gilt es unnötige Verzögerungen zu vermeiden, weil diese Spuren aus der Luft leicht aufklärbar sind. (WB)

Unter Einhalten der Abstände zu den anderen Fahrzeugen sucht der Kommandant einen geeigneten Unterziehplatz und dirigiert dann den Fahrer rückwärts in die Waldschneise hinein. (WB)

Beim Hineinfahren in ein Waldstück sollten größere Bäume nicht umgefahren werden, weil dies verdächtige und aus der Luft erkennbare Lücken hervorrufen kann.

In den Wald hinein nutzt der Geschützzug zunächst die bestehenden Wege. (WB)

Nach der Ankunft im Verfügungsraum wird der mit speziellen Ladefahrzeugen antransportierte Munitionsbestand ergänzt. Auf diesem Foto aus den 1990er-Jahren sind noch Sprenggranaten DM 21 zu sehen.

Die Bildserie zeigt das Hineinfahren in eine befohlene Stellung, das Schwenken der Türme in die per Feuerkommando umgesetzten Richtungen und Erhöhungen, sowie das sofortige Feuereröffnen (hier mittels Übungsmunition mit deutlich geringerer Abschussrauch-Entwicklung).

Abb. links: Auf den Paletten sind die Geschosse gegen Verschmutzung geschützt und können durch die Besatzung zügig aufgenommen werden. Das Foto zeigt eine Haubitze der 2. Batterie des später umgegliederten Panzerartillerielehrbataillons 325 aus Munster.

Die Anfangsausbildung im Schießen erfolgt stationär mit hinter der Haubitze bereit gehaltener Übungsmunition. (WB)

Deutlich auffälliger sind die Abschuss-Rauchausstöße mit »normaler« Munition wie hier auf einer Schießbahn auf dem Truppenübungsplatz Bergen. Beim Übungsschießen sind die Haubitzen feuerbereit, wenn sie mit einer roten Flagge gekennzeichnet sind, ansonsten mit einer grünen.

Alle Schießphasen müssen selbstredend auch bei Nacht geübt werden; sehr beeindruckend für »Außenstehende«!

Nach Abgabe des Feuerschlags – also mehrerer Schüsse – ist die Stellung völlig von Rauch durchzogen. (WB)

Ebenfalls zu üben ist das eigenständige Bekämpfen von Bodenzielen im sogenannten »direkten Richten«. Dies wird wegen der mutmaßlich hohen Gefährdung durch Beschuss mit geschlossenen Luken durchgeführt. Die Rohre sind entzurrt, die Richtkanoniere richten potentielle Ziele an. (WB)

Um eine möglichst ungekrümmte Flugbahn des Geschosses zu erhalten wird mit hoher Treibladung geschossen, mit entsprechend hoher Qualmentwicklung vor der Mündung.

Anspruchsvoll ist auch das direkte Beschießen von Seezielen, wie hier auf dem Übungsplatz bei Putlos.

Auch der Zielwechsel in andere Richtungen muss geübt werden. (WB)

Fotos vom Zielgebiet eines Feuerschlages sind stets beeindruckend; hier eine Feuerzusammenfassung mehrerer Batterien.

Etwas weniger spektakulär ist diese Aufnahme vom Wirkungsbild von Nebelwirkkörpern.

Viel Arbeit kommt auch auf die Besatzungen zu, wenn sie gezwungen waren unter großer Staubentwicklung zu operieren, wie diese italienische Marschkolonne!

Keine so gute Idee, beim Schießen in der Wüste die Hecktüren offenstehen zu lassen …

Ausleuchten eines Geländeabschnitts mit einem so genannten Illuminationsgeschoss.

Abb. rechts: Wichtige Aufgabe nach jeder Nutzung sind die Überprüfungen durch die Besatzung, die nach festgelegten Reihenfolgen und Inhalten ablaufen. Bei Bedarf kommen Wartungsaufgaben hinzu, wie z. B. Nachfüllen von Betriebsstoffen oder Austausch defekter Baugruppen. Größere Aufgaben werden im Zusammenspiel mit Instandsetzungskräften durchgeführt. (WB)

Y-416 821
40

EINSATZ IN AFGHANISTAN UND IN DER UKRAINE

Ihre ersten Kampfeinsätze bestritt die PzH 2000 in Afghanistan 2006 während der Operation »Medusa« und 2007 bei Chora in der südafghanischen Provinz Kandahar, bei der drei niederländische Haubitzen die so genannten Koalitionsstreitkräfte unterstützten. Bei der Operation »Medusa« verschossen die PzH 2000 zusammen über 4000(!) Granaten. Während der Gefechte bei Chora zeigte sich, dass die von den Panzerhaubitzen bereitgestellte Feuerunterstützung in Verbindung mit Luftnahunterstützung sehr wirkungsvoll war. Als Reaktion auf die Taliban-Angriffe auf Bundeswehreinheiten am 2. April 2010, bei denen drei deutsche Soldaten fielen, forderte der damalige Verteidigungsminister Karl-Theodor zu Guttenberg »schwere Waffen für Afghanistan«. Im Mai 2010 verlegte die Bundeswehr drei Panzerhaubitzen nach Afghanistan, deren Einsatzbereitschaft bis Ende Juni hergestellt war. Im Rahmen eines Übungsschießens zur Ermittlung genauer Schusswerte vor Ort sowie zu Zwecken der »Show of Force« (Machtdemonstration) waren bis dahin insgesamt 20 Schuss Spreng-, Leucht- und Nebelmunition verschossen worden. Am 10. Juli 2010 kamen die Haubitzen dann beim Artillerielehrregiment 345 aus Kusel erstmals zum Einsatz, um die Bergung eines bei einem IED-Anschlag beschädigten Bundeswehrfahrzeugs zu ermöglichen. Dabei wurden fünf Schuss scharfer Munition abgefeuert. Zwei weitere Geschütze folgten Anfang 2011. Auf Verschuss von Sprengmunition wurde weitgehend verzichtet, um Kollateralschäden zu vermeiden. Am 17. Oktober 2010 erfolgte die Verlegung einer PzH 2000, einer Feuerleitkabine und eines Wettertrupps zur FOB (*Forward Operating Base*) OP North nahe Baghlan; eine zweite PzH folgte. Im Sommer 2013 wurden die Haubitzen wieder zurückverlegt.

Der Transport der Panzerhaubitzen nach Afghanistan erfolgte mit gecharterten ukrainischen Großraumflugzeugen des Typs Antonow 124. (BW)

Eine noch blitzsaubere Haubitze unmittelbar nach dem Eintreffen im OP North.

Der Waffeneinsatz in Afghanistan war aufgrund der extremen Witterungsbedingungen und Außentemperaturen von +45° C und mehr für Mensch und Technik sehr fordernd. Dies galt für die Staubentwicklung …

… und besonders die Innentemperaturen. Kühl- und Belüftungsanlagen schufen wirksame Abhilfe. Die Fahrzeuge sind mit neuen multispektralen Tarnnetzen (MMT) ausgestattet. (CS)

Splitterschutzblöcke boten im Feldlager Schutz gegen Beschuss. (RZ)

Eine deutsche Haubitze bei der Erfüllung eines Feuerauftrages

Niederländische Panzerhaubitze 2000 in Aktion in einer offenen Stellung in Gelände.

Anfang Mai 2022 verkündete das BMVg die Lieferung von sieben Panzerhaubitzen an die Ukraine. Ein ukrainisches Besatzungskontingent wurde in Idar-Oberstein rund vier Wochen lang ausgebildet.
Nach und nach wurden von Juni bis September 2022 14 Systeme geliefert. Davon stammten acht aus niederländischen sowie sechs aus italienischen Beständen. Hinzu kamen umfangreiche Munitionslieferungen aus den jeweiligen Armeevorräten . Schon vorher hatte die Ukraine den Kauf von 100 neuen PzH 2000 bei KMW mit einem Auftragsvolumen von insgesamt 1,7 Mrd. Euro angefragt, die jedoch erst zu einem späteren Zeitpunkt geliefert werden sollten. Die Bundesregierung genehmigte die Produktion.

Etwas »verwackeltes« Mobilphone-Foto, das ein ukrainischer Soldat von einer PzH 2000 bei der Schussabgabe »schoss«.

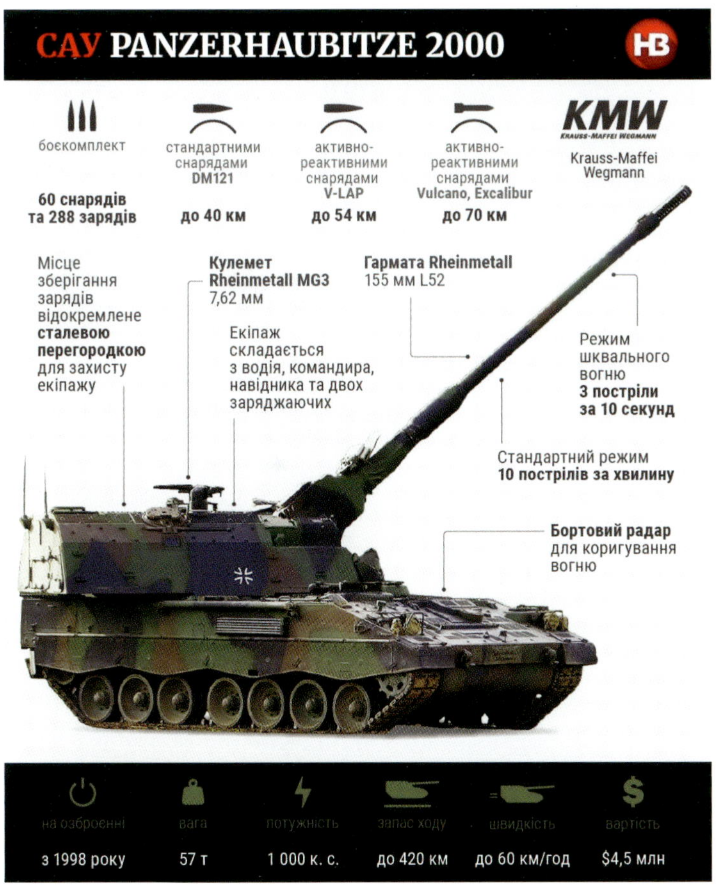

Werbewirksames Poster für die ukrainische Presse. (KMW)

Hochwillkommen in der Ukraine, laut Turminschrift mit »Guten Abend« begrüßt… (UA)

…oder auch weniger fantasievoll. (UA)

Auch weil die ukrainischen Soldaten Bedienhinweise missachteten und darüber hinaus in zu kurzer Zeit größere Mengen an Geschossen (z. T. mehr als 300) verfeuerten, kam es zu Gebrauchsschäden an den Geschützen, die zum Teil vermeidbar gewesen wären. Ansonsten fiel die Nutzungsbewertung durchwegs positiv aus.

Dieses ukrainische Datenblatt zeigt unten interessante Munitionsdetails auf. So wird das Geschoss DM 642 genannt, das in Deutschland früh in der Kritik stand (so genannte ICM-Variante, die Streumunition ausstößt). Auch vom nachbeschleunigten Lenkgeschoss M982 Excalibur (Hersteller Raytheon/BAE Systems) ist die Rede. Beide Munitionssorten wurden den Ukrainern nicht von Deutschland geliefert…

Excalibur

Excalibur wurde beginnend 2004 entwickelt und wurde in allen Militäreinsätzen der USA (und anderer Nationen) danach mit Erfolg eingesetzt. Auch von dieser Munitionssorte gibt es weiterentwickelte Varianten.

Lenkgeschoss Excalibur – links im Abschussmodus, rechts und unten während des Fluges. (Raytheon)

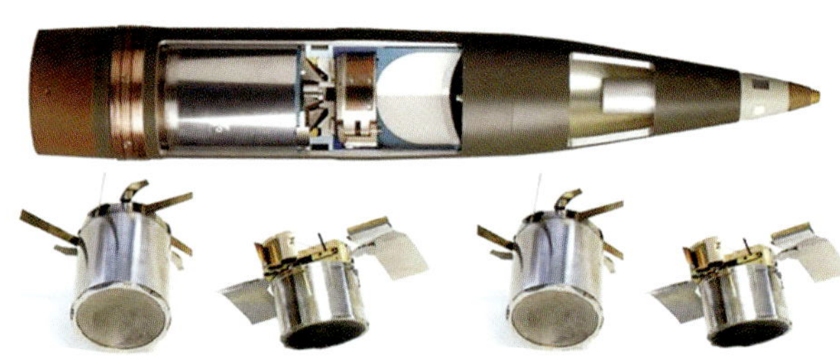

Auch andere Munitionshersteller bieten SMArt-Munition an, wie im Bild die Version von Bofors oder das Geschoss Vulcano GLR (Guided Long Range) von Diehl/Leonardo.

Vulcano 155 mm

Die Munitionsfamilie VULCANO 155 mm setzt sich zusammen aus der ungelenkten Munition VULCANO 155 mm *Ballistic Extended Range* (V155BER), ausgestattet mit einem programmierbaren Zünder und der gelenkten Munition VULCANO 155 mm *Guided Long Range* (V155GLR). Zur VULCANO 155 mm-Lenkmunition stehen drei verschiede Typen zur Verfügung – GPS Lenkung auf die Zielkoordinate, SAL *Terminal Homing* gegen laserbeleuchtete stationäre und bewegliche Ziele im halbautonomen Mode, und FarIR Terminal Homing zur autonomen Bekämpfung von Seezielen (*Coastal Defence*). Sämtliche VULCANO 155 mm-Munitionstypen können neben der PzH 2000 aus allen verfügbaren JBMOU kompatiblen 155 mm-Waffen mit den unterschiedlichen Rohrlängen wie L/39, L/45, L/48 oder L/52 verschossen werden. Die extrem großen Reichweiten – für V155BER bis zu 50 und für die V155GLR bis zu 70 Kilometer – werden durch die unterkalibrige Konfiguration bei gleichzeitiger hohen Mündungsgeschwindigkeit erzielt. Die Munitionsfamilie VULCANO 155 mm ist ausgestattet mit Hochleistungsgefechtsköpfen basierend auf IM-Sprengstoff und vorfragmentierten Wolframsplittern. Damit wird ein sehr homogener und großer Splittersegen mit durchschlagender Penetrationsleistung erzeugt. Für den sofortigen Einsatz der Munitionsfamilie VULCANO 155 mm wird eine »*Fire Command Unit All-in-One*« dem Kunden mit bereitgestellt. Des Weiteren werden unterschiedliche Integrationsstufen der FireCmdUnit bzw. VULCANO *Programming Units* in die verschiedenen Waffensysteme sichergestellt. Dies schließt die Einbindung an das FüWES der verschiedenen Kunden mit ein. Für den Marineeinsatz kommt die Munitionsfamilie VULCANO 127 mm zum Einsatz bei Reichweiten von bis zu 80 Kilometer für V127GLR. Die Munitionsfamilie VULCANO 127 mm/155 mm wurde im Rahmen des Kooperationsvertrages der beiden Firmen Diehl Defence und Leonardo entwickelt, qualifiziert und für weltweite Marine- und Heereskunden produziert. Diese hochpräzise, weitreichende und leistungsstarke Munition mit einzigartigen Merkmalen wie u.a. SAL und FarIR *Terminal Homing* basiert auf einem deutsch-italienischen Regierungsabkommen.

2DGMArt®

Bei dem zweidimensionalen Kurskorrekturzünder einer Neuentwicklung von Diehl Defence, handelt es sich um ein Lenkmodul mit Zündfunktion zur Präzisionsverbesserung. Es reduziert durch seine Funktionsweise die systemtypische Ablage konventioneller Munition in Längs- und Querrichtung und ermöglicht somit die präzise und effiziente Bekämpfung von artilleristischen Punktzielen sowie kleinen Flächenzielen in der Tiefe des Raumes. Damit trägt der 2DGMArt® zur signifikanten Reduzierung des Munitionsbedarfes bei.

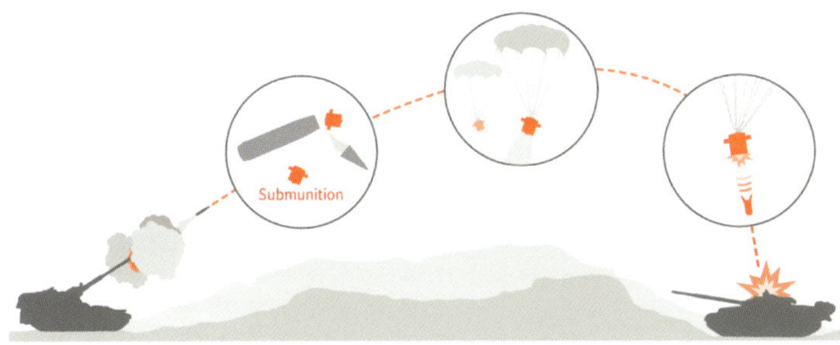

Ablauf der smarten Zielbekämpfung, mit Ausstoß der Wirkkörper im Zielgebiet und sensorgesteuertem Ansteuern zweier Ziele.

DiNa 155 mm

Das Artilleriegeschoss DiNa 155 mm ist ein auf Reichweite und Präzision optimiertes Sprenggeschoss neuer Generation, welches im Rahmen einer Arbeitsgemeinschaft der Firmen Diehl Defence und NAMMO RAUFOSS AG für den deutschen Markt angeboten wird. Grundlage hierfür ist das von NAMMO entwickelte Sprenggeschoss NM269. Das auf Reichweite ausgelegte und modular aufgebaute insensitive Geschoss erreicht bereits in der Standardkonfiguration (mit *Hollow-Base*-Aufsatz) Reichweiten von 32 Kilometern und bei Adaption des *Base-Bleed*-Aufsatzes Reichweiten von über 40 Kilometer. Darüber hinaus kann das DiNa 155 mm-Zünder mit langer Einschraubtiefe (*Deep-Intrusion*-Fähigkeit) aufnehmen und ist damit unter anderem befähigt mit Kurskorrekturmodulen, wie dem 2DGMArt, Ziele auf große Reichweiten zu bekämpfen.

DiNa 155 mm mit adaptiertem Base-Bleed-Aufsatz und Kurskorrekturmodul (DGMArt®)

Modernisierung und Nutzerländer

von Wolfgang Schneider

VARIANTEN

Für die Bundeswehr waren ursprünglich 185 Haubitzen beschafft worden, der eigentliche Bedarf für den aktiven Dienst belief sich zunächst auf 153 Stück. Es erfolgte eine Umrüstung auf den Rüststand **A1**. Dies betraf im Wesentlichen eine umfassende Modernisierung der Betriebsartenelektronik von überalterten 80286-Prozessoren mit Windows 3.11 auf den Win 2000-Stand; hinzu kam die MICMOS-32-Rechnerumrüstung auf ICOS-MCS 3520 sowie Touchscreen-Monitore. Außerdem wurde der bisherige manuelle Absperrregler für den GÜBA-Ansetzerbetrieb gegen einen automatischen ausgetauscht. Auch ein neuer Druckregler für den Ansetzer-Betriebsdruck wurde eingerüstet.
2010 brachte man die nach Afghanistan transportierten Fahrzeuge mit der Einrüstung einer Kampfraumkühlanlage und einer Treibladungskühlanlage auf den Stand **A2** (zunächst sieben Haubitzen, 2013 weitere 27).
Auch eine leistungsstärkere Stromerzeugeranlage SEA 8 kw wurde eingebaut. Hinzu kam der neue Multispektrale Mobile Tarnsatz (MMT), der auch die solar bedingte Aufheizung der Fahrzeuge verringerte. Außerdem bietet der MMT im Bereich von 1–100 GHz Schutz gegen Detektion von Aufklärungsradar oder Sensoren endphasengelenkter Wirkkörper. Auch für die für die so genannte *Very High Readiness Joint Task Force* (VJTF) vorgesehenen Haubitzen wird der MMT beschafft.
Die Datenübermittlung zur Feuerleitung mit dem Führungs- und Feuerleitsystem ADLER ist seit 2006 in der Version II in Anwendung, die Einführung der nächsten Version III ist nahezu abgeschlossen.
Ebenfalls in der Einrüstung ist eine Generatorkühlanlage, da die Panzerhaubitze 2000 durch ihren hohen Digitalisierungs- und Automatisierungsgrad von vielen Funktionen und Überwachungen in allen Betriebsarten und Bedienarten auf die Zuführung von elektrischer Energie angewiesen ist. Besonders im Betriebszustand, wenn der Motor ausgeschaltet ist und der vom Motor angetriebene Generator keinen elektrischen Strom in das System speist, ist eine externe Energiequelle erforderlich. Kurzfristig kann sicherlich auf den bordeigene Batteriesatz zurückgegriffen werden, längerfristig ist ein externes Stromerzeugeraggregat unerlässlich.

Die im Turmheck eingebaute Treibladungs-Kühlanlage. (KMW)

Präsentation des Mulitspektralen Mobilen Tarnsatzes (MMT) auf der Rüstungsmesse Eurosatory in Villepinte bei Paris. (KMW)

Das hat man bei der Entwicklung der PzH 2000 bereits bedacht und im hinteren rechten Wannenbereich der Kettennische einen Bauraum vorgesehen, in dem eine separate Stromerzeugeranlage integriert werden kann.
Für die Serie war allerdings das seit über 20 Jahren in der Bundeswehr eingesetzte Stromerzeugeraggregat SEA 1,9 Kw vorgesehen und für jede ausgelieferte Panzerhaubitze bereitzustellen. Leider zeigte sich in den ersten Einsatzmonaten der neu ausgelieferten Haubitzen eine erhöhte Ausfallrate dieser alten Stromerzeuger. Oftmals versagte der darin verbaute Einzylinder-Dieselmotor seinen Dienst. Auch andere Teile, die ersetzt werden mussten, waren obsolet und nicht mehr beschaffbar. Um inmitten der Serienauslieferung der 189 deutschen Haubitzen keine Zeit zu verlieren, entschloss sich der öffentliche Auftraggeber, eine neue Energieerzeugeranlage für die PzH 2000 entwickeln zu lassen. Da der Umfang dem Fahrgestell zuzuordnen war, ging der Entwicklungsauftrag an die Firma Rheinmetall Landsysteme (RLS). Wesentliche Lastenheft-Forderungen waren:

- Elektrische Leistung erheblich über der SEA 1,9 kW.
- Nachrüstlösung ohne größeren Änderungsaufwand an der Wanne.
- Bei Abgabe von geringeren Strommengen in das System sollte die überschüssige Energie Kälteleistung erbringen.
- Die Anlage sollte auch bei ausgeschalteter Elektrik die volle Kühlleistung erbringen; sowohl im Stand- als auch im Fahrbetrieb.
- Bei der Kälteleistung wurde ein Klimasummenmaß kleiner CNET 28° C gefordert, gewünscht wurde immerhin ein Klimasummenmaß kleiner CNET 19° C bis 24° C. Die relative Luftfeuchte sollte 35 % nicht unter- und 65 % nicht überschreiten.

Kurzum: RLS erhielt den Auftrag zur Entwicklung einer Generator-Kühlanlage, die der folgende Abschnitt beschreibt.

GENERATOR-KÜHLANLAGE

Von Manfred Kühl

Funktionsbeschreibung

Die Generator-Kühlanlage (GKA) sollte auf einem Schwingrahmen alle erforderlichen Komponenten aufnehmen. Zu Wartungs-, Reparatur- oder Einstellarbeiten sollte sich der Schwingrahmen im angeschlossenen Zustand aus der Kettennische ziehen lassen.
Die nachfolgenden Tests bestätigten die Einschätzung des Auftragsnehmers: die geforderten Werte wurden nicht erreicht. Zur gleichen Zeit suchte die niederländische DMO (*Defensie Materieel Organisatie*) für die an die Niederlande gelieferten Panzerhaubitzen 2000 einen zusätzlichen Energieerzeuger, zumal vier Haubitzen zur Absicherung des niederländischen Kontingents nach Afghanistan geschickt werden sollten. Die von RLS entwickelte GKA entsprach exakt den niederländischen Vorstellungen und war relativ schnell verfügbar.
Die Philosophie der Niederländer bezüglich der Kühlung im Mannschaftsraum war aber auch eine ganz andere als die der deutschen Seite. Die Holländer schirmten das komplette Geschütz durch Tarnnetze, Sonnensegel und Schirme gegen die starke Sonneneinstrahlung ab. Dank dieser ebenso nahe liegenden wie pragmatischen Lösung brauchte die GKA nicht gleich gegen die hohen Temperaturen anzukämpfen. Die zusätzlichen Wünsche einer besseren Luftübertragung in den Turmbereich und zum MICMOS-Rechner konnte RLS relativ schnell umsetzen. Somit wurde eine GKA nach niederländischen Vorgaben gebaut und der DMO zur ausgiebigen Erprobung übergeben. Die Ergebnisse entsprachen den Vorstellungen des Auftragsgebers. Aufgrund dieses positiven Ergebnisses erteilte die DMO die Freigabe der GKA für die Verwendung in der niederländischen PzH 2000.
Die deutsche Reaktion ließ nicht lang auf sich warten: die Bundeswehr bestellte auf Grundlage der DMO-Entscheidung ebenfalls Generator-Kühlanlagen für ihre Haubitzen.

Serienlösung

Die Generator-Kühlanlage (GKA) besteht aus folgenden Hauptbaugruppen:

- Stromerzeugungs- und Kühlaggregat
- Bediengerät
- Leistungsteil
- Verschiedene Verbindungsleitungen
- Heizungswasserkreislauf mit Heizluftgebläsen und Umwälzpumpe
- Kraftstoffpumpe im Fahrgestell (Entnahmetank) zur Sicherstellung der Kraftstoffversorgung des Aggregates in allen Fahrzeuglagen

Alle Baugruppen sind kompakt und schwingungsarm auf einem Einschubrahmen montiert, so dass das Aggregat in die hintere linke Seitennische des Fahrzeugs eingeschoben werden kann. Zur Erleichterung von Wartungs- und Montagearbeiten sind die Schnittstellen als Steckverbindungen bzw. Schnellkupplungen ausgeführt.

Antriebsmotor: LDW 1003 FOCS (Fa. Lombardini)
Flüssigkeitsgekühlter 3-Zylinder-Viertakt-Dieselreihenmotor mit 1028 cm^3 Hubraum.
Indirekteinspritzung mit Pumpe-Düse auf dem Zylinderkopf.
Leistung 16,6 kW bei 3000 min-1 bei 20°C.

Generator: SF 217-20A (Fa. ESW)
Max. Leistung 10 kW, aus Systemgründen strombegrenzt auf 8 kW.

Kühlanlage: Entwicklung RLS/Behr
Die Kühlung erfolgt über Wasser-/Kältemittel-Wärmetauscher in den Sekundärkreislauf der PzH-2000-Heizungsanlage und über die drei Heizungsgebläse im Mannschaftsraum.
Kälteleistung ca. 6–7 kW.

Das Bediengerät
ist vorn rechts des Fahrerplatzes angebracht und beinhaltet ein Schlüsselschaltermodul mit LCD-Display, fünf Störungs- bzw. Betriebsanzeigen zum Starten und Überwachen des Dieselmotors, den Kippschalter zur Aktivierung der Kühlanlage sowie fünf zusätzliche Betriebs- und Störungsanzeigen.

Das Leistungsteil
ist an der Innenseite der hinteren Klappe des Aggregateraumes angebracht. Im Leistungsteil befinden sich die Drehzahlüberwachung für den Dieselmotor, die Kühlanlagensteuerung, die Strombegrenzung für den Generator, das Vorglührelais für den Dieselmotor, der Frequenzteiler für die Drehzahlerfassung des Dieselmotors sowie einige Würfelrelais.

Einsatzbereich
Das Aggregat unterliegt den gleichen Belastungsanforderungen wie die PzH 2000 als Gesamtsystem und soll vorrangig den elektrischen Energiebedarf der Haubitze bei abgestelltem Haupttriebwerk decken. Die maximale elektrische Leistung des Aggregates wird auf 8 KW (Nennleistung 10 KW) begrenzt, da aufgrund der in der PzH 2000 verwendeten Leitungsquerschnitte keine höhere Leistung übertragen werden kann.
Die Leistung des Dieselmotors ist so ausgelegt, dass er bis zu einer elektrischen Leistung von 5 KW parallel die Kühlanlage betreiben kann. Für die Übertragung der Kühlleistung wird der Wasserkreislauf der Fahrzeugheizung genutzt.
Bei einer elektrischen Last kleiner 5 KW kann die Kühlanlage nicht zugeschaltet werden, die Kompressorkupplung schaltet elektrisch/mechanisch nicht zu. Nach Abfallen der elektrischen Last auf kleiner 5 KW schaltet die Kühlanlage zeitverzögert selbsttätig zu.
Die Integration der GKA in die PzH 2000 erfolgt ohne Veränderung der vorhandenen Fahrzeugsoftware und dadurch ohne Anbindung an das Integrierte Testsystem (ITS).

Bediengerät
Das Bediengerät steuert und überwacht den Dieselmotor des Aggregates. Herzstück des Bediengerätes ist die Motorüberwachung MC704-H der Firma EHB Electronics. Bei der Motorüberwachung handelt es sich um ein Schlüsselschaltermodul mit integrierter Steuerungs- und Überwachungs-Software, ein LCD-Display zur Anzeige der Betriebsstunden, vier Fehleranzeigen (rote LED) und eine Anzeige »Motor in Betrieb« (grüne LED). Die Eingänge der Motorüberwachung sind mit den im Aggregat untergebrachten Sensoren Motoröldruck, Kühlwasserstand, Öltemperatur, Feuersensoren und Luftfilter-Unterdruck verbunden. Des Weiteren sind hier der Ausgang »Ladekontrolle« des Generators sowie die Sensoren der Tauchklappen angeschlossen. Am Bediengerät befinden sich außerdem ein Kippschalter zum Einschalten der Kühlanlage und fünf weitere Anzeigeleuchten:

Grün: »Kühlanlage in Betrieb«
Gelb: »Vorglühen«
Rot: »Tauchklappen geschlossen«
»Störung Kühlanlage«
»Feuer«.

Eine Reihe von Sensoren und Aktoren dienen der Betriebsüberwachung.
Sämtliche Sensorsignale des Aggregates laufen im Leistungsteil auf. Ebenso werden alle elektrisch zu versorgenden Komponenten des Aggregates über das Leistungsteil angesteuert bzw. versorgt. Über das Leistungsteil wird ebenfalls die elektrische Energieversorgung der GKA realisiert. Zusätzlich sind die erforderlichen Sicherungen im Leistungsteil platziert.

Funktionsbeschreibung

Zur Inbetriebnahme der GKA sind folgende Voraussetzungen erforderlich:

- Die Schutzschalter im Leistungsteil müssen eingeschaltet sein.
- Die Tauchklappen müssen offen sein.
- Die Kraftstoffpumpe Entnahmetank muss eingeschaltet sein (Kraftstoff-Notschalter am Fahrzeug-ABG einschalten).

Motorstart und Generatorbetrieb

Der Dieselmotor des Aggregates wird am Bediengerät durch Betätigung des Schlüsselschalters vorgeglüht (Stellung »1«). Während des Vorglühens leuchtet die Vorglühanzeige am Bediengerät (LED gelb), nach deren Erlöschen kann der Schlüsselschalter in Stellung »2« betätigt werden und der Motor wird durch den Anlasser gestartet. Gleichzeitig werden das Magnetventil für die Kraftstoffzufuhr und die Kühlwasserpumpe (Generatorkühlung) aktiviert. Eine Motorüberwachung im Bediengerät kontrolliert alle wesentlichen Funktionsanteile.

Betrieb der Kühlanlage

Die Kühlanlage wird durch Betätigung des Kippschalters »Kühlanlage Ein« am Bediengerät eingeschaltet. Hierbei wird die zum Fahrgestell gehörende Umwälzpumpe des Heizwasserkreislaufes aktiviert. Gleichzeitig wird die im Leistungsteil vorhandene Leiterkarte »Steuerung Kühlanlage« angesteuert, welche die Kühlanlage steuert und deren Sensorik überwacht. Störungen werden angezeigt.

Weitere Aufrüstungen der Haubitze (potenziell zur Version **A3**) sind geplant, wie eine neue *Onboard Electronic* (OBE) sowie eine neue Energieversorgungs- und Klimaanlage mit Heiz- und Kühlfunktion (ECCS, *Energy and Crew Climate System*). Darüber hinaus gibt es in allen Baugruppen ständige Obsoleszenz-Bereinigungen.

Nach Einbau der Generator-Kühlanlage (GKA) ist die linke hintere Kettennische nach hinten verlängert. Davor an der Seite befindet sich die mit drei Bolzen gesicherte Abgasklappe zur Kontrolle der Anlage. (WB)

NUTZERLÄNDER

Während der noch laufenden Erprobung der vier Prototypen und verstärkt nach der Serienbeauftragung durch die deutsche Bundeswehr im Jahr 1998 zeigten verschiedene NATO-Staaten Interesse an einer Beschaffung der PzH 2000.

Italien

Italien hatte bereits 1986 bei Beendigung des trilateralen Programms PzH70/SP70 erklärt, es wolle keine Eigenentwicklung für eine neue Panzerhaubitze in Angriff nehmen. Stattdessen wolle es die beginnenden Neuentwicklungen in den bisherigen Partnerländern England und Deutschland abwarten und sich später für eine Beschaffung eines der beiden neuen Geschütze entscheiden. Die Entscheidung fiel später für die deutsche PzH 2000 und gegen die in England parallel entwickelte AS 90.

Zu den Forderungen der italienischen Seite gehörte die Serienfertigung in Italien, um in Summe eine 50-prozentige Fertigungsbeteiligung der italienischen Industrie sicherzustellen. Als Generalunternehmer in Italien wurde ein Konsortium aus den Firmen FIAT/Iveco und OTO Melara gebildet, abgekürzt als CIO bezeichnet.

Die Verhandlungen über die Arbeitsaufteilung (englischer Begriff: »*workshare*«) zwischen dem italienischen Generalunternehmer CIO und den deutschen Firmen – KMW für den Anteil Turm und Munitionsfluss, MaK für den Anteil Fahrgestell und Rheinmetall für den Anteil Höhenrichtbare Masse – begannen 1998 und wurden im März 2000 mit Unterzeichnung von Industrieabkommen (*Industrial Agreements*) abgeschlossen. Diese wiederum bildeten eine Voraussetzung für eine Serienbeauftragung durch die italienische Regierung. Nach Abschluss der Industrieabkommen fragte CIO die zugehörigen Lieferumfänge bei den drei deutschen Firmen an. Nachdem CIO den Auftrag für die Beschaffung der PzH 2000 für die italienischen Streitkräfte erhalten hatte, wurden Lieferverträge mit den deutschen Firmen geschlossen. KMW wurde im Dezember 2002 beauftragt.

Inhalt des Serienauftrags war die Beschaffung von insgesamt 70 PzH 2000, von denen zwei im Einvernehmen mit dem deutschen Auftraggeber aus dessen laufendem Serien-Liefervertrag entnommen werden durften und am Ende der deutschen Serie nachzuliefern waren. Die beiden deutschen PzH 2000 wurden in Italien für Erprobungen, erste Einweisungen und Ausbildungen italienischer Bedienmannschaften genutzt.

Da in Deutschland parallel zur Entscheidungsfindung in Italien die Blockgarantie lief und erste positive Erkenntnisse bekannt wurden, entschloss man sich auf italienischer Seite, ein vergleichbares Verfahren auch mindestens für die Zeit der Serienfertigung zu beauftragen. Das Verfahren erhielt die englische Bezeichnung »*Global Maintenance*« (Umfassende Wartung).

Haubitze des 132. Feldartillerieregiments »Ariete« bei einer Übung in Katar. (GO)

Von 2005 bis 2010 lieferte CIO 68 PzH 2000 an die italienischen Streitkräfte. Der Konstruktions- bzw. Ausrüstungsstand der 68 in Italien hergestellten Seriengeschütze hatte als Basis den zum Zeitpunkt des Vertragsschlusses gültigen, aktuellen Konstruktionsstand der für die Bundeswehr zu liefernden Geschütze, wurde aber in folgenden Bereichen an die spezifischen italienischen Forderungen angepasst:

- Einbau italienischer Funkgeräte und einer italienischen Bordverständigungsanlage (BV-Anlage)
- Anbindung der Geschütze an das italienische C2I-Führungssystem (*Command, Control, Information*) SIF/SIR
- Beschilderung und Display-Texte in italienischer Sprache
- Integration neuer Munitionsarten in die Ballistikrechnung und Munitionsverwaltung
- Integration einer geänderten Strichplatte für das Panzerzielfernrohr PzF TN 80
- Verstauung der persönlichen Ausrüstung der Besatzung
- Integration einer anderen Nebelmittelwurfanlage (GALIX) in Kombination mit einer Laser-Warnanlage
- Einbringung einer neuen Leistungselektronik (Hersteller OTO Melara) für die Waffenrichtanlage

Italienische Panzerhaubitze 2000 während der Übung »Trident Juncture« 2015. (GO)

Darüber hinaus wurden die italienischen Geschütze mit seinerzeit laufenden Entwicklungen wie MRSI-Schießen, Umstellung des MICMOS-Betriebssystems auf Windows 2000, Integration NABK in den MICMOS-Rechner und weiteren ausgerüstet, teilweise auch durch Nachrüstung der ausgelieferten Geschütze.
Ein Teil der gelieferten Fahrzeuge wurden zu Turmtrainern und Fahrschulpanzern umgerüstet. Kürzlich wurde das von der *NATO Support and Procurement Agency* (NSPA) geführte Modifikationsprogramm für die 68 Panzerhaubitzen 2000 des italienischen Heeres durchgeführt. Kühlsysteme für Generator und Ladungsraum erweitern das Einsatzspektrum für Szenarien, die durch hohe Temperaturen gekennzeichnet sind. Ein Feuerlöschsystem im Besatzungsraum erhöht die Sicherheit der Besatzung. Ein Werkzeugsatz in einer »*Live Firing Box*« (Kasten Scharfer Schuss) ermöglicht Reinigung und Wartung der Schussmechanismen »im Einsatz«. Mit der Durchführung der Arbeiten war nach einem Wettbewerb Krauss-Maffei Wegmann (KMW) beauftragt worden. Eine enge und effektive Abstimmung zwischen den beteiligten Akteuren führte zum erfolgreichen Abschluss aller Projektphasen bis zum Sommer 2020 im Einklang mit den festgelegten technischen und qualitativen Anforderungen, Zeitvorgaben und Kosten. Die Systeme sind nun unter der Bezeichnung PzH 2000M bei der italienischen Artillerie einsatzbereit.

Niederlande

Die Niederlande hatten sich nach einem internen Vergleich im Jahr 2001 für die Beschaffung der PzH 2000 entschieden. Die PzH 2000 hatte sich damit gegen die drei Mitbewerber AS 90 aus Großbritannien, M109 A6 Paladin aus den USA und die Radhaubitze Denel G6 aus Südafrika durchsetzen können.

Die Beauftragung von KMW zur Lieferung von insgesamt 57 Geschützen erfolgte am 01. Mai 2002. Geliefert wurden zwei PzH 2000 im Jahr 2004, die übrigen 55 von 2005 bis 2009.

Der Konstruktions- bzw. Ausrüstungsstand der 57 Seriengeschütze hatte den zum Zeitpunkt des Vertragsschlusses gültigen aktuellen Konstruktionsstand der an die Bundeswehr zu liefernden Geschütze zur Grundlage, wurde aber an spezifische niederländische Forderungen angepasst. Aufgrund der Reorganisation der niederländischen Streitkräfte sank der Bedarf auf 39 Haubitzen.

Wie auch für Italien wurden landeseigene Funk- und BV-Anlagen eingebaut, die Sprache auf den Displays und der Beschilderung umgestellt, die spezifischen Munitionsarten in den Ballistikrechnern und die Munitionsverwaltung integriert, der Außenanstrich geändert und die persönliche Ausrüstung der Soldaten konstruktiv verstaut. Diese Art Änderungsumfänge sind der Regelfall bei allen Export-Versionen. NL-spezifisch waren:

- Ein anderes Bildverstärker-Gerät für die Nachtsicht am Fahrerplatz
- Bediengerät Geschützführer mit Farb-Display
- Modifikation Feuerleitrechner MICMOS (Graphik-Karte, CPU)
- Geänderte Strichplatte im PzF TN 80
- Einrüstung eines anderen MG (MAG 2000)
- Einrüstung der Kampfraum- und Treibladungsraum-Kühlanlagen
- Neue Leistungselektronik für die Waffenrichtanlage
- Änderung des Fahrer-Richtgriff-Displays

Niederländische Panzerhaubitzen in Stellung. (KMW)

... und auf dem Weg dahin. (KMW)

Griechenland

Der Vertrag der griechischen Streitkräfte mit KMW über die Lieferung von 24 Geschützen wurde am 05. Juli 2001 geschlossen. Die Beauftragung erfolgte so frühzeitig, dass die Fertigung der griechischen Geschütze ohne größeren Verzug an die Ende 2002 auslaufende deutsche Serienfertigung angeschlossen werden konnte. Die griechischen Geschütze wurden von April 2003 bis April 2004 ausgeliefert.

Ausgangsbasis für die Ausrüstung der PzH 2000 HEL (Hellas, Griechenland) war der aktuelle Konstruktionsstand der deutschen Geschütze zum Vertragstermin Griechenland. Wie auch für Italien und die Niederlande wurden landeseigene Funk- und BV-Anlagen integriert, die Sprache auf den Displays und der Beschilderung umgestellt, die spezifischen Munitionsarten in den Ballistikrechnern und die Munitionsverwaltung eingebracht, der Außenanstrich geändert und die persönliche Ausrüstung der Soldaten konstruktiv verstaut. Griechenland-spezifisch waren

- Einsatz eines anderen Bildverstärker-Geräts für die Nachtsicht am Fahrerplatz
- Integration einer Feuerlöschanlage im Turm
- Einbringung eines Bediengerät Geschützführer mit Farb-Display
- Modifikation des Feuerleitrechners MICMOS (Graphik-Karte, CPU)
- Einbringung einer geänderten Strichplatte im PzF TN 80
- Änderung des Fahrer-Richtgriff-Displays
- Integration eines Laser-Entfernungsmessers mit größerer Reichweite

Die Haubitzen der griechischen Armee nutzen ihren speziellen Tarnanstrich. (KMW)

- Vorbereitung der Nachrüstung von Kühlanlagen

Da bei den griechischen Streitkräften im Unterschied zu den italienischen und niederländischen seinerzeit noch kein übergreifendes Artillerie-Führungssystem vorhanden war, wurde das bei KMW in Entwicklung befindliche *Artillery Command and Control System* (ACCS) für Griechenland fertig entwickelt und geliefert.

Eine weitere Besonderheit war die Forderung der griechischen Artillerie, aus Küstenstellungen gegen Seeziele wirken zu können. Zu diesem Zweck wurden in Zusammenarbeit mit der griechischen Artillerie mehrere Bekämpfungsarten definiert und in die Feuerleitung der PzH 2000 HEL integriert.

Die PzH 2000 HEL verfügt über eine zusätzliche Nachtsichtoptik von Theon Sensors S.A. für den Fahrer und eine digitalisierte Datenfunkanlage WISPR von Intercom Defense Electronis. Weiterhin fehlt das Stromerzeugungsaggregat.

Griechische Panzerhaubitzen 2000 in Feuerstellung.

Länderabgaben Kroaten und Litauen

Die Bundeswehr hatte ursprünglich 185 PzH 2000 beschafft. Durch Umstrukturierungen in den Jahren um 2010 war die Zahl strukturell benötigter PzH 2000 zeitweise auf unter 100 Geschütze gesunken. Einen Teil der nicht mehr benötigten PzH 2000 lieferte die Bundesrepublik als so genannte Länderabgaben an Litauen und Kroatien.

Die Hersteller-Industrie war mit Reaktivierungs-Maßnahmen in Form von Wartungs- und Instandsetzungsarbeiten sowie der Einbringung der länderspezifischen Ausstattung beteiligt.

Kroatien hat in Ergänzung das KMW-Führungssystem ACCS beschafft. In Litauen wird ein übergeordnetes Artillerie-Führungssystem auf Grundlage des deutschen ADLER aufgebaut.

Im Dezember 2014 unterzeichnete Kroatien einen Vertrag über den Kauf von zwölf Panzerhaubitzen aus ehemaligen Beständen der Bundeswehr, die in zwei Tranchen bis 2016 geliefert werden sollten. Bis 2017 erhielten die kroatischen Streitkräfte schließlich 16 Haubitzen.

Im Februar 2015 erklärte der damalige litauische Verteidigungsminister Juozas Olekas, sein Land beabsichtige den Kauf von PzH 2000 aus Deutschland. Die Bundesregierung bestätigte im April 2015, dass aus Beständen der Bundeswehr zwölf gebrauchte Exemplare der PzH 2000 nach Litauen geliefert werden sollten. Die Vereinbarung umfasste schließlich 21 Haubitzen. Neben den PzH 2000 umfasste der Vertrag auch die Lieferung von 26 Führungs- und Funkpanzern M577 sowie sechs Bergepanzern 2. 2019 führte Litauen den Rechnerverbund ADLER III ein.

Eine kleine Anzahl PzH 2000 wird in beiden Ländern zur Ersatzteil-Versorgung genutzt.

Übergabe der ersten PzH 2000 an Kroatien, Hoheitsabzeichen an der Turmseite. (KMW)

… und etwas später bei einer Parade in Zagreb.

Geländeaufnahme von der litauischen Haubitze mit Nationalflagge.

Katar

Katar beauftragte KMW im April 2013 unter anderem mit der Lieferung von 24 PzH 2000 und weiterer Fahrzeuge und Ausstattung für seine Streitkräfte. Der Bundessicherheitsrat hatte die Lieferung bereits im Mai 2009 genehmigt.
Der Ausrüstungsstand der katarischen Geschütze beruht auf dem für die Niederlande gebauten Konstruktionsstand von 2009. Neben notwendigen Technologiestands-Anpassungen wurden folgende Änderungen vorgenommen:

- Einbringung eines neuen leichten Dachschutzes
- Feuerleitrechner Centurion I7 anstelle MICMOS
- Zusätzliche Mannschaftsraumkühlanlage MRKA II
- Fahrersichtsystem SPECTUS
- Barracuda-Tarnnetzsystem
- Hitzeschutz Cool Cam

Anstelle des MAPS-Systems wurde auch die Ziel- und Navigationsanlage SIGMA 30 von SAGEM integriert. Die digitale Laser-Gyro-Technik sichert eine präzise Zieldatenermittlung, bei Bedarf auch ohne GPS. Hinzu kamen:

- Artillerie-Führungsanlage auf Basis des ACCS-Systems von KMW
- COBRA-Fahrzeuge (*Counter Battery Radar*)
- Meteosysteme auf Lkw zur Erfassung der Wetterlage für die Feuerleitrechnung.

Katarische Panzerhaubitze 2000 mit modifiziertem Dachschutz (kein Igel-Prinzip).

Katarische Soldaten begutachten ihr neues Geschütz.

Ungarn

Ungarn beauftragte KMW im Dezember 2018 unter anderem mit der Lieferung von 24 PzH 2000.

Der Ausrüstungsstand der ungarischen Geschütze basiert auf dem für Katar gebauten Konstruktionsstand. Neben notwendigen Technologiestands-Anpassungen wurden folgende Änderungen im Ausrüstungsumfang vorgenommen:

- 2 zusätzliche Verstaukästen am Turm
- USB-Ladeboxen
- Brandunterdrückungsanlage für den Mannschaftsraum

Neben den Geschützen werden zusätzlich geliefert

- ein Artillerie-Führungssystem auf Basis des ACCS-Systems von KMW
- ein Meteosystem auf Lkw
- Fahrschulfahrzeuge

Die Auslieferung der 24 PzH 2000 samt Peripherie erfolgte bzw. erfolgt in den Jahren 2022 und 2023.

Ungarische Panzerhaubitze 2000 nach Fertigstellung in Kassel. (KMW)

Eintreffen der ersten PzH 2000 in Ungarn.

Türkei, Finnland, Norwegen, Australien

Neben den genannten Exportländern und den in vorherigen Abschnitten erwähnten USA und Schweden hatten in den vergangenen beiden Jahrzehnten auch die Türkei, Finnland, Norwegen und Australien Interesse an der PzH 2000 gezeigt; zu einer Beschaffung ist es aber nicht gekommen.

Niederländische Panzerhaubitze 2000 bei Vorführungen in Norwegen.

Ukraine

Anfang Mai 2022 kündigte Verteidigungsministerin Christine Lambrecht an, die Bundesrepublik Deutschland werde sieben eingelagerte PzH 2000 an die Ukraine liefern. Diese trafen am 21. Juni 2022 in der Ukraine ein. Fünf weitere wurden von den Niederlanden geliefert. Am 28. Juni 2022 entschieden die deutsche und die niederländische Regierung, jeweils weitere drei Einheiten zu liefern. Am 19. September 2022 gab Verteidigungsministerin Lambrecht die Lieferung weiterer vier Panzerhaubitzen 2000 an die Ukraine bekannt; damit steige deren Zahl auf 14. Schon vorher hatte die Ukraine den Kauf von 100 neuen PzH 2000 bei KMW mit einem Auftragsvolumen von insgesamt 1,7 Mrd. Euro angefragt, die jedoch erst zu einem späteren Zeitpunkt geliefert werden sollten. Die deutsche Bundesregierung genehmigte die Produktion. Ende Oktober 2022 wurde bekannt, dass Italien der Ukraine ebenfalls sechs PzH 2000 geliefert hatte.

Ukrainische Haubitze bei raschem Stellungswechsel.

Anhang

Panzerhaubitze 2000 A2 - Technische Angaben

GEWICHTE

Gefechtsgewicht	56,42 t
Leergewicht	50,12 t
Turm	16 t
Rohr	3,02 t
Triebwerk	4,68 t
Dachschutz	1,74 t
Bodendruck	10,3 N/cm^3

ABMESSUNGEN

Gesamtlänge	11,7 m
Wanne	8,4 m
Überstand Rohr	3,3 m
Höhe	3,46 m
Wannenhöhe	1,87 m
Breite	3,5 m
Kettenbreite	0,55 m
Triebwerklänge	2,38 m
Triebwerkbreite	2,36 m

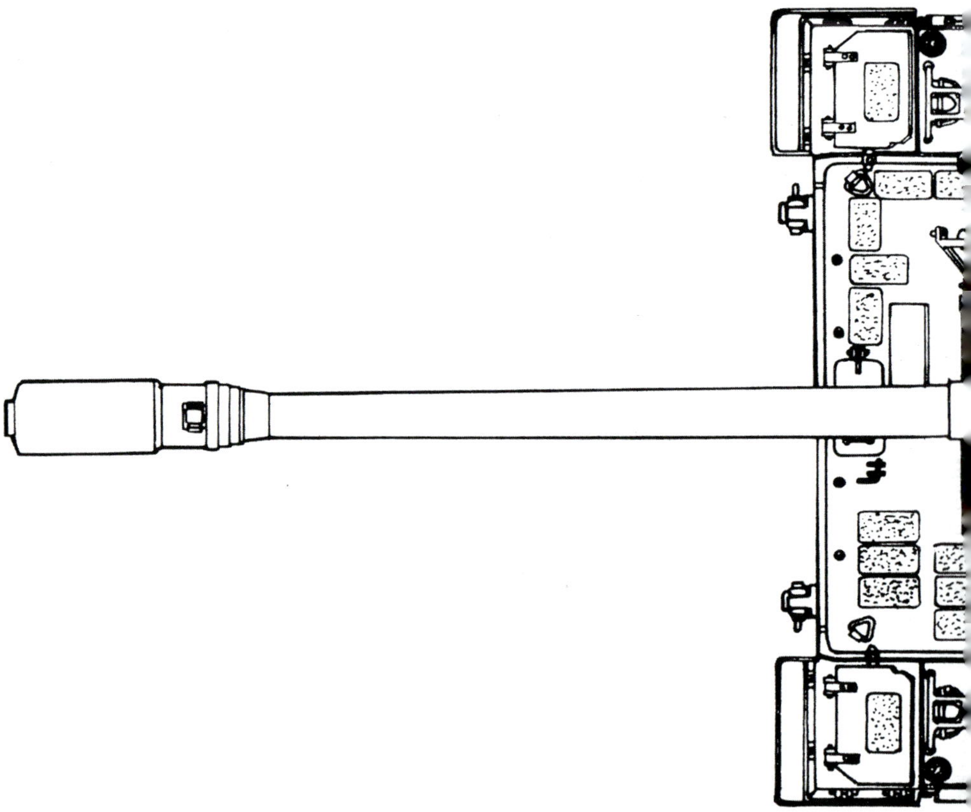

LEISTUNG

Max. Geschwindigkeit	62 km/h
Steigfähigkeit	50%
Querneigung	25%
Grabenüberschreitfähigkeit	max. 3 m
Hindernishöhe	max. 1 m
Waten	1,1 m
Waten (mit TWA)	1,5 m
Reichweite	Ø 420 km
Kraftstoffvorrat	ca. 1000 l

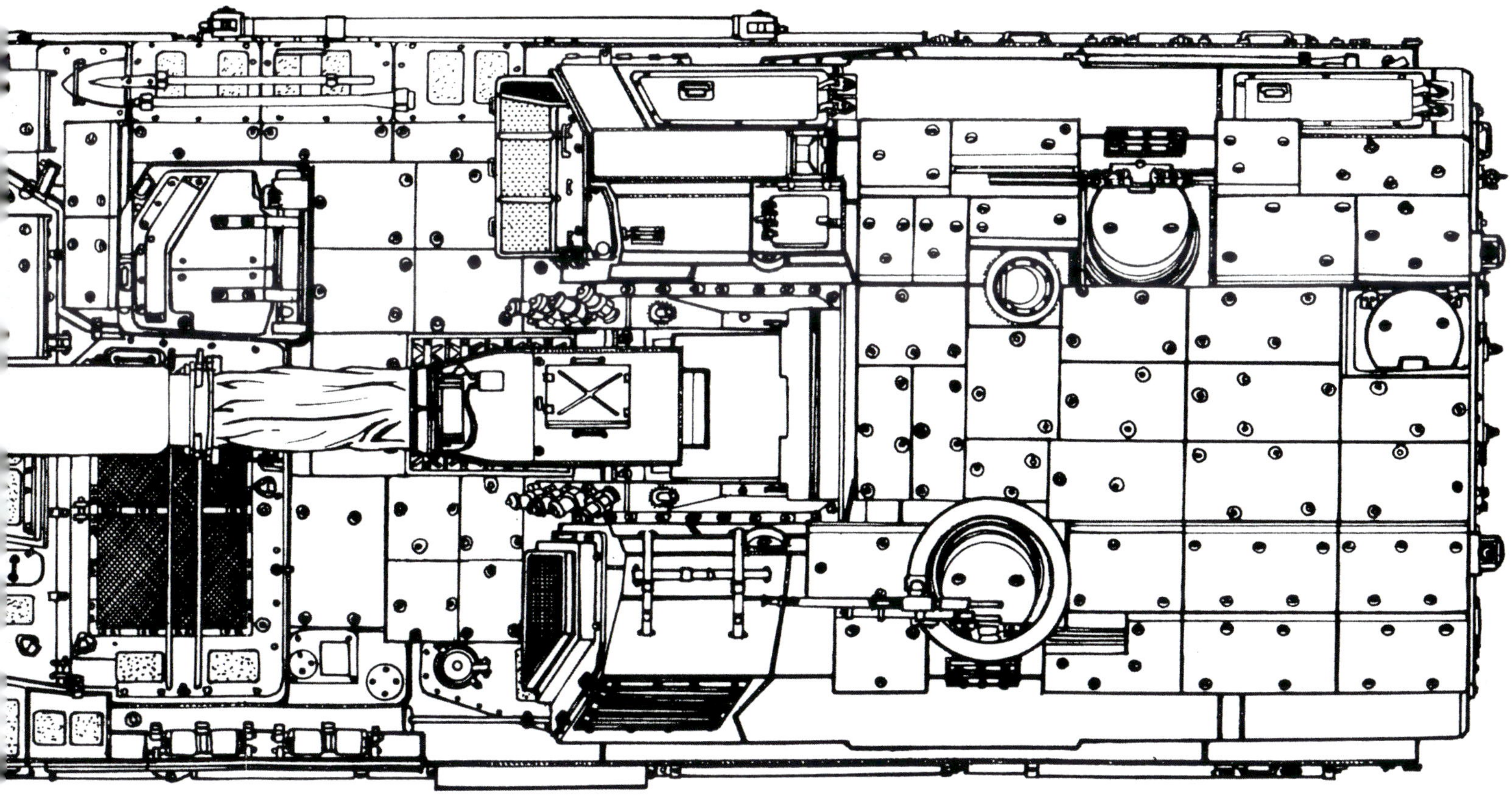

Draufsicht

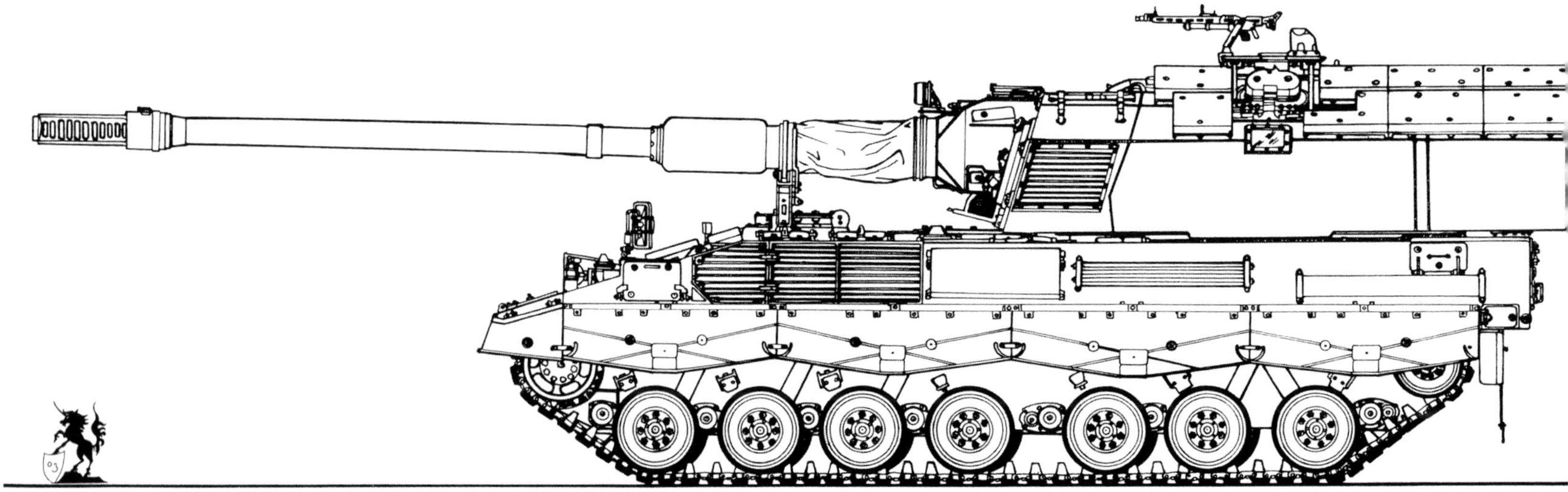

Seitenansicht links

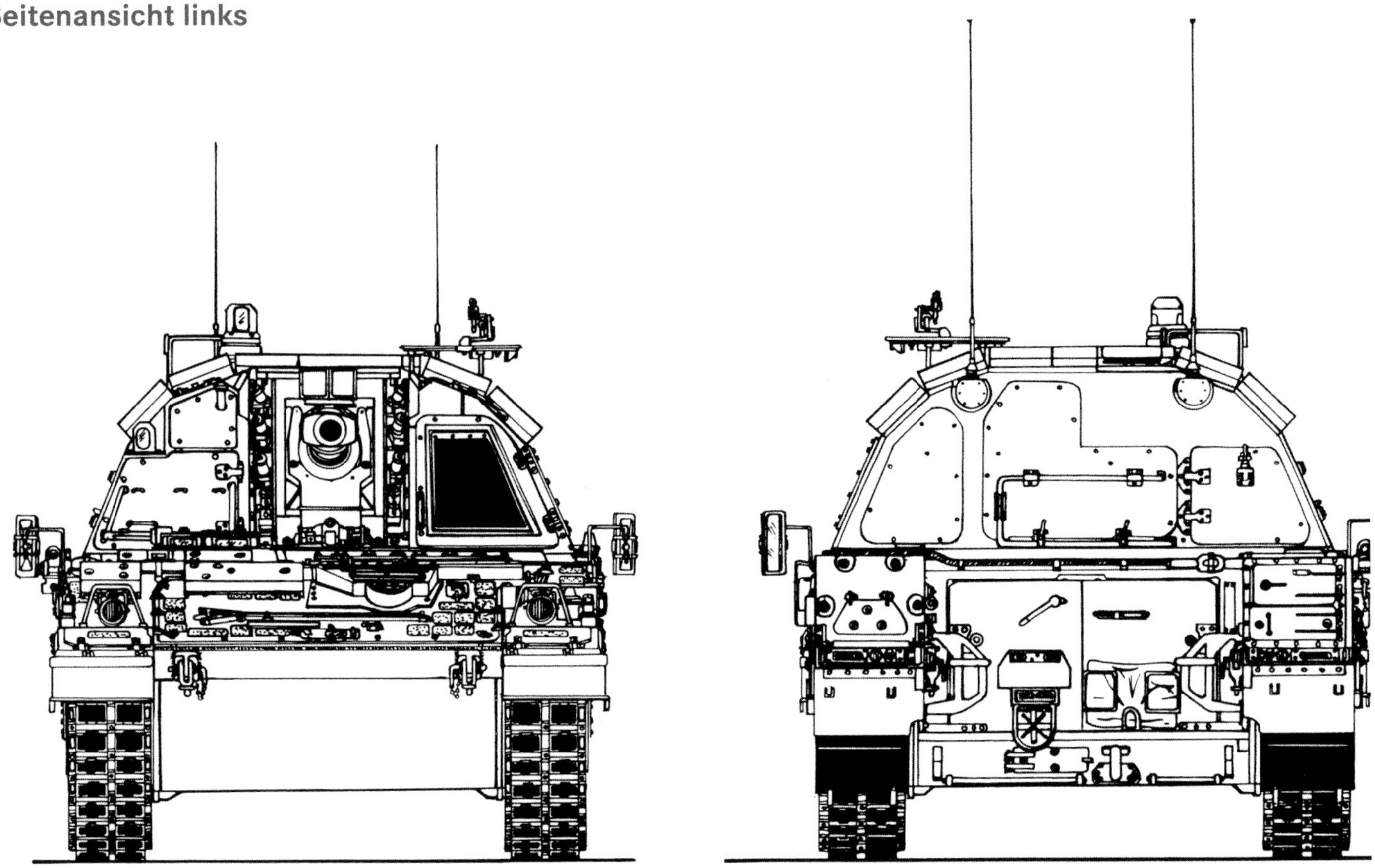

Front- und Rückansichten

Rechte Seite, Rohr höchste Erhöhung

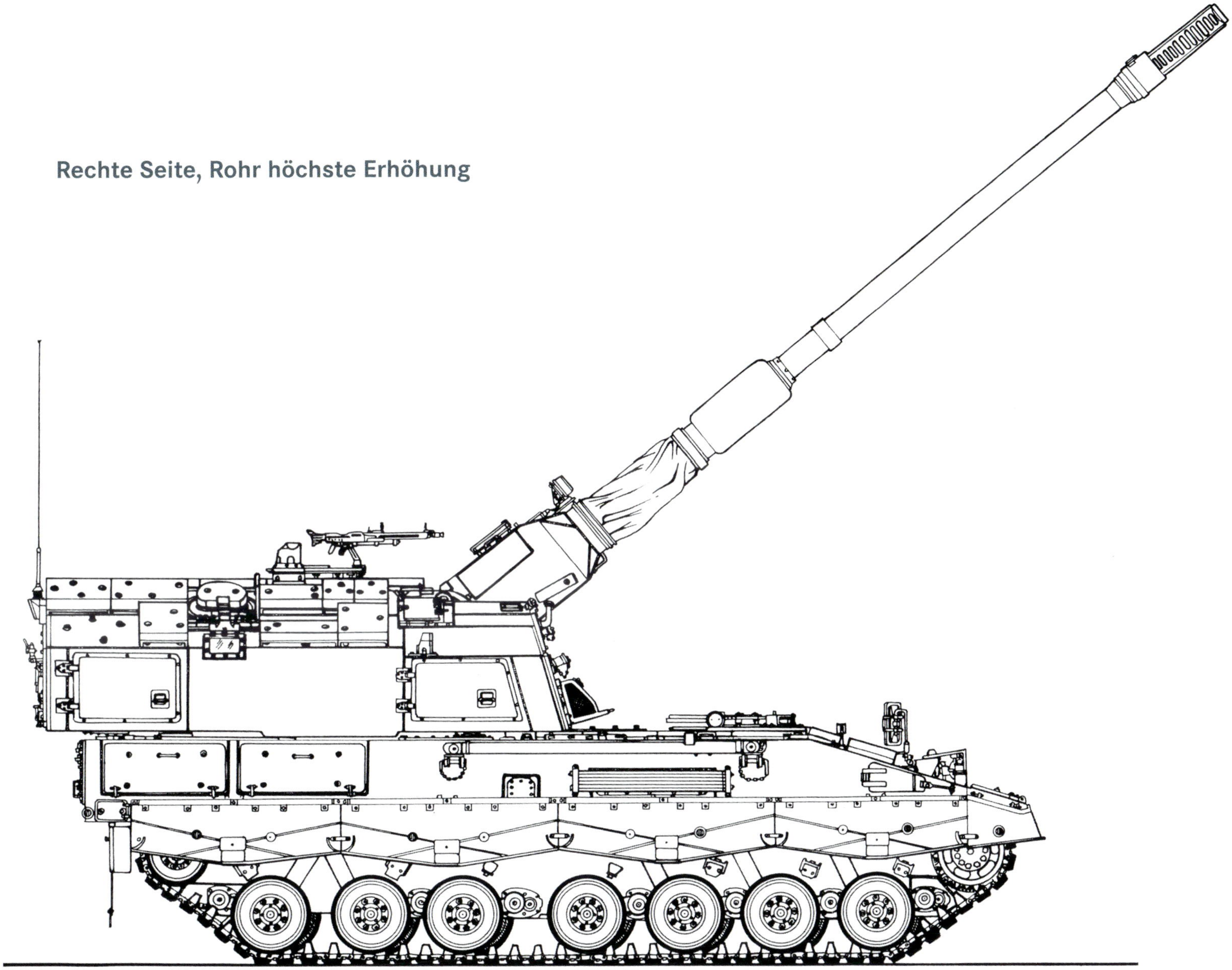

Die Zeichnungen stellt Monsieur Hubert Cance dankenswert zur Verfügung! https://www.hubertcance.com

LITERATURANGABEN

Clemens Niesner, Panzerhaubitze 2000, Tankograd MS 5025

Carl Schulze, Panzerhaubitze 2000 A1/A2, Tankograd FT 14

Diverse Artikel in Fachzeitschriften und Firmenbroschüren

Grabenüberschreitfähigkeit

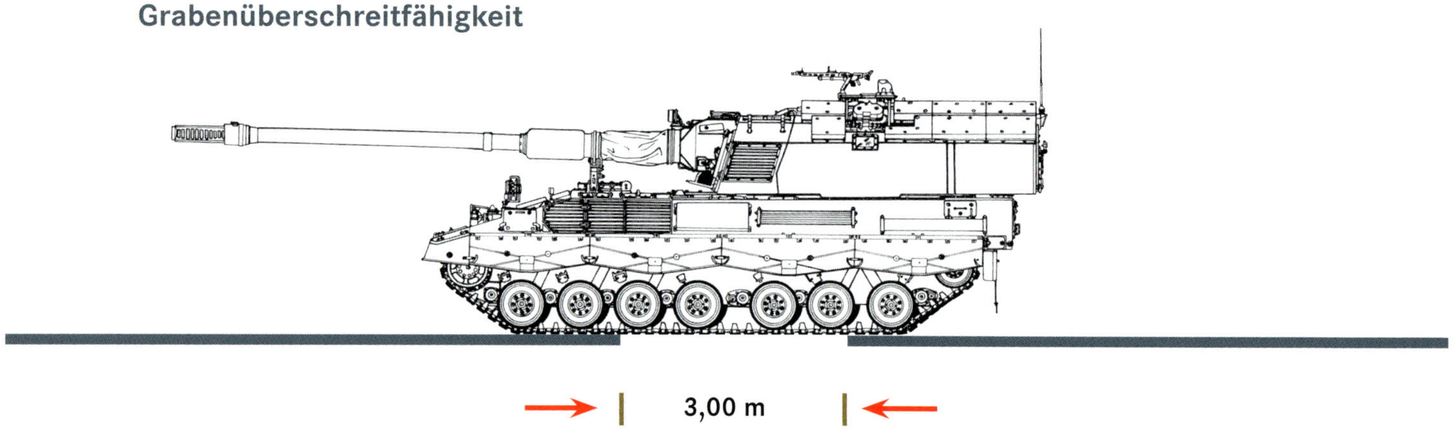

Brückenbelastung

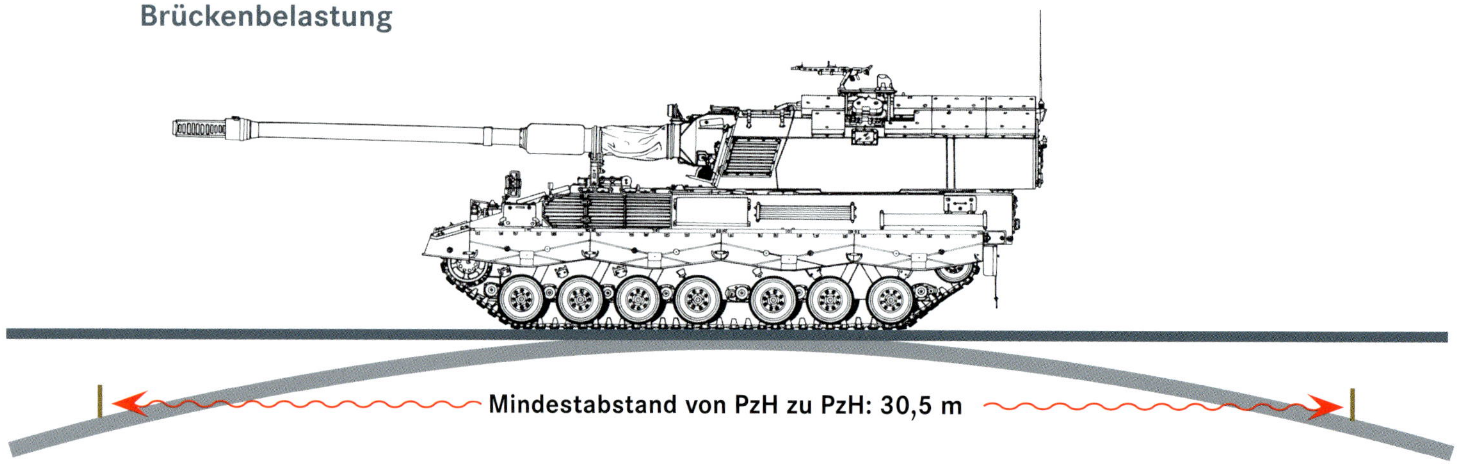

Waten

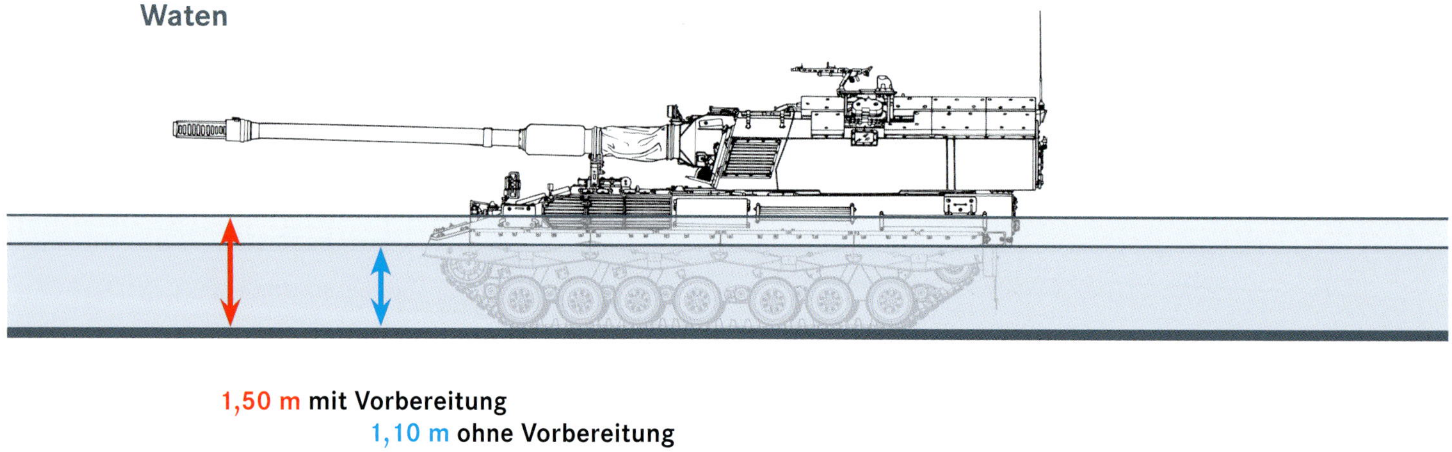

Kletterfähigkeit

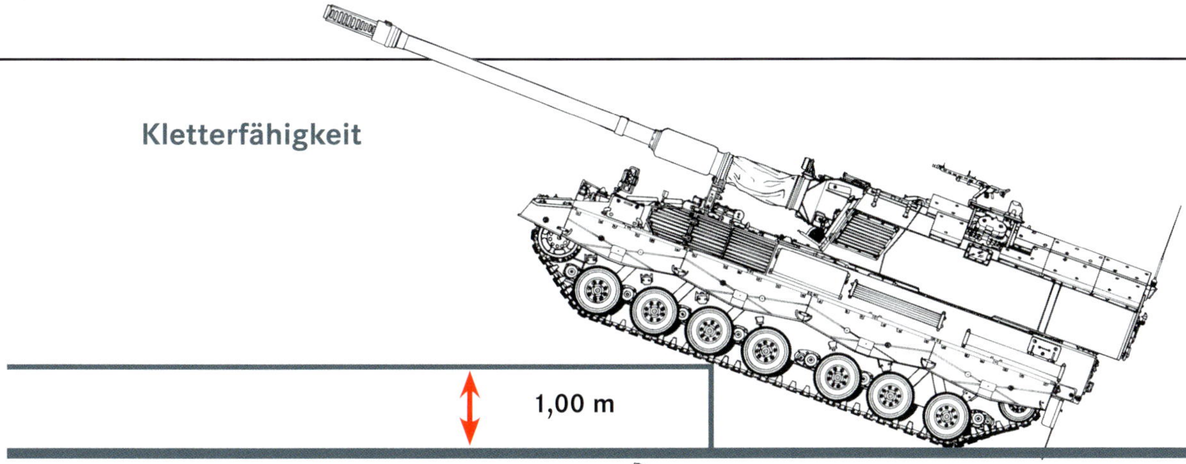

Steigfähigkeit

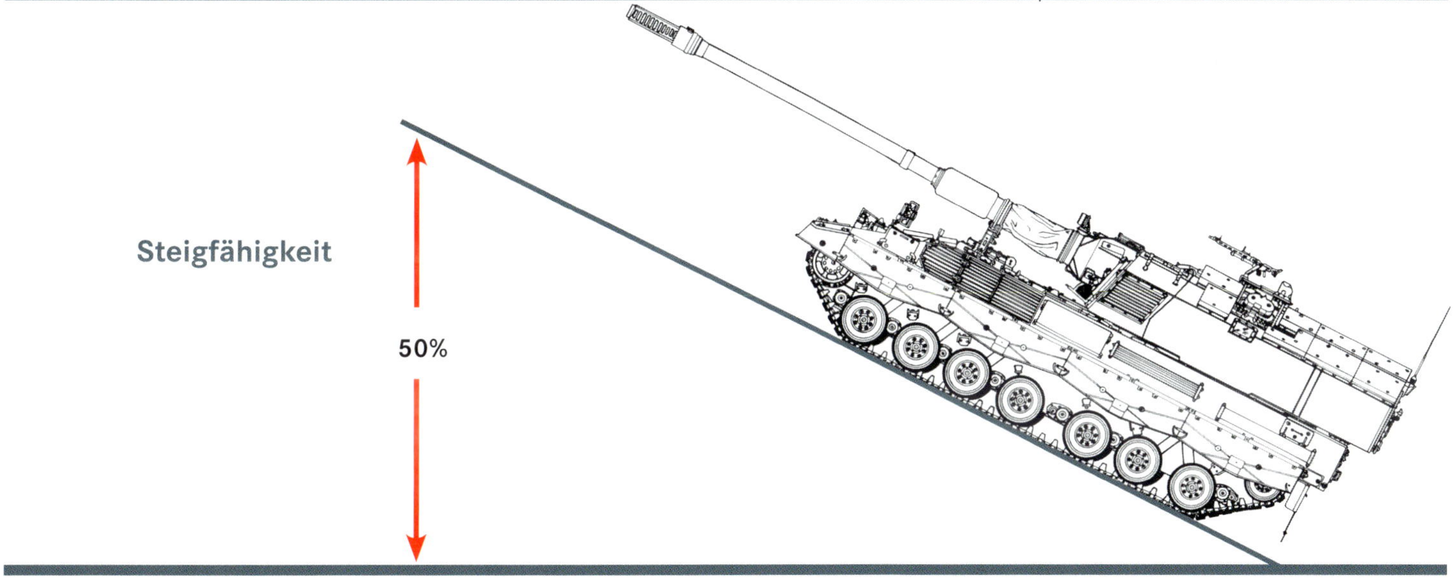

Querneigung

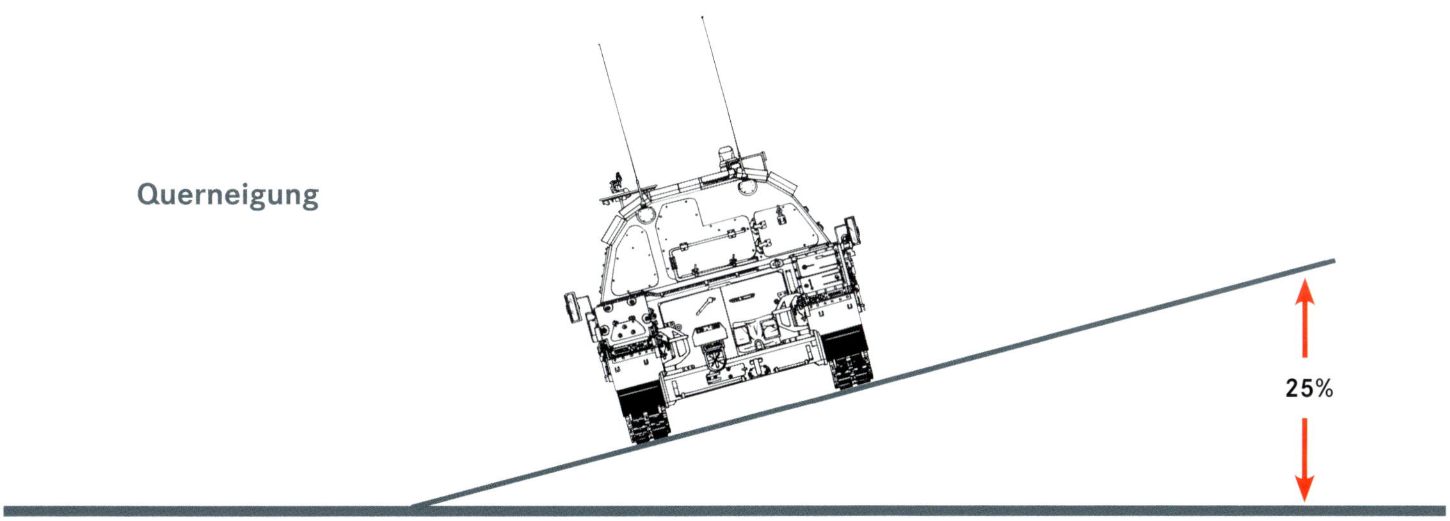

155H
HE
155H
HE
155H
HE